零基础入门学习

Web开发

（HTML5 & CSS3）

小甲鱼 / 著

人民邮电出版社

北 京

图书在版编目（C I P）数据

零基础入门学习Web开发：HTML5 & CSS3 / 小甲鱼
著. -- 北京：人民邮电出版社，2022.2
ISBN 978-7-115-58093-1

Ⅰ．①零… Ⅱ．①小… Ⅲ．①主页制作－程序设计
Ⅳ．①TP393.092

中国版本图书馆CIP数据核字(2021)第248430号

内 容 提 要

本书首先讲解 Web 开发的基础知识，以及 HTML5 的语法、标记方法、元素；然后讲解 CSS 中经典属性的用法，CSS3 中的选择器、背景、边框、盒子模型、布局方式、动画、滤镜，以及针对多种浏览器应该怎样在代码中设置各种属性等。

本书适合想要学习 Web 开发和从事 Web 开发工作的读者阅读，也可作为高等院校相关专业师生的学习用书和培训学校的教材。

◆ 著　　　　小甲鱼
责任编辑　张　涛
责任印制　王　郁　焦志炜

◆ 人民邮电出版社出版发行　　北京市丰台区成寿寺路 11 号
邮编　100164　电子邮件　315@ptpress.com.cn
网址　https://www.ptpress.com.cn
北京市艺辉印刷有限公司印刷

◆ 开本：787×1092　1/16
印张：22.5　　　　　　　2022 年 2 月第 1 版
字数：648 千字　　　　　2022 年 2 月北京第 1 次印刷

定价：99.80 元

读者服务热线：(010)81055410　印装质量热线：(010)81055316
反盗版热线：(010)81055315
广告经营许可证：京东市监广登字 20170147 号

前　言

随着 HTML5 和 CSS3 的迅猛发展，各大浏览器开发厂商（如谷歌、微软、苹果、Mozilla 和 Opera）的开发业务都变得异常繁忙，不断推出新的属性和功能。在这种大背景下，学习最新的 HTML5 和 CSS3 技术，无疑是优秀的 Web 开发者较关注的地方。从一定程度来说，谁先掌握这些技术，谁就掌握了未来 Web 平台发展的方向，本书的目标就是让读者学会使用 HTML5 和 CSS3 开发出优秀的程序。

本书旨在详细讲述关于 Web 开发的知识。既然如此，本书就从 HTML5 和 CSS3 开始讲起，这可以帮助初学者和 Web 开发者更好、更快地学习最新的 HTML5 和 CSS3 技术，使读者能够早日运用这些技术开发出具有现代水平、在不同平台都能够正常运行的 Web 应用程序。

对于一名初学者来说，如何才能掌握 Web 开发技术呢？答案之一就是找到适合自己的课程。那该如何找到适合自己的课程呢？一种方式就是找到很多人看过的视频教程，毕竟通常越多人看就证明视频讲解越适合绝大多数人。小甲鱼制作的"零基础入门学习 Web 开发（HTML5&CSS3）"课程在哔哩哔哩网站上累计播放次数破百万，基于该视频出版了本书，读者一边看视频，一边快速查阅本书，无疑是掌握 Web 开发技术的有力保证。市面上许多面向初学者的编程书用大量篇幅讲解基础知识，多偏向于理论，读者读了以后面对实战项目时可能还无从下手。从理论过渡到项目实战是初学者迫切需要解决的难题，而本书就通过一个又一个实战项目来帮助读者理解相关概念。

本书首先讲解 Web 开发方面的基础知识，讨论 HTML5 中标记文字的元素、列表、表格、表单、input 元素等。介绍基础知识的同时引入案例来帮助读者更好地理解为什么需要使用 HTML5、使用 HTML5 有什么好处。

然后，本书讲解 CSS3 中的各种新增样式与属性，其中主要包括 CSS3 中的选择器、背景、边框、盒子模型、布局方式、变形、动画、滤镜、混合模式，以及针对各种浏览器应该怎样在代码中设置各种属性等。

本书中的每个案例都经过上机实践，以确保运行结果正确无误。因为使用 HTML5 编写网页，所以代码的运行结果（见鱼 C 工作室网站）可直接在各种浏览器中打开并查看。少量页面需要通过先建立网站，然后访问网站中该页面的方式来查看；少量页面使用服务器端 PHP 脚本语言编写，可在 Apache 服务器中运行。

因为本书涉及的内容非常多，不可能通过一本书的篇幅囊括所有的内容，所以需要配备学习资源来辅助实现。读者可扫描封底的二维码，在线观看教学视频。

读者可以通过关注微信公众号——鱼 C 工作室（FishC_Studio）或扫描下面的二维码，并在后台回复"Web 源代码"获取本书配套源代码。

读者获取源代码之后，可以把完整的程序运行一遍，这是非常有好处的。欢迎大家在理解程序的基础上，添加自己的"奇思妙想"。

致谢

在编写本书的过程中，作者得到了人民邮电出版社编辑的大力支持，正是各位编辑高效的工作，才使得本书能够在短时间内出版。另外，十分感谢我的家人和鱼 C 工作室的小伙伴们，他们给予了我巨大的支持。由于本人水平有限，书中难免存在疏漏之处，恳请读者提出意见或建议，以便对本书进行修订并使之更臻完善。联系编辑和投稿的邮箱是 zhangtao@ptpress.com.cn。

感谢您购买本书，希望本书能成为您编程路上的好"伙伴"，祝您阅读快乐！

作者

目　　录

第 1 章

概述

1.1 Web 开发是什么

很多读者可能还不明白，Web 开发到底是什么。

其实，我们所说的 Web 开发通常相当于前端开发与后端开发的组合。

前端开发主要通过 HTML、CSS、JavaScript、AJAX、DOM 等技术实现网站在客户端的显示和交互功能；后端开发主要通过 Java、PHP、Python 和 Node.js 等技术对从前端页面传输来的数据进行处理，按照需要将数据存入数据库，或者通过模板引擎来处理数据，接着以变量的方式将其展示到页面模板上，最终输出页面到浏览器并进行渲染。

简单地说，前端开发用于构建用户界面，而后端开发用于构建系统架构以使网页正常工作。

1.2 学习 Web 开发有前途吗

学习 Web 开发有前途吗？这应该是绝大多数读者关心的问题。首先，Web 开发工程师的薪资（见图 1-1）一般是非常不错的。

图 1-1　Web 开发工程师的薪资

除薪资待遇普遍比较高之外，若你学会了 Web 开发，在就业方面通常更具有优势。

不难想象，当别人还在投递 Word 简历的时候，你投递过去一份精美的 Web 简历，人力资源部的人员多半会眼前一亮，对你留下较好的印象。

Web 简历如图 1-2 所示。

图 1-2　Web 简历

每到年底，各公司通常需要制作各种数据报表，以汇报当年的工作情况和成绩。这时候，如果你懂得 Web 开发，就可以快速对相关数据进行整理和展示。

数据展示如图 1-3 所示。

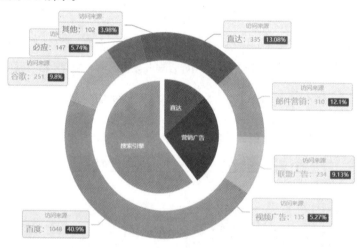

图 1-3　数据展示

根据 Web 开发知识，你还可以编写出漂亮的、充满爱意的页面，如图 1-4 所示。

图 1-4　漂亮的、充满爱意的页面

学会 Web 开发也许可以让你实现爱情、事业双丰收。

1.3 Web 的发展史

本节介绍 Web 的发展史。

不过，读者可能不喜欢长篇累牍的历史故事，所以这里选取了几个重大的时间节点，整理出一条清晰的"时间轴"，如图 1-5 所示。

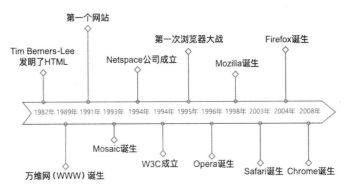

图 1-5　Web 发展"时间轴"

万维网的创始人是蒂姆·伯纳斯·李（Tim Berners-Lee），他在 2012 年伦敦奥运会开幕式上，用一台复古的 NeXT 计算机通过自己发明的万维网发 Twitter，内容是"This is for everyone"。

是的，蒂姆发明了万维网，将因特网上现有的资源连接了起来。通过万维网，加入其中的每个人都可以实现信息共享。

很多读者可能只听说过因特网，万维网有什么不同呢？在因特网上，你可以找到许多联网的计算机；而在万维网上，你可以找到各种图片、声音、视频……所以，当你从鱼 C 论坛获取学习资源的时候，其实享受的正是万维网带来的便利。

如今我们更多地通过浏览器访问万维网，当下流行的浏览器有 Chrome、Firefox、Edge、Safari……说到这里，就不得不提及一个人——Marc Andreessen。

1993 年，只有 22 岁的 Andreessen 就发现了一个道理——"万维网和图片更配"，于是他四处找人合作，开发了第一个可以在文字中嵌入图片的浏览器——Mosaic。不难想象，能够显示图片的 Mosaic 给万维网带来了极大的活力，当时，人们发现万维网是世界上发布和交换信息最方便的地方。

借着"独领风骚"的操作，1994 年，Andreessen 结识了克拉克，两人"一拍即合"，创办了当时叱咤风云的网景公司。在发布后的 4 个月内，网景浏览器就占据了约 3/4 的浏览器市场，成为互联网用户主要使用的浏览器。

然而，历史非常相似，"巨头"总是需要对手的。好景不长，微软公司瞄上了浏览器这块市场并很快就开发出了 IE。第一次"浏览器大战"一触即发。这是一次激烈的竞争，因为网景公司和微软公司采用的策略都是"有你没我"。

因为二者互不兼容，所以当时的 Web 开发工程师必须为不同的浏览器编写不同版本的网页，非常痛苦。

最后，"浏览器大战"以网景公司倒台以及微软公司受到惩罚而结束。"浏览器大战"也带来了一些积极影响，在"浏览器大战"中 W3C 成立并制定了一系列 HTML 规范，为基于标准的网络浏览器开发奠定了基础。后来的浏览器都需要遵守 W3C 制定的标准来竞争，这是一次重大转折，开发人员和用户均受益于此。

第 2 章

网页基础

2.1　第一个程序

用什么编辑器进行 Web 开发才是最好的呢？

这个问题没有标准的答案。

不过建议现阶段使用普通的文本编辑器，这对初学者来说比较好。

🚩 提示

市面上有很多拥有代码补全、语法高亮、自动索引、多行筛选等高级功能的编辑器可供选择，但这些现在并不适合我们。虽然使用这些编辑器确实可以让你的开发效率提高 N 倍，但是一旦你依赖于它们的这些功能，你将失去很多动手锻炼的机会。学习阶段的任务就是让你的大脑和手指"记住"代码的"节奏"。

在本章中，我们开始第一个程序的编写。

首先，创建一个文本文件，并将其扩展名修改为 ".html"。

然后，输入代码清单 2-1 的内容，并保存。

代码清单 2-1　第一个程序

```
1    <!DOCTYPE html>
2    <html>
3    <head>
4        <title>第一个程序</title>
5    </head>
6    <body>
7        <h1>Hello</h1>
8        <p>I love FishC!</p>
9    </body>
10   </html>
```

保存之后，右击创建的文件，选择"打开方式"，然后选择一个浏览器将其打开（本书所有案例均使用 Chrome 浏览器演示），效果如图 2-1 所示。

图 2-1　代码清单 2-1 实现的效果

这个例子是使用 HTML 编写的。HTML 是用来描述网页的一种语言，用官方术语来解释的话，HTML 指的是超文本标记语言。虽说有"语言"两字，但 HTML 其实不是一种编程语言，而是一种标记语言，二者是有区别的。

HTML 使用标签来描述网页，标签由尖括号及其标识的关键词构成，如\<html\>、\<head\>、\<body\>等。

HTML 标签通常是成对出现的，其中第一个标签是开始标签，第二个标签是结束标签，结束标签的名称与开始标签的一致，只不过前面多了一条斜线（如\<html\>和\</html\>是一对）。

开始标签与结束标签之间的所有代码称为 HTML 元素，标签中的关键词其实就是元素的名称，而标签对之间的文本就是元素的内容。如\<p\>I love FishC!\</p\>中，"p"就是 HTML 元素的名称，"I love FishC!"就是元素的内容。

现在我们解释一下代码清单 2-1。

- 第 1 行的\<!DOCTYPE html\>是一个声明，表示该文档是使用 HTML5 编写的。声明的作用是帮助编译器解析代码。
- html 元素描述了整个网页的内容。
- head 元素是所有头部元素的容器。
- title 元素指定了网页的标题。
- body 元素包含可见的页面内容。
- h1 元素定义了一个大号的标题。
- p 元素定义了一个段落。

图 2-2 所示为这个 HTML 页面的可视化结构。

图 2-2　这个 HTML 页面的可视化结构

首先，在 HTML5 之前，编写 doctype 声明是一个非常痛苦的过程。下面 3 个 doctype 声明在 HTML4.01 中都是合法的，并且实现了不同的功能，如代码清单 2-2、代码清单 2-3 和代码清单 2-4 所示。

代码清单 2-2　HTML 4.01 Strict
```
<!DOCTYPE HTML PUBLIC "-//W3C//DTD HTML 4.01//EN""***://***.w3.***/TR/html4/strict.dtd">
```

代码清单 2-3　HTML 4.01 Transitional
```
1    <!DOCTYPE HTML PUBLIC "-//W3C//DTD HTML 4.01 Transitional//EN"
2    "****://***.w3.***/TR/html4/loose.dtd">
```

代码清单 2-4 HTML 4.01 Frameset

```
1    HTML 4.01 Frameset:
2    <!DOCTYPE HTML PUBLIC "-//W3C//DTD HTML 4.01 Frameset//EN""***://***.w3.***/TR/html4/
     frameset.dtd">
```

试问一句："你能记得住吗？"这太难记了。

但是有了 HTML5，你只需要写上一句<!DOCTYPE html>就可以了。

这看起来确实很神奇！

以前的声明写得这么复杂主要还是历史原因造成的。W3C 下定决心要统一 HTML5 的标准。换句话说，doctype 的写法以后基本不会再变了，无论是发展到 HTML6，还是 HTML18，或许都只需要在文档的开头写上<!DOCTYPE html>就可以了。

<html>与</html>标签限定了文档的开始点和结束点，在它们之间的是文档的头部和主体。文档的头部由<head>标签定义，而主体由<body>标签定义。

<head>标签中的元素可以引用脚本、指示浏览器在哪里找到样式表、提供元信息等。

<title>标签用于定义文档的标题。浏览器通常将其内容显示在浏览器窗口的标题栏或状态栏上。如果把网页加入用户的超链接列表、收藏夹、书签列表，title 元素的内容将成为该网页超链接的默认名称。

<body>标签包含文档的所有内容（如文本、超链接、图像、表格和列表等）。

<h1>~<h6>标签用于定义标题。<h1>用于定义字号最大的标题，<h6>用于定义字号最小的标题。

<p>标签用于定义一个段落。<p>标签会自动在段落前后创建一些空白。浏览器会自动添加这些空白，你也可以通过样式表对此进行约束。

🌸 注意

由于 h 元素拥有确切的语义，因此请慎重地选择恰当的标签层级来构建文档的结构。另外，也不要试图利用 h 元素来改变同一行中字体的大小。

2.2 img 元素和 a 元素

接下来，我们添加两个新的标签<img>和<a>，分别用于显示鱼 C 工作室的 LOGO 和增加一个跳转到论坛的超链接，如代码清单 2-5 所示。

代码清单 2-5 改进第一个程序

```
1    <!DOCTYPE html>
2    <html>
3    <head>
4        <title>第一个程序</title>
5    </head>
6    <body>
7        <h1>Hello</h1>
8        <img src="img/FishC.png" alt="LOGO" width="256px" height="256px">
9        <a href="https://fishc.com.cn">学习中如果你遇到不会的问题，可以在鱼C论坛提问哦~</a>
10       <p>I love FishC!</p>
11   </body>
12   </html>
```

添加<img>和<a>标签的效果如图 2-3 所示。

<img>标签用于向网页嵌入一幅图像。从技术上讲，<img>标签并不会在网页中插入图像，而是从网页上链接图像。<img>标签创建的是被引用图像的占位空间。

img 元素有两个必需的属性。

❏ src 属性：指定待嵌入图像的路径。

❏ alt 属性：指定图像的替代文本（如果图像出于某些原因无法显示，则会使用该文本代替）。

图 2-3　添加<img>和<a>标签的效果

<a>标签用于定义超链接，超链接可以让用户从一个网页跳转到另一个网页。

a 元素中非常重要的一个属性是 href 属性，它用于指定目标 URL。

a 元素的 target 属性也值得我们重视，因为它可以指定浏览器在何处打开 URL，该属性的值如表 2-1 所示。

表 2-1　　　　　　　　　　　　　　a 元素的 **target** 属性的值

值	说明
_blank	在新窗口中打开 URL
_parent	在当前窗口的父窗口中打开 URL，如果不存在父窗口，则此选项的行为方式与_self 的等同
_self	在当前窗口中打开 URL（默认值）
_top	在整个窗口中打开 URL
framename	在指定的框架中打开 URL

2.3 "多才多艺"的 meta 元素

2.3.1 声明文档编码

本书所有案例的实现效果均可以在鱼 C 工作室网站在线查看，案例库如图 2-4 所示。

图 2-4　案例库

当打开第 003 讲的案例 1-a 时，网页出现了乱码，如图 2-5 所示。

图 2-5　网页乱码

难道是鱼 C 工作室的服务器坏了？

不是这样的，其实有经验的读者一眼就可以看出，这是编码问题。

因为源代码被保存为 UTF-8 格式，但这里被浏览器以 ANSI 的编码格式进行解析。

编码问题曾经困扰了无数 Web 开发工程师，但在今天，只需要将源文件保存为 UTF-8 编码格式，然后在 HTML 文档中声明即可。

上面的例子中，我们只做了第一步，没有完成第二步，所以出现了乱码的现象。

既然我们知道 HTML 文档由 head 部分和 body 部分构成，那么声明文档编码的部分放在哪里更合适呢？

当然是 head 部分了，因为这件事越早让浏览器知道越好！

要声明文档编码，我们可以使用 meta 元素。添加<meta charset="utf-8">就可以帮你解决乱码的问题，如代码清单 2-6 所示。

代码清单 2-6　声明文档编码

```
1  <!DOCTYPE html>
2  <html>
3  <head>
4      <title>声明文档编码</title>
5      <meta charset="utf-8">
6  </head>
7  <body>
8      <img id="target" src="../img/FishC.png" alt="鱼C-Logo" width="256px" height="256px">
9      <p>这是一段谁也看不到的乱码，除非你用了meta标签~~~哈哈哈哈哈~~~</p>
10 </body>
11 </html>
```

这样网页就可以正常显示字符了，如图 2-6 所示。

图 2-6　声明了文档编码后的网页

2.3.2 实现网页自适应

meta 元素的能耐可不止这一点！

使用 meta 元素，我们还可以让网页实现自适应。所谓自适应，就是指无论你使用 PC，还是使用手机、平板电脑来浏览网页，看到的都是尺寸适配的内容。

你可以分别使用 PC 端和手机端的浏览器访问图 2-7 和图 2-8 所示的两个页面。

图 2-7 没有实现自适应的页面

图 2-8 实现自适应的页面

对比一下，是不是感觉图 2-8 的页面显示的效果要比图 2-7 的更好？

图 2-7 中的页面无论使用的是 PC 端还是手机端的浏览器访问，内容显示的尺寸都是一模一样的。然而，图 2-8 中的页面会根据终端屏幕的尺寸进行自适应。

❀ 注意

图 2-8 中填充的这段内容其实叫作 "Lorem ipsum"，中文翻译为 "乱数假文"，是指一篇常用于排版设计领域的拉丁文文章，主要的目的为测试文章或文字在不同字体、版式下的效果。也就是说，当你不知道写什么内容的时候，就可以使用 Lorem ipsum 来进行填充。

实现这个功能其实并不困难，只需要在 head 元素中添加<meta name="viewport" content=

"width=device-width, initial-scale=1.0">就可以了，如代码清单 2-7 所示。

代码清单 2-7　实现网页自适应

```
1    <!DOCTYPE html>
2    <html>
3    <head>
4        <title>网页自适应演示</title>
5        <meta charset="utf-8">
6        <meta name="viewport" content="width=device-width, initial-scale=1.0">
7    </head>
8    <body>
9        <h1>"自适应"演示</h1>
10       <p>请分别在PC和手机上打开该页面！</p>
11       <img id="target" src="../img/FishC.png" alt="鱼C-Logo" width="256px" height="256px">
12       <p>Lorem ipsum dolor sit amet, consectetur adipisicing elit, sed do eiusmod
         tempor incididunt ut labore et dolore magna aliqua. Ut enim ad minim veniam,
         quis nostrud exercitation ullamco laboris nisi ut aliquip ex ea commodo consequat.
         Duis aute irure dolor in reprehenderit in voluptate velit esse cillum dolore
         eu fugiat nulla pariatur. Excepteur sint occaecat cupidatat non proident, sunt
         in culpa qui officia deserunt mollit anim id est laborum.</p>
13   </body>
14   </html>
```

2.3.3　搜索引擎优化

很多刚开始开发网站的人对 SEO（Search Engine Optimization，搜索引擎优化）并不陌生。对网站进行 SEO 是为了让搜索引擎尽快将网页收录到索引数据库里面。

百度搜索引擎的官方优化指南中，重点提到了"善用 Meta description"，如图 2-9 所示。

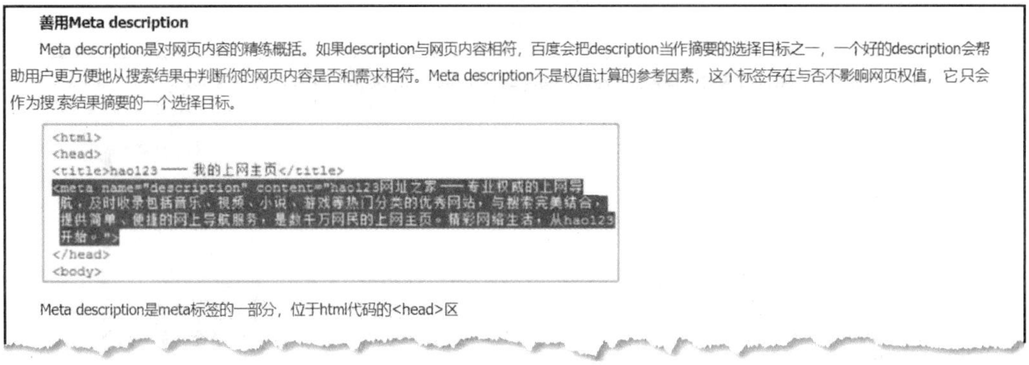

图 2-9　善用 Meta description

不难发现，Meta description 对于搜索引擎优化起到了至关重要的作用，给网页添加关键词、网页描述、作者等信息也是通过 meta 元素来实现的。

- ❑ 关键词：<meta name="keywords" content="此处填写为搜索引擎提供的网页关键词">。
- ❑ 网页描述：<meta name="description" content="此处填写网页描述">。
- ❑ 作者：<meta name="author" content="此处填写作者">。

具体代码如代码清单 2-8 所示。

代码清单 2-8　搜索引擎优化

```
1    <!DOCTYPE html>
2    <html>
3    <head>
4        <title>网页自适应演示</title>
5        <meta charset="utf-8">
6        <meta name="viewport" content="width=device-width, initial-scale=1.0">
7        <meta name="keywords" content="小甲鱼,Web开发,HTML5,CSS3,Web编程教学">
8        <meta name="description" content="《零基础入门学习Web开发》案例演示">
9        <meta name="author" content="小甲鱼">
10   </head>
```

```
11   <body>
12       <h1>"自适应"演示</h1>
13       <p>请分别在PC和手机上打开该页面！</p>
14       <img id="target" src="../img/FishC.png" alt="鱼C-Logo" width="256px" height="256px">
15       <p>Lorem ipsum dolor sit amet, consectetur adipisicing elit, sed do eiusmod tempor
         incididunt ut labore et dolore magna aliqua. Ut enim ad minim veniam, quis nostrud
         exercitation ullamco laboris nisi ut aliquip ex ea commodo consequat. Duis aute
         irure dolor in reprehenderit in voluptate velit esse cillum dolore eu fugiat
         nulla pariatur. Excepteur sint occaecat cupidatat non proident, sunt in culpa
         qui officia deserunt mollit anim id est laborum.</p>
16   </body>
17   </html>
```

2.3.4 网页自动跳转

我们在登录一些网站的时候，会显示"登录成功，正在跳转到您之前访问的页面……"的字样，几秒之后就跳转到一个新的网页了。不知道你有没有留意到这个细节？

要实现这个功能，同样要使用 meta 元素。

我们只需要在代码中加上一行格式为<meta http-equiv="refresh" content="此处填写等待时间; 此处填写目标网址">的代码，就可以实现自动跳转了，如代码清单 2-9 所示。

代码清单 2-9　网页自动跳转

```
1    <!DOCTYPE html>
2    <html>
3    <head>
4        <title>网页自动跳转</title>
5        <meta http-equiv="refresh" content="5; https://fishc.taobao.com">
6    </head>
7    <body>
8        <p>登录成功，正在跳转到您之前访问的页面……</p>
9    </body>
10   </html>
```

如果你希望直接跳转，那么可以修改第 5 行代码为<meta http-equiv="refresh" content="0; https://fishc.taobao.com">。

2.4　为网页添加样式

"一个人倘若需要从思想中得到快乐，那么他的第一个欲望就是学习。"

——王小波

小甲鱼（作者）从小就很喜欢王小波的作品，喜欢他的"黑色幽默"，喜欢他对于自由的讴歌。另外，王小波不仅是一位伟大的作家，还是中国较早一代的程序员。

小甲鱼把王小波的一篇文章放到了网页上（然后还给它配了一张图），效果如图 2-10 所示。

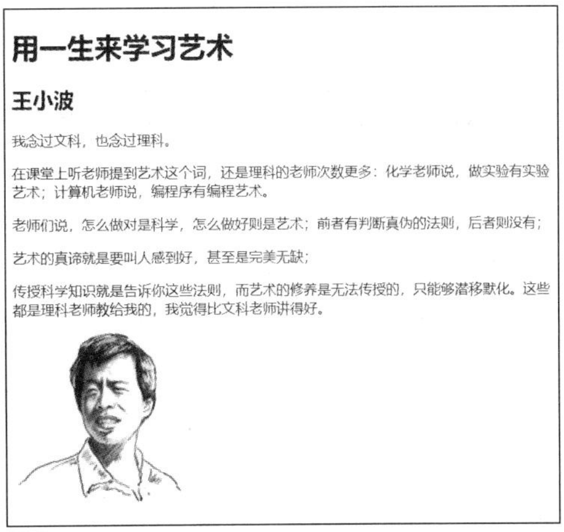

这样朴素的页面仿佛无法体现这篇文章的美。

没关系，本节会介绍如何对网页进行美化。

我们需要学习一个新的元素——style，它用于为 HTML 文档定制样式信息。

如果一个网页没有样式，那么它是"苍白"的。有了样式，它才能展现出 Web 应该有的"婀娜多姿"。

不像 title 元素只能放在 head 部分，style 元素可以出现在 HTML 文档的各个部分。另外，一个文档也可以包含多个 style 元素。

style 元素有 3 个属性。

用一生来学习艺术

王小波

我念过文科，也念过理科。

在课堂上听老师提到艺术这个词，还是理科的老师次数更多：化学老师说，做实验是艺术；计算机老师说，编程序有编程艺术。

老师们说，怎么做对是科学，怎么做好则是艺术；前者有判断真伪的法则，后者则没有；艺术的真谛就是要叫人感到好，甚至是完美无缺；

传授科学知识就是告诉你这些法则，而艺术的修养是无法传授的，只能够潜移默化。这些都是理科老师教给我的，我觉得比文科老师讲得好。

图 2-10　用一生来学习艺术

□　media：指定样式适用的媒体。

□　scoped：指定样式的作用范围。

□　type：指定样式的类型。

我们举一个例子，请看代码清单 2-10。

代码清单 2-10　style 元素演示

```
1  <!DOCTYPE html>
2  <html>
3  <head>
4      <meta charset="UTF-8">
5      <title>style元素演示</title>
6      <style type="text/css">
7          h1 {color: red}
8          p {color: blue}
9          a {
10             color: yellow;
11             background: black
12         }
13     </style>
14 </head>
15 <body>
16     <h1>header 1</h1>
17     <p>A paragraph.</p>
18     <a href="https://fishc.com.cn">快点开，里面有好东西！</a>
19 </body>
20 </html>
```

实现的效果如图 2-11 所示。

header 1

A paragraph.

快点开，里面有好东西！

图 2-11　实现的效果

上面这个例子中，我们通过 style 元素分别给 h1 元素、p 元素与 a 元素设置了一个新的样式。本书还没有介绍过 CSS，所以你看着代码可能会有点懵，不过没关系，你现在可以把 CSS 当作一个宝盒，知道里面总是有好东西就可以了。

我们直接使用 style 元素来改善一下文章的排版，如代码清单 2-11 所示。

代码清单 2-11　改善文章的排版

```
1  <!DOCTYPE html>
2  <html>
3  <head>
4      <title>用一生来学习艺术</title>
5      <meta charset="utf-8">
6
7      <style>
8          body {
9              background-image: url("../img/bc.png")
10         }
11         h1 {
12             text-align: center;
13             color: white;
14         }
15         h2 {
```

```
16              margin-left: 60%;
17              color: white;
18          }
19      p {
20              text-indent: 32px;
21              font-size: 16px;
22              line-height: 32px;
23              color: white;
24          }
25      img {
26              position: absolute;
27              left: 50%;
28              margin-left: -181px;
29          }
30      </style>
31  </head>
32  <body>
33      <h1>用一生来学习艺术</h1>
34      <h2>王小波</h2>
35      <p>我念过文科，也念过理科。</p>
36      <p>在课堂上听老师提到艺术这个词，还是理科的老师次数更多：化学老师说，做实验有实验艺术；计算机老师说，编程序有编程艺术。</p>
37      <p>老师们说，怎么做对是科学，怎么做好则是艺术；前者有判断真伪的法则，后者则没有；</p>
38      <p>艺术的真谛就是要叫人感到好，甚至是完美无缺。</p>
39      <p>传授科学知识就是告诉你这些法则，而艺术的修养是无法传授的，只能够潜移默化。这些都是理科老师教给我的，我觉得比文科老师讲得好。</p>
40      <img src="../img/wxb.png">
41  </body>
42  </html>
```

改善文章的排版程序实现的效果如图 2-12 所示。

图 2-12 改善文章的排版程序实现的效果

有没有感觉一股青春的气息扑面而来？

style 元素的 media 属性可以用来表明文档在什么情况下应该使用该元素中定义的样式。

举个例子，在打印模式里，浏览器通常会将网页的背景图去掉，这主要还是出于环保方面的考虑（节约墨水），如图 2-13 所示。

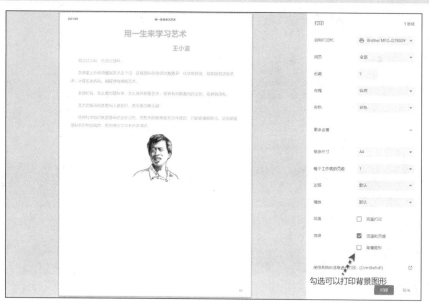

图 2-13　默认情况下不打印背景图形

　　这里如果没有背景图形，字体的颜色就太浅了。此时，我们就可以通过设置 style 元素的 media 属性，单独定制一个专属的打印样式（如把字体颜色调成黑色），如代码清单 2-12 所示。

代码清单 2-12　定制打印样式

```
31  ...
32  <style type="text/css" media="print">
33      h1 {
34          color: black;
35      }
36      h2 {
37          color: black;
38      }
39      p {
40          color: black;
41      }
42  </style>
43  ...
```

　　除为指定设备定制样式之外，media 属性还支持通过一些特性来设计更具体的条件，使用 3 种逻辑运算符即可组合设备和特性条件。

　　举个例子，我们让网页在浏览器上显示的宽度为 512～1024 像素，根据浏览器尺寸定制样式，如代码清单 2-13 所示。

代码清单 2-13　根据浏览器尺寸定制样式

```
43  ...
44  <style type="text/css" media="screen and (min-width:512px) and (max-width:1024px)">
45      body {
46          background-image: url("../img/bc2.png");
47      }
48  </style>
49  ...
```

利用好 style 元素，你就可以做出万中无一的网页。

2.5　link 元素

2.5.1　链接外部样式表

　　CSS 样式除可以通过 style 元素添加，还可以将 CSS 单独保存为外部文件，然后使用 link

元素将其链接进来。这样做的好处是，当为网页添加样式的内容非常多的时候，将它们单独存放为外部文件，不至于喧宾夺主。

现在让我们将上一个例子中添加 CSS 样式的内容提取出来，将它们存放为独立的外部文件。

先创建一个扩展名为 ".css" 的文本文件（如 styles.css），然后输入原来 style 元素的内容，即代码清单 2-14 的内容。

代码清单 2-14　外部样式表（styles.css）

```
 1   body {
 2       background-image: url("../img/bc.png")
 3   }
 4   h1 {
 5       text-align: center;
 6       color: white;
 7   }
 8   h2 {
 9       margin-left: 60%;
10       color: white;
11   }
12   p {
13       text-indent: 32px;
14       font-size: 16px;
15       line-height: 32px;
16       color: white;
17   }
18   img {
19       position: absolute;
20       left: 50%;
21       margin-left: -181px;
22   }
```

最后，将 HTML 源代码中的 style 元素部分删除，并添加一个 link 元素，链接外部的 CSS，如代码清单 2-15 所示。

代码清单 2-15　链接外部 CSS

```
1   <!DOCTYPE html>
2   <html>
3   <head>
4       <title>用一生来学习艺术</title>
5       <meta charset="utf-8">
6       <link rel="stylesheet" type="text/css" href="styles.css">
7   </head>
8   ...
```

❀ 注意

link 元素中非常重要的一个属性是 rel，它决定了浏览器应该如何对待 link 元素。当我们把 rel 设置为 stylesheet 时，表示链接的是外部样式表。

现在我们把主样式表对外"移植"了，但 HTML 文档还有两个针对特殊媒体和条件的样式表，怎么办呢？

link 元素也是支持 media 属性的，该属性指定被链接的资源将针对哪一种媒体或者设备进行优化。

将定义打印模式的样式的内容提取出来，并将其保存到 print.css 文件中，如代码清单 2-16 所示。

代码清单 2-16　外部样式表（print.css）

```
1   h1 {
2       color: black;
3   }
4   h2 {
5       color: black;
6   }
7   p {
8       color: black;
9   }
```

将定义适配显示器尺寸的样式的内容也提取出来，并将其保存到 screen512to1024.css 文件中，如代码清单 2-17 所示。

代码清单 2-17　外部样式表（screen512to1024.css）
```
1    body {
2        background-image: url("../img/bc2.png");
3    }
```

然后为 HTML 源代码添加 link 元素，如代码清单 2-18 所示。

代码清单 2-18　链接外部样式表
```
1    <!DOCTYPE html>
2    <html>
3    <head>
4        <title>用一生来学习艺术</title>
5        <meta charset="utf-8">
6        <link rel="stylesheet" type="text/css" href="styles.css">
7        <link rel="stylesheet" type="text/css" media="print" href="print.css">
8        <link rel="stylesheet" type="text/css" media="screen and (min-width:512px) and
         (max-width:1024px)" href=" screen512to1024.css">
     </head>
9    ...
```

2.5.2　链接网站图标

除样式表之外，link 元素还可以链接其他内容，只需要设置好对应的 rel 属性即可。如 rel 属性可以使用的值如表 2-2 所示。

表 2-2　　　　　　　　　　　　　　**rel 属性可以使用的值**

值	说明
alternate	链接到当前文档的替代版本（如另一种语言的译本）
author	链接到当前文档的作者信息
help	链接到当前文档的帮助文档
icon	链接到当前文档的图标资源
license	链接到当前文档的版权信息
next	表示当前文档是集合中的一部分，且集合中的下一个文档是被链接的文档
prefetch	预先获取的资源（先进性缓存）
prev	表示当前文档是集合中的一部分，且集合中的上一个文档是被链接的文档
search	针对当前文档的搜索工具
stylesheet	载入外部样式表

这里面极常见的一个用法就是链接网站图标。不同浏览器处理图标的方式有所不同，常见的做法是将其显示在相应的标签页的左上角，如图 2-14 所示。

要实现图 2-14 中的效果，只需要将 link 元素的 rel 属性设置为 icon，然后通过 href 属性指定图标的位置，最后将 type 属性设置为 image/x-icon 即可。

图 2-14　网站图标的显示位置

```
<link rel="icon" href="/favicon.ico" type="image/x-icon">
```

2.6　绝对路径和相对路径

在 Web 开发中经常会遇到路径问题，路径通常分为绝对路径和相对路径。

绝对路径指文件的完整 URL，例如：

```
<img src="https://man.ilovefishc.com/html5/image/FishC.png" alt="FishC-logo">
```

而相对路径指以当前网页所在位置为基准建立出的目录路径，例如：

```
<img src="../html5/image/FishC.png" alt="FishC-logo">
```

在使用相对路径时，使用一个点（.）来表示当前目录，使用两个点（..）来表示当前目录的上一级目录。以下代码表示图片引用的是当前目录下的 FishC.png 文件。

```
<img src="./FishC.png" alt="FishC-logo">
```

对于这种表示方式，通常我们可以偷懒。对于相同目录下的文件，直接写文件名即可。

```
<img src="FishC.png">
```

而以下代码则表示图片引用的是上一层目录的 images 文件夹下的 FishC.png 文件。文件层级关系如图 2-15 所示。

```
<img src="../images/FishC.png" alt="FishC-logo">
```

图 2-15 文件层级关系

通常，斜线（/）是作为分隔线而存在的，目录与文件、目录与目录之间使用斜线进行分隔。

不过，如果将斜线放在路径最前面的地方，那么它表示的是网站根目录。例如，下面的代码表示网站根目录下的 html5 文件夹的 image 文件夹下的 FishC.png 文件。

```
<img src="/html5/image/FishC.png" alt="FishC-logo">
```

2.7 base 元素

使用相对路径时，如果没有特别声明，那么默认均以当前文件所在的位置为基准。

对于图 2-15 所示的文件层级关系，相对于当前文件来说，FishC.png 的路径就是 ../images/FishC.png。

其实这个"基准"是可以人为设置的，使用 base 元素就可以实现。设置一个基准 URL 之后，所有使用相对路径的超链接都会基于该 URL 进行相对定位。

举个例子，请看代码清单 2-19。

代码清单 2-19　设置基准 URL

```
1    <!DOCTYPE html>
2    <html>
3    <head>
4        <title>base元素测试</title>
5        <meta charset="utf-8">
6        <base href="https://ilovefishc.com/html5/html5/lesson4/" target="_blank">
7    </head>
8    <body>
9        <a href="test1">第1个例子</a>
10       <a href="test2">第2个例子</a>
11       <a href="test3">第3个例子</a>
12   </body>
13   </html>
```

从上述例子中我们不难看出，本来 a 元素应该在当前文件夹下找到 test1、test2 和 test3 并进行跳转的，但我们试验后发现并不是这么一回事，它们分别跳转到了以下 3 个超链接。

```
https://ilovefishc.com/html5/html5/lesson4/test1/
https://ilovefishc.com/html5/html5/lesson4/test2/
https://ilovefishc.com/html5/html5/lesson4/test3/
```

另外，尽管代码中的 a 元素并没有设置超链接的打开方式，但仍然是以新标签页的形式打开的。这是因为我们在 base 中指定了打开方式（target="_blank"）。没错，这样通常就可以做到一劳永逸了。

❋　注意

base 元素设置的基准 URL 只影响相对路径的超链接，对绝对路径的超链接没有作用。

2.8　JavaScript 初体验

从广义的角度来看，HTML5 是由 HTML、CSS 和 JavaScript "三剑客"组成的。

HTML 构成了网页的框架，CSS 相当于给网页美颜，而 JavaScript 让网页不再只是一个 "花瓶"，它提供了与用户交互的一系列操作。换言之，没有 JavaScript，网页就像失去了 "灵魂"。

到目前为止，本书主要在介绍 HTML，然后我们初步体验了 CSS 的 "美颜效果"，至于什么是 JavaScript，我们仍然一无所知。

JavaScript 与 Java 唯一相关的就是名字。当时网景公司整个管理层都推崇 Java，他们感觉未来的网页脚本语言必须看上去与 Java 足够相似，但是使用起来比 Java 更简单，这样就算非专业的开发者也能很快地上手。

这个时候 Brendan Eich 就出场了，他就是 JavaScript 的发明者。他仅用了 10 天的时间就发明了 JavaScript，这种语言其实更像 C 语言，算是 C 语言风格的函数式脚本语言，用他自己的话来讲就是 "这是 C 语言和 Self 语言相互融合的产物"，但为了应付公司安排的任务，他就把名字改成了 JavaScript。

2.8.1　定义文档内嵌脚本

与 CSS 一样，我们可以直接在 HTML 网页中定义内嵌的脚本，这需要使用 script 元素。请看代码清单 2-20。

代码清单 2-20　定义文档内嵌脚本

```
1   <!DOCTYPE html>
2   <html>
3   <head>
4       <title>定义文档内嵌脚本</title>
5       <meta charset="utf-8">
6       <script type="text/javascript">
7           document.write("I love FishC!");
8       </script>
9   </head>
10  <body>
11      <p>上面的内容哪里来的？</p>
12  </body>
13  </html>
```

实现的效果如图 2-16 所示。

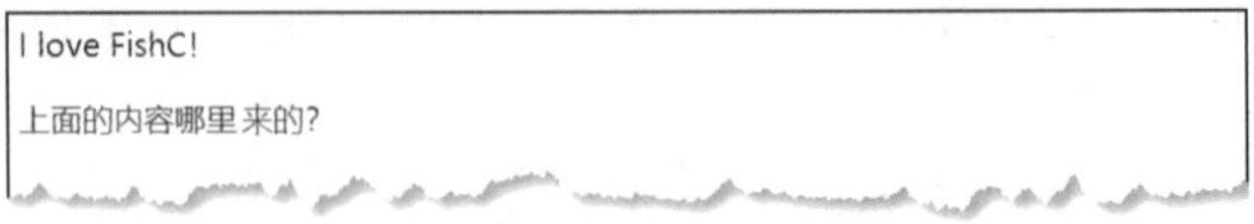

> I love FishC!
>
> 上面的内容哪里来的？

图 2-16　实现的效果

上面的内容是哪里来的呢？没错，是由脚本生成的。因为我们将 JavaScript 代码放在了 p 元素之前，所以 "I love FishC!" 就先显示了出来。

2.8.2　引用外部脚本

script 元素既可以直接定义内嵌脚本，也可以通过 src 属性引用外部脚本。

先创建一个扩展名为 ".js" 的文本文件（如 hi.js），然后复制以下 JavaScript 代码。

```
document.write("I love FishC.***!");
```

接着，将 script 元素改成一个空元素，如代码清单 2-21 所示。

代码清单 2-21　引用外部脚本

```
1  <!DOCTYPE html>
2  <html>
3  <head>
4      <title>引用外部脚本</title>
5      <meta charset="utf-8">
6      <script type="text/javascript" src="hi.js"></script>
7  </head>
8  <body>
9      <p>上面的内容哪里来的？</p>
10 </body>
11 </html>
```

注意

不能用同一个 script 元素既定义内嵌脚本，又引用外部脚本。

2.8.3　延迟执行脚本

浏览器加载脚本的过程如图 2-17 所示。

图 2-17　浏览器加载脚本的过程

正常情况下，HTML 文档的解析工作是单线操作的，但当其遇到 JavaScript 脚本时，HTML 文档解析就会暂停，转而获取并执行 JavaScript 脚本，结束后继续解析 HTML 文档。

有时候我们可能需要让 HTML 文档先完全解析，再执行脚本。

例如，我们写一个脚本（patch.js），让它在页面加载完成后，将所有 p 元素中的内容替换为"小甲鱼到此一游"，如代码清单 2-22 所示。

代码清单 2-22　JavaScript 部分的代码

```
1  var x = document.getElementsByTagName("p");
2
3  for (var i=0; i < x.length; i++)
4  {
5      x[i].innerText = "小甲鱼到此一游";
6  }
```

然后，在 HTML 文档中引用 patch.js，如代码清单 2-23 所示。

代码清单 2-23　引用外部脚本 patch.js

```
1  <!DOCTYPE html>
2  <html>
3  <head>
4      <title>引用外部脚本</title>
5      <meta charset="utf-8">
6      <script type="text/javascript" src="patch.js"></script>
7  </head>
8  <body>
9      <p>我是谁？</p>
10     <p>我从哪里来？</p>
11     <p>我要到哪里去？</p>
12 </body>
13 </html>
```

在这段代码中，引用脚本的部分放在 head 元素中，最终实现的效果并不是我们想要的，如图 2-18 所示。

我是谁?

我从哪里来?

我要到哪里去?

图 2-18　p 元素中的文本并没有被替换

　　这是因为网页的加载顺序是自上而下的。也就是说,当执行 script 元素引用的脚本时,p 元素还没有加载进来,自然就无法实现替换了。

　　一种有效的做法就是人为地将 script 元素放到后面,如代码清单 2-24 所示。

代码清单 2-24　将 script 元素放到后面
```
1  <!DOCTYPE html>
2  <html>
3  <head>
4      <title>引用外部脚本</title>
5      <meta charset="utf-8">
6  </head>
7  <body>
8      <p>我是谁? </p>
9      <p>我从哪里来? </p>
10     <p>我要到哪里去? </p>
11     <script type="text/javascript" src="patch.js"></script>
12 </body>
13 </html>
```

　　这样做其实是可以的,实现的效果如图 2-19 所示。

小甲鱼到此一游~

小甲鱼到此一游~

小甲鱼到此一游~

图 2-19　p 元素中的文本被成功替换

　　其实我们还可以使用 script 元素的 defer 属性。如果在 script 中指定 defer,就相当于告诉浏览器要延迟执行脚本,这样浏览器就会暂时忽略这个脚本,等到 HTML 文档全部解析完成再执行,如图 2-20 所示。

图 2-20　使用 defer 属性后,浏览器加载脚本的过程

　　现在我们就可以把 script 元素放回 head 元素里了,如代码清单 2-25 所示。

代码清单 2-25　将 script 元素放回 head 元素里
```
1  <!DOCTYPE html>
2  <html>
3  <head>
4      <title>延迟执行脚本</title>
5      <meta charset="utf-8">
6      <script type="text/javascript" src="patch.js" defer></script>
7  </head>
8  <body>
9      <p>我是谁? </p>
10     <p>我从哪里来? </p>
11     <p>我要到哪里去? </p>
12 </body>
13 </html>
```

注意

defer 属性只能用于外部脚本,它对文档内嵌脚本根本不起作用。

2.8.4 异步执行脚本

加载外部脚本会浪费一些时间。有时候这些外部脚本（例如，存放在第三方服务器的数据跟踪脚本或广告投放脚本）的加载时间完全不可控，如果 HTML 文档的解析为了等待脚本的加载而暂停，那么用户体验就不是很好了。

script 元素的 async 属性就用来告诉浏览器，该代码是可以异步执行的。HTML 解析器在遇到这种 <script> 标签的时候不需要停下来，HTML 文档的解析和代码的获取是同时进行的，直到外部文件获取完成，HTML 文档的解析才会暂停下来转而执行代码。浏览器异步执行脚本的过程如图 2-21 所示。

对于不依赖其他文件或本身没有任何依赖关系的脚本，async 属性将非常有用，因为我们并不在意它什么时候执行。同样，async 属性只能用于外部脚本，它对文档内嵌脚本根本不起作用。

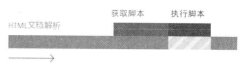

图 2-21 浏览器异步执行脚本的过程

✿ 注意

使用 async 属性会导致多个脚本的执行次序不可控（反正谁先加载完成，谁就先执行），因此如果脚本中使用了其他脚本定义的函数或值，async 属性就不适用了。

2.8.5 noscript 元素

尽管在 HTML5 中，JavaScript 已经被纳入标准，成为 Web 开发中极重要的一个环节，但是仍然有一些特殊用途的浏览器不支持它，或者有些用户出于安全考虑禁用它。因此，我们至少应该告诉他们，需要启用 JavaScript 才能使用相关网站的某些功能——noscript 就是专门做这件事的元素。

请参考代码清单 2-26。

代码清单 2-26 当浏览器不支持 JavaScript 的时候显示指定的内容

```
 1  <!DOCTYPE html>
 2  <html>
 3  <head>
 4      <title>noscript元素演示</title>
 5      <script type="text/javascript">
 6          document.write("I love FishC.com!");
 7      </script>
 8      <noscript>
 9          <p>都什么年代了，没有JavaScript哪行？</p>
10          <img alt="嫌弃" src="../img/xianqi.png">
11      </noscript>
12  </head>
13  <body>
14  </body>
15  </html>
```

代码清单 2-26 实现的效果是，当我们将 Chrome 浏览器的 JavaScript 禁用之后，打开网页会看到图 2-22 所示的内容。

图 2-22 当浏览器不支持 JavaScript 的时候显示指定的内容

第3章

标记文字的元素

3.1 注释

有人说，注释是最能够体现程序员自我修养的细节，为代码写注释的习惯是每个程序员都应该养成的。

对于注释，HTML、CSS 和 JavaScript 均自成一派，各自的注释语法都不一样。

3.1.1 HTML 的注释

HTML 的注释语法如下。

```
<!-- 在此处写注释 -->
```

可以看到，HTML 的注释也是一个标签，不过它只有开始标签，没有结束标签。

在注释标签中，以感叹号加两条短横线 (!--) 作为注释的开头，紧接着写上注释的内容（这些内容并不会被浏览器显示出来），最后用两条短横线（--）表示注释的结束。

有些读者刚开始学习，热情很高涨，他们为每一行代码都加上了注释。有时候写了一行注释生怕别人不理解，他们还会再加一行来注释前一句的注释……

请看代码清单 3-1。

代码清单 3-1　过分详细的注释

```
1    <!-- 告诉浏览器本段代码是使用HTML5编写的 -->
2    <!DOCTYPE html>
3    <!-- html标签开始 -->
4    <html>
5    <!-- head标签开始 -->
6    <head>
7        <!-- 网页的标题 -->
8        <title>定义文档内嵌代码</title>
9        <!-- 网页的编码 -->
10       <meta charset="utf-8">
11       <!-- 设定网页尺寸自适应 -->
12       <meta name="viewport" content="width=device-width, initial-scale=1.0">
13       <!-- 网页的关键词 -->
14       <meta name="keywords" content="小甲鱼,Web开发,HTML5,CSS3,Web编程教学">
15       <!-- 网页的内容描述 -->
16       <meta name="description" content="《零基础入门学习Web开发》案例演示">
17       <!-- 网页的开发者 -->
18       <meta name="author" content="小甲鱼">
19       <!-- 使用 JavaScript 技术，在网页中插入 I love FishC! -->
20       <script type="text/javascript">
21           document.write("I love FishC.com!");
22       </script>
23   <!-- head标签结束 -->
```

```
24    </head>
25    <!-- body标签开始 -->
26    <body>
27        <!-- 显示一段文本 -->
28        <p>上面的内容哪里来的? </p>
29    <!-- body标签结束 -->
30    </body>
31    <!-- html标签结束 -->
32    </html>
```

注释的内容并不会在浏览器中显示，代码的运行结果如图 3-1 所示。

I love FishC!

上面的内容哪里来的?

图 3-1 代码的运行结果

不过，注释是不能这么写的。

通常写注释是为了告诉一起开发的小伙伴，这段代码是做什么的，以及你修改了哪些内容，为复杂的逻辑结构稍微添加一些解释，看代码的人才不会摸不着头脑。

利用注释可以在代码中放置提醒信息，如代码清单 3-2 所示。

代码清单 3-2　利用注释放置提醒信息

```
1    ...
2    <body>
3        <!-- 在下一个案例中，把下面这个 p 标签删除 -->
4        <p>上面的内容哪里来的? </p>
5        <script type="text/javascript">
6            document.write("I love FishC!");
7        </script>
8    </body>
9    ...
```

另外，利用注释还可以调试代码，如代码清单 3-3 所示。

代码清单 3-3　利用注释调试代码

```
1    ...
2    <body>
3        <!— 暂时不需要 p 标签
4        <p>上面的内容哪里来的? </p>
5        -->
6        <script type="text/javascript">
7            document.write("I love FishC!");
8        </script>
9    </body>
10   ...
```

代码中 p 元素被包含在注释中，也就不再生效了。这对于"想知道如果没有这行代码会怎么样"之类的测试是非常有帮助的。

3.1.2　CSS 的注释

CSS 的注释语法如下。

```
/* 在此处写注释 */
```

在代码清单 3-4 中，我们利用 CSS 绘制了大白这个胖嘟嘟的机器人。

代码清单 3-4　利用 CSS 绘制大白

```
1    ...
2    /* 大白头部 */
3    #head {
4        height: 64px;
5        width: 100px;
6
7        /* 以百分比定义圆角的形状 */
```

```
8        border-radius: 50%;
9
10       /* 背景 */
11       background: #fff;
12       margin: 0 auto;
13       margin-bottom: -20px;
14
15       /* 设置下边框的样式 */
16       border-bottom: 5px solid #e0e0e0;
17
18       /*
19           设置元素的堆叠顺序,
20           堆叠顺序较高的元素始终会处于堆叠顺序较低的元素的前面
21       */
22       z-index: 100;
23
24       /* 生成相对定位的元素 */
25       position: relative;
26   }
27 ...
```

💡 提示

由于篇幅的关系,这里仅展示部分代码,完整代码请参考本书配套的源代码。

代码实现的效果如图 3-2 所示。

🌸 注意

如果把 CSS 代码写在了 HTML 代码的 <style> 标签中,还应该使用 CSS 的注释语法。

3.1.3　JavaScript 的注释

JavaScript 的注释语法如下。

图 3-2　代码实现的效果

```
// 单行的注释
/*
    多行
    的
    注释
*/
```

JavaScript 与 C 语言一样,支持两种注释语法。

学好 JavaScript,我们可以制作很多效果非常棒的网页。代码清单 3-5 所实现的就是一个樱花飘落的界面。

代码清单 3-5　樱花飘落

```
1  ...
2  // 匿名函数,初始化加载
3  $(function(){
4      // 加载樱花
5      RENDERER.init();
6      // 弹幕来源
7      text({
8          str: "我是个俗气至顶的人,见山是山,见海是海,见花便是花。唯独见了你,云海开始翻涌,江潮开始澎湃,昆虫的小触须挠着全世界的痒。你无须开口,我和天地万物便通通奔向你。",
9          effect: "random",
10         speed : 111,
11     });
12
13 });
14 ...
```

💡 提示

由于篇幅的关系,这里仅展示部分代码,完整代码可以参考本书配套的源代码。

代码实现的效果如图 3-3 所示。

图 3-3 代码实现的效果

真正的编程高手不仅代码写得好，注释也写得相当漂亮。很多时候寥寥几条注释就能够起到画龙点睛的作用。总之，写注释应该遵循奥卡姆剃刀原理：如无必要，勿增实体。

3.2 块级元素和行内元素

不知道你有没有发现一个问题：有些元素总喜欢"抱团取暖"，而有些则"踽踽独行"？请看代码清单 3-6。

代码清单 3-6 块级元素和行内元素的区别

```
1  <!DOCTYPE html>
2  <html>
3  <head>
4      <title>相拥和独行</title>
5      <meta charset="utf-8">
6  </head>
7  <body>
8      <a href="http://bbs.fishc.com">论坛</a>
9      <a href="http://fishc.taobao.com">淘宝</a>
10     <p>踽踽独行</p>
11     <p>形单影只</p>
12 </body>
13 </html>
```

代码实现的效果如图 3-4 所示。

图 3-4 代码实现的效果

尽管在源代码中 a 元素和 p 元素都是另起一行的，但在网页中的显示效果不一样。这里面其实涉及 HTML 的重要知识点——块级元素和行内元素。

块级元素始终从新的行开始，并尽可能地占据本行全部可用的宽度，如 p 元素就是一个典型的块级元素。

HTML5 包含的一些块级元素有<address>、<article>、<aside>、<blockquote>、<canvas>、<dd>、<div>、<dl>、<dt>、<fieldset>、<figcaption>、<figure>、<footer>、<form>、<h1>～<h6>、<header>、<hr>、<li>、<main>、<nav>、<noscript>、<ol>、<output>、<p>、<pre>、<section>、<table>、<tfoot>、<ul>、<video>。

相反，行内元素不会另起一行，它只占用必要的宽度。

行内元素的集合包括<a>、<abbr>、<acronym>、<b>、<bdo>、<big>、
、<button>、<cite>、<code>、<dfn>、<em>、<i>、<img>、<input>、<kbd>、<label>、<map>、<object>、<q>、<samp>、

\<script\>、\<select\>、\<small\>、\<span\>、\<strong\>、\<sub\>、\<sup\>、\<textarea\>、\<time\>、\<tt\>、\<var\>。

一言以蔽之，块级元素"讲究排场"，行内元素"勤俭节约"。当然，也不是说谁好谁坏，元素无好坏，存在即合理。

span 元素是一个行内元素，它通常用于组合文档中的行内元素，如代码清单 3-7 所示。

代码清单 3-7　行内元素

```
1   <!DOCTYPE html>
2   <html>
3   <head>
4       <title>行内元素</title>
5       <meta charset="utf-8">
6   </head>
7   <body>
8       <p>黑夜给了我黑色的<span>眼睛</span>，</p>
9       <p>我却用它寻找<span>光明</span>。</p>
10  </body>
11  </html>
```

被 p 元素标识的 span 元素默认情况下没有任何效果。代码实现的效果如图 3-5 所示。

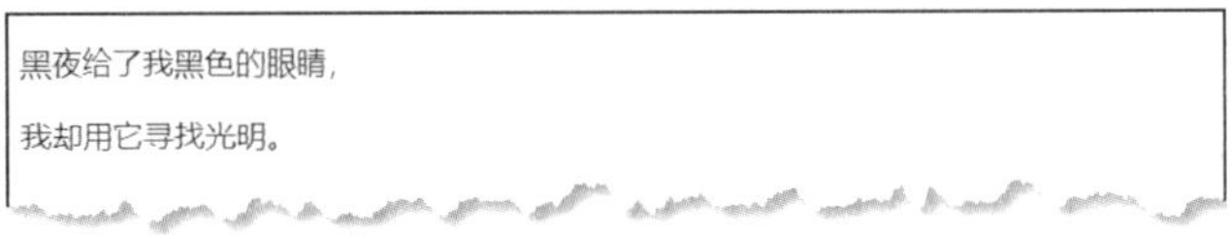

黑夜给了我黑色的眼睛，

我却用它寻找光明。

图 3-5　代码实现的效果

如果要突出显示 span 元素，就需要为其添加样式——只需要在其 head 元素中添加一个 style 元素即可，如代码清单 3-8 所示。

代码清单 3-8　为 span 元素添加样式

```
1   ...
2       <style type="text/css">
3           span {
4               color: red;
5           }
6       </style>
7   ...
```

代码实现的效果如图 3-6 所示。其中，"眼睛"和"光明"由黑色变为红色。

黑夜给了我黑色的眼睛，

我却用它寻找光明。

图 3-6　代码实现的效果

3.3　pre 元素

对于换行符和连续空白字符，浏览器会使用一个空格来代替，如代码清单 3-9 所示。

代码清单 3-9　换行符和连续空白字符

```
1   <!DOCTYPE html>
2   <html>
3   <head>
4       <title>换行符和连续空白字符</title>
5       <meta charset="utf-8">
6       <style type="text/css">
7           span {
```

```
8              color: red;
9          }
10     </style>
11 </head>
12 <body>
13     <p>黑        夜给了我黑色的<span>眼        睛</span>，</p>
14     <p>我
15     却用它寻找<span>光
16     明</span>。</p>
17 </body>
18 </html>
```

代码实现的效果如图 3-7 所示。

黑 夜给了我黑色的眼 睛，
我 却用它寻找光 明。

图 3-7　代码实现的效果

虽然代码中存在换行符，但被浏览器直接替换为一个空格。对于多个连续空白字符也不例外，浏览器也使用一个空格来代替。

这其实不是浏览器"自作主张"的结果，而是 HTML 标准所要求的。要解决这个"问题"，我们需要用到 pre 元素。

3.3.1　预格式化

我们知道 Python 等编程语言对于代码的排版（如缩进、换行等）要求是非常严格的，只要有一个缩进层级出错，就会导致程序无法运行。如果将其源代码使用 p 元素直接显示到网页上，那么无论是作者还是读者，看到浏览器的显示结果都会感到一头雾水，因为此时所有的换行符和空白字符都会被替换成空格。

因此，pre 元素应运而生。pre 元素用于定义预格式化的文本。所谓预格式化，就是指保留文本在源代码中的格式，使得页面中显示的效果和源代码中期望实现的效果完全一致。也就是说，浏览器在显示其中的内容时，会完全按照其真正的文本格式来显示，原封不动地保留文本中的空白，如空格、制表符、换行符等，如代码清单 3-10 所示。

代码清单 3-10　预格式化文本

```
1  <!DOCTYPE html>
2  <html>
3  <head>
4      <title>实现预格式化文本</title>
5      <meta charset="utf-8">
6  </head>
7  <body>
8      <!-- 演示pre元素的使用 -->
9      <pre>
10         <!DOCTYPE html>
11         <html>
12         <head>
13             <title>Demo</title>
14             <meta charset="utf-8">
15         </head>
16         <body>
17             <!-- 演示pre元素的使用 -->
18         </body>
19         </html>
20     </pre>
21 </body>
22 </html>
```

我们试图使用 pre 元素将 HTML 文档呈现到网页上，但实际上事与愿违，结果如图 3-8 所示。

图 3-8　事与愿违的结果

结果呈现的是一片空白，这并不是因为浏览器出了什么问题，也不是因为我们对 pre 元素有什么误解。要搞清楚其中的缘由，我们还需要认识一个新的概念——HTML 字符实体（character entity）。

3.3.2　字符实体

在 HTML 文档中，某些字符是预留的，具有特殊含义，例如，我们在 HTML 文档中不能使用小于号（<）和大于号（>），这是因为浏览器会误把它们当作标签来对待。如果希望正确地显示预留字符，我们必须在 HTML 源代码中使用字符实体。

HTML 中常用的字符实体如表 3-1 所示。

表 3-1　　　　　　　　　　　　　　　　HTML 中常用的字符实体

字符	实体编号	实体名称	描述
"	&#34;	&quot;	双引号
'	&#39;	&apos;	单引号
&	&#38;	&amp;	and 符号
<	&#60;	&lt;	小于号
>	&#62;	&gt;	大于号
			空格

💡 提示

由于篇幅的关系，这里仅展示部分字符实体，完整的 HTML 字符实体可以参考鱼 C 工作室网站的 ISO.html。

如果现在我们要在网页中显示小于号，那么需要使用"<"或者"<"。其中，"<"是小于号的实体编号，而"<"是它的实体名称，两者可以任选其一，如代码清单 3-11 所示。

代码清单 3-11　实现字符实体

```
 1  <!DOCTYPE html>
 2  <html>
 3  <head>
 4      <title>pre元素演示</title>
 5      <meta charset="utf-8">
 6  </head>
 7  <body>
 8      <!-- 演示pre元素的使用 -->
 9      <pre>
10      &#60;!DOCTYPE html&#62;
11      &#60;html&#62;
12      &#60;head&#62;
13          &#60;title&#62;Demo&#60;/title&#62;
14          &#60;meta charset=&#34;utf-8&#34;&#62;
15      &#60;/head&#62;
16      &#60;body&#62;
17          &#60;!-- 演示pre元素的使用 --&#62;
18      &#60;/body&#62;
19      &#60;/html&#62;
20      </pre>
21  </body>
```

代码实现的效果如图 3-9 所示。

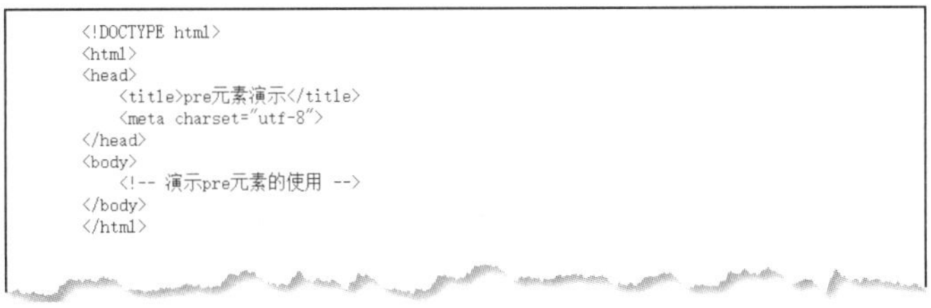

```
<!DOCTYPE html>
<html>
<head>
    <title>pre元素演示</title>
    <meta charset="utf-8">
</head>
<body>
    <!-- 演示pre元素的使用 -->
</body>
</html>
```

图 3-9 代码实现的效果

可以看到，pre 元素会保留空格和换行符，而文本自身也会呈现为等宽字体（monospaced font）。等宽字体是指字符宽度相同的计算机字体。与此相对，字符宽度不尽相同的计算机字体称为比例字体。

它们的主要差别在于应用。显然，比例字体使得单词的整体可读性增强了。例如，w 和 l 两个字母的宽度不在一个层级上，所以如果非要把它们设置成一样大，那么看文章就会非常辛苦。

但是，对于编程就不一样了，如果使用的不是等宽字体，那么代码缩进就会出现参差不齐的现象，会严重影响阅读代码。

3.4　code 元素

在 Web 前端开发中，一个非常重要的专用术语叫作"语义化"，简而言之就是使用正确的元素去做正确的事情。

在随后的学习中我们会发现，事实上，很多元素在页面中实现的效果是一样的，但是"语义化"就要求你使用语义恰当的 HTML 元素，让页面具有良好的结构与含义，从而让人和机器都能快速理解页面内容。也就是说，写代码的时候我们不仅要考虑呈现在浏览器上的用户体验，还要考虑抓取网页源代码的爬虫。

例如，我们要在网页上呈现源代码，仅使用 pre 元素并不是最恰当的做法。因为在 HTML 中有一个专门用于呈现源代码的元素，那就是 code 元素。

对于一大段源代码，建议先用 pre 元素，再嵌套 code 元素，这样"语义化"的效果就会非常棒，如代码清单 3-12 所示。

代码清单 3-12　在网页上呈现源代码的最好方式

```
1    <!DOCTYPE html>
2    <html>
3    <head>
4        <title>code元素演示</title>
5        <meta charset="utf-8">
6    </head>
7    <body>
8        <pre>
9        <code>
10           &#60;p&#62;你最喜欢吃的水果是&#60;span id=&#34;fruit&#34;&#62;&#60;/span&#62;
             &#60;/p&#62;
11           &#60;script type=&#34;text/javascript&#34;&#62;
12               var user_input = prompt(&#34;你最喜欢吃的水果是&#34;);
13               document.getElementById(&#34;fruit&#34;).innerHTML = user_input;
14           &#60;/script&#62;
15        </code>
16        </pre>
17    </body>
```

代码实现的效果如图 3-10 所示。

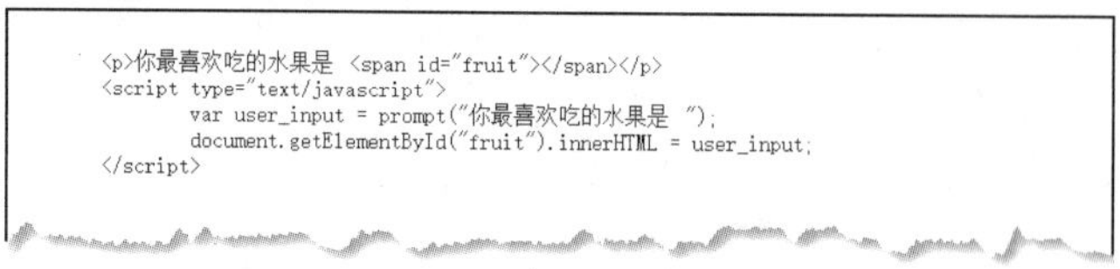

```
<p>你最喜欢吃的水果是 <span id="fruit"></span></p>
<script type="text/javascript">
        var user_input = prompt("你最喜欢吃的水果是 ");
        document.getElementById("fruit").innerHTML = user_input;
</script>
```

图 3-10　代码实现的效果

3.5　var、kbd、samp 元素

本节将介绍与编程相关的另外 3 个元素——var、kbd 和 samp。

其中，var 用于定义程序的变量，kbd 用于定义用户的键盘输入，samp 用于定义程序的输出，如代码清单 3-13 所示。

代码清单 3-13　var、kbd 和 samp 元素

```
1   <!DOCTYPE html>
2   <html>
3   <head>
4       <title> var, kbd, samp元素</title>
5       <meta charset="utf-8">
6   </head>
7   <body>
8       <pre>
9       <code>
10          &#60;p&#62;你最喜欢吃的水果是&#60;span id=&#34;fruit&#34;&#62;&#60;/span&#62;
            &#60;/p&#62;
11          &#60;script type=&#34;text/javascript&#34;&#62;
12                  var user_input = prompt(&#34;你最喜欢吃的水果是&#34;);
13                  document.getElementById(&#34;fruit&#34;).innerHTML = user_input;
14          &#60;/script&#62;
15      </code>
16      </pre>
17      <p>上述代码定义了一个变量<var>user_input</var>，用于接收用户的输入。</p>
18      <p>如果用户输入的是<kbd>香蕉</kbd>，那么程序将输出<samp>你最喜欢吃的水果是香蕉</samp></p>
19  </body>
20  </html>
```

代码实现的效果如图 3-11 所示。

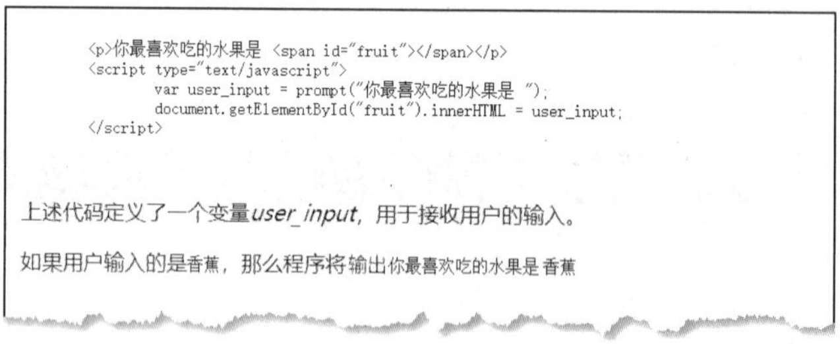

```
<p>你最喜欢吃的水果是 <span id="fruit"></span></p>
<script type="text/javascript">
        var user_input = prompt("你最喜欢吃的水果是 ");
        document.getElementById("fruit").innerHTML = user_input;
</script>
```

上述代码定义了一个变量*user_input*，用于接收用户的输入。

如果用户输入的是香蕉，那么程序将输出你最喜欢吃的水果是香蕉

图 3-11　代码实现的效果

3.6　q 元素

q 元素用于定义内容较短的引用，浏览器通常会在引用内容的两侧添加引号，如代码清单 3-14 所示。

代码清单 3-14　q 元素演示

```
1   <!DOCTYPE html>
2   <html>
3   <head>
```

```
4          <title>q元素演示</title>
5          <meta charset="utf-8">
6     </head>
7     <body>
8          <p>孔子有云：<q>学而不思则罔，思而不学则殆。</q></p>
9     </body>
10    </html>
```

代码实现的效果如图 3-12 所示。

> 孔子有云："学而不思则罔，思而不学则殆。"

图 3-12　代码实现的效果

3.7　blockquote 元素

　　一般引用一大段文本使用的是 blockquote 元素，浏览器通常会通过缩进的方式来显示该内容，如代码清单 3-15 所示。

❀　注意

q 元素本质上与 blockquote 元素是一样的，不同之处在于它们的显示方式和应用范围。q 元素通常用于简短的行内引用，浏览器的默认样式是为其加上双引号，而对于内容比较长的引用，建议使用 blockquote 元素。

代码清单 3-15　blockquote 元素演示

```
1     <!DOCTYPE html>
2     <html>
3     <head>
4          <title>blockquote元素演示</title>
5          <meta charset="utf-8">
6     </head>
7     <body>
8          <p>《中国合伙人》中有很多文字还是很不错的。</p>
9          <blockquote>
10             <p>梦想是什么？梦想就是一种让你感到坚持就是幸福的东西。</p>
11             <p>当才华撑不起野心的时候，只能安静读书。</p>
12             <p>最大的骗子其实是我们自己，因为我们总是想改变别人，而拒绝改变自己。</p>
13             <p>年轻的时候，不该什么都不想，也不能想太多。想得太多会毁了你，我相信这话……成功路上最心酸的是要耐得住寂寞、熬得住孤独，总有那么一段路是你一个人在走，一个人坚强和勇敢。也许这个过程要持续很久，但如果你挺过去了，最后的成功就属于你。</p>
14             <p>我从来就没有什么梦想，我也不知道什么是梦想，我只知道什么是失败，失败无处不在，人生如此绝望，这就是现实！掉在水里你不会淹死，待在水里你才会淹死，你只有游，不停地往前游。那些从一开始就选择放弃的人不会失败，因为他们从一开始就失败了，失败并不可怕，害怕失败才真正可怕。</p>
15         </blockquote>
16    </body>
17    </html>
```

代码实现的效果如图 3-13 所示。

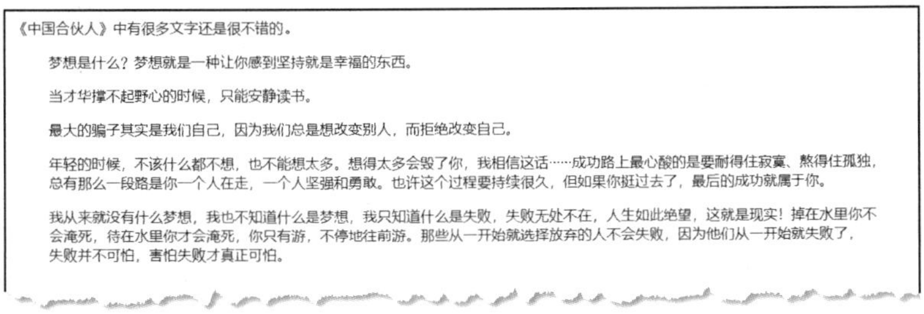

> 《中国合伙人》中有很多文字还是很不错的。
>
> 　梦想是什么？梦想就是一种让你感到坚持就是幸福的东西。
>
> 　当才华撑不起野心的时候，只能安静读书。
>
> 　最大的骗子其实是我们自己，因为我们总是想改变别人，而拒绝改变自己。
>
> 　年轻的时候，不该什么都不想，也不能想太多。想得太多会毁了你，我相信这话……成功路上最心酸的是要耐得住寂寞、熬得住孤独，总有那么一段路是你一个人在走，一个人坚强和勇敢。也许这个过程要持续很久，但如果你挺过去了，最后的成功就属于你。
>
> 　我从来就没有什么梦想，我也不知道什么是梦想，我只知道什么是失败，失败无处不在，人生如此绝望，这就是现实！掉在水里你不会淹死，待在水里你才会淹死，你只有游，不停地往前游。那些从一开始就选择放弃的人不会失败，因为他们从一开始就失败了，失败并不可怕，害怕失败才真正可怕。

图 3-13　代码实现的效果

有些读者可能会认为这不算引用，引用至少要加双引号。

HTML 元素主要负责指定整个网页的结构和内容，它可不管好不好看。内容的呈现（也就是所谓的美颜效果）是由应用于元素的 CSS 样式来实现的。这也是 HTML5 所大力提倡的"语义与实现分离"的概念。

在默认情况下，浏览器对 blockquote 元素的处理通常是添加缩进进行区分而已。如果你想要实现好看的引用效果，可以利用 CSS 修改其显示样式，如代码清单 3-16 所示。

代码清单 3-16　修改 blockquote 元素的显示样式

```
1   <!DOCTYPE html>
2   <html>
3   <head>
4       <title>blockquote元素演示</title>
5       <meta charset="utf-8">
6       <style type="text/css">
7           blockquote {
8               display:block;
9               background: #fff;
10              padding: 15px 20px 15px 45px;
11              margin: 0 0 20px;
12              position: relative;
13
14              /*字体*/
15              font-family: Georgia, serif;
16              font-size: 16px;
17              line-height: 1.2;
18              color: #666;
19              text-align: justify;
20
21              /*边框 - (选项)*/
22              border-left: 15px solid #429296;
23              border-right: 2px solid #429296;
24
25              /*盒子阴影 - (选项)*/
26              -moz-box-shadow: 2px 2px 15px #ccc;
27              -webkit-box-shadow: 2px 2px 15px #ccc;
28              box-shadow: 2px 2px 15px #ccc;
29          }
30          blockquote::before {
31              content: "\201C"; /*左侧双引号的Unicode编码*/
32
33              /*字体*/
34              font-family: Georgia, serif;
35              font-size: 60px;
36              font-weight: bold;
37              color: #999;
38
39              /*位置*/
40              position: absolute;
41              left: 10px;
42              top:5px;
43          }
44          blockquote::after {
45              content: ""; /*如果要显示右侧双引号，则写成content: "\201D"; */
46          }
47      </style>
48  </head>
49  <body>
50      ...
51  </body>
52  </html>
```

代码实现的效果如图 3-14 所示。

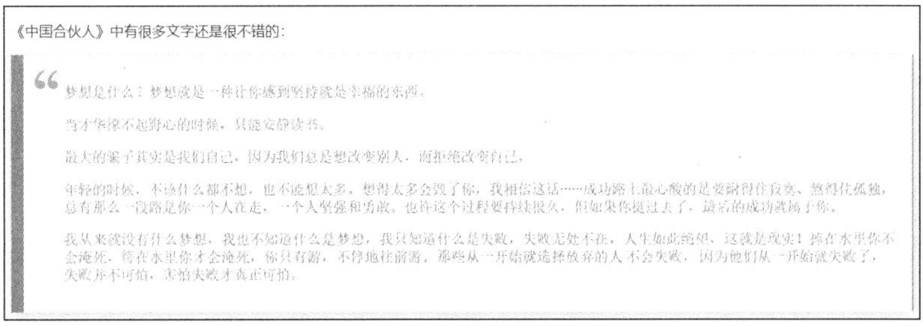

图 3-14　代码实现的效果

你暂时看不懂 CSS 代码没关系，本书的后半部分会对 CSS 部分进行详细的讲解。

3.8　cite 元素

cite 元素用于定义作品（如书籍、歌曲、电影、电视节目、绘画、雕塑等）的标题。在前面的例子中，"《中国合伙人》"就可以使用 cite 元素标识，如代码清单 3-17 所示。

代码清单 3-17　cite 元素演示

```
1  ...
2      <p><cite>《中国合伙人》</cite>中有很多文字还是很不错的。</p>
3  ...
```

代码实现的效果如图 3-15 所示。

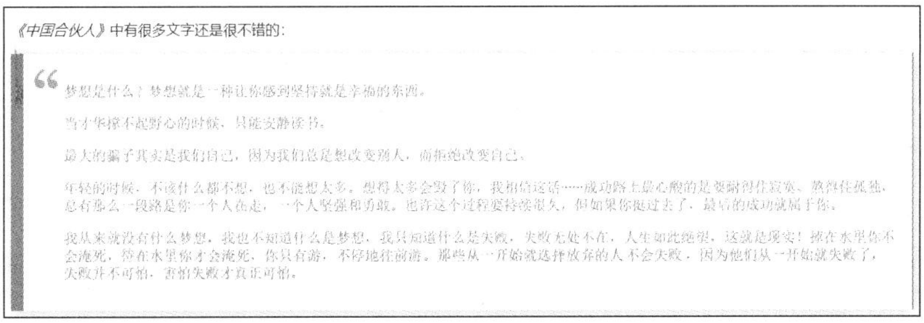

图 3-15　代码实现的效果

3.9　abbr 元素

abbr 元素用于定义简称或者缩写，配合全局属性 title，可以指定该缩写代表的完整含义，如代码清单 3-18 所示。

代码清单 3-18　abbr 元素演示

```
1  <!DOCTYPE html>
2  <html>
3  <head>
4      <title>abbr元素演示</title>
5      <meta charset="utf-8">
6  </head>
7  <body>
8      <p><abbr title="鱼C工作室">FishC</abbr> was founded in 2010.</p>
9  </body>
10 </html>
```

代码实现的效果如图 3-16 所示。

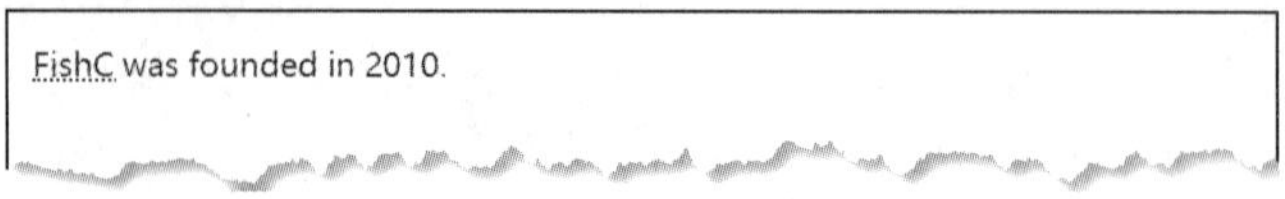

FishC was founded in 2010.

图 3-16　代码实现的效果

3.10　dfn 元素

dfn 元素用于突出定义中的术语，一个术语表示一个概念，如代码清单 3-19 所示。

代码清单 3-19　dfn 元素演示

```
1   <!DOCTYPE html>
2   <html>
3   <head>
4       <title>dfn元素演示</title>
5       <meta charset="utf-8">
6   </head>
7   <body>
8       <p><dfn>HTML</dfn>是一门用于创建网页的标准标记语言。</p>
9   </body>
10  </html>
```

代码实现的效果如图 3-17 所示。

*HTML*是一门用于创建网页的标准标记语言。

图 3-17　代码实现的效果

3.11　address 元素

address 元素用于定义文档或文章的作者/拥有者的联系信息，如代码清单 3-20 所示。

代码清单 3-20　address 元素演示

```
1   <!DOCTYPE html>
2   <html>
3   <head>
4       <title>address元素演示</title>
5       <meta charset="utf-8">
6   </head>
7   <body>
8       <address>
9           <strong>联系我们</strong><br>
10          邮箱: <a href="mailto:fishc_service@126.com">fishc_service@126.com</a><br>
11          旺旺: dingdingjiayu<br>
12          微信: FishC_Studio（公众号）<br>
13      </address>
14  </body>
15  </html>
```

代码实现的效果如图 3-18 所示。

联系我们
邮箱: fishc_service@126.com
旺旺: dingdingjiayu
微信: FishC_Studio（公众号）

图 3-18　代码实现的效果

3.12 ruby 元素

"魑魅魍魉"这 4 个字怎么读?

我相信很多读者会脱口而出:"鬼鬼鬼鬼!"

不是这样的,它们的正确读音应该是 chī mèi wǎng liǎng。

当网页上出现类似的生僻字时,如果有注音,那么用户体验是非常棒的!

这个功能确实可以实现,HTML5 中新添加了 ruby、rt 和 rp 3 个元素,用于添加旁注标记。

ruby 元素需要与 rt 和 rp 元素搭配使用。其中,rt 元素用于标记注音符号,rp 元素则用于标记当浏览器不支持 ruby 元素时所显示的内容,如代码清单 3-21 所示。

代码清单 3-21 ruby 元素演示

```
1  <!DOCTYPE html>
2  <html>
3  <head>
4      <title>ruby元素演示</title>
5      <meta charset="utf-8">
6  </head>
7  <body>
8      <ruby>魑<rp> (</rp><rt>chī</rt><rp>) </rp></ruby>
9      <ruby>魅<rp> (</rp><rt>mèi</rt><rp>) </rp></ruby>
10     <ruby>魍<rp> (</rp><rt>wǎng</rt><rp>) </rp></ruby>
11     <ruby>魉<rp> (</rp><rt>liǎng</rt><rp>) </rp></ruby>
12 </body>
13 </html>
```

代码实现的效果如图 3-19 所示。

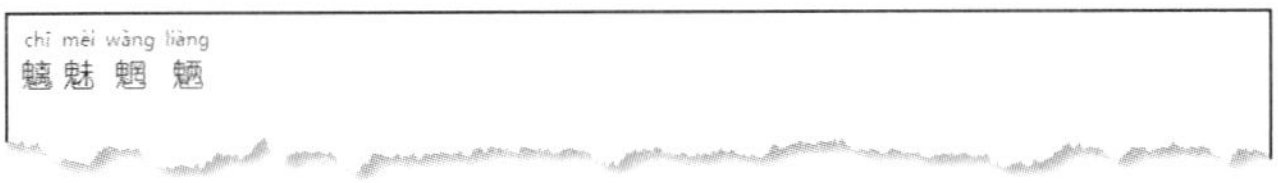

图 3-19 代码实现的效果

3.13 bdo 元素

利用 HTML 的 bdo 元素可以修改默认的文本方向,如代码清单 3-22 所示。

代码清单 3-22 bdo 元素演示

```
1  <!DOCTYPE html>
2  <html>
3  <head>
4      <title>bdo元素演示</title>
5      <meta charset="utf-8">
6  </head>
7  <body>
8      <bdo dir="rtl">
9          <ruby>魑<rp> (</rp><rt>chī</rt><rp>) </rp></ruby>
10         <ruby>魅<rp> (</rp><rt>mèi</rt><rp>) </rp></ruby>
11         <ruby>魍<rp> (</rp><rt>wǎng</rt><rp>) </rp></ruby>
12         <ruby>魉<rp> (</rp><rt>liǎng</rt><rp>) </rp></ruby>
13     </bdo>
14 </body>
15 </html>
```

代码实现的效果如图 3-20 所示。

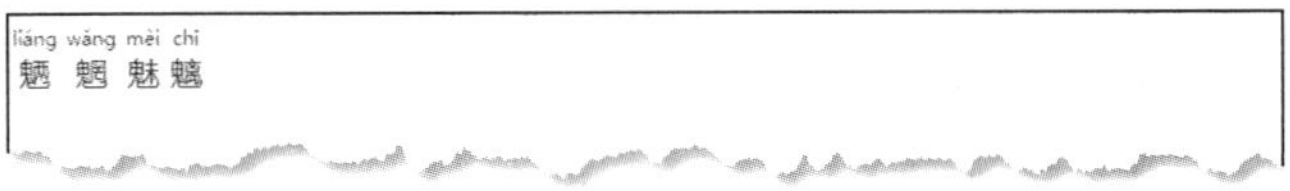

图 3-20 代码实现的效果

3.14 strong 元素和 b 元素

当你想突出某些很重要的文本时，可以使用 strong 元素对其进行标识，如代码清单 3-23 所示。

代码清单 3-23　strong 元素演示

```
1    <!DOCTYPE html>
2    <html>
3    <head>
4        <title>strong元素演示</title>
5        <meta charset="utf-8">
6    </head>
7    <body>
8        <p>雄性激素虽然对男人来说是利大于弊的，不过它也是一把双刃剑，过高的雄性激素会增加心血管疾病和
         糖尿病的患发率，会影响糖和脂肪的正常代谢，导致肥胖、高血压等，促使心血管疾病和糖尿病的发生。更
         糟糕的是，如果雄性激素分泌过于旺盛，人体的背部、胸部，特别是面部、头顶部就会分泌出过多的油脂，
         这不仅会导致皮肤问题，还会使头顶的毛孔被油脂所堵塞，头发的营养供应发生障碍，最终导致逐渐脱发而
         最后成为<strong>秃顶</strong></p>
9    </body>
10   </html>
```

代码实现的效果如图 3-21 所示。

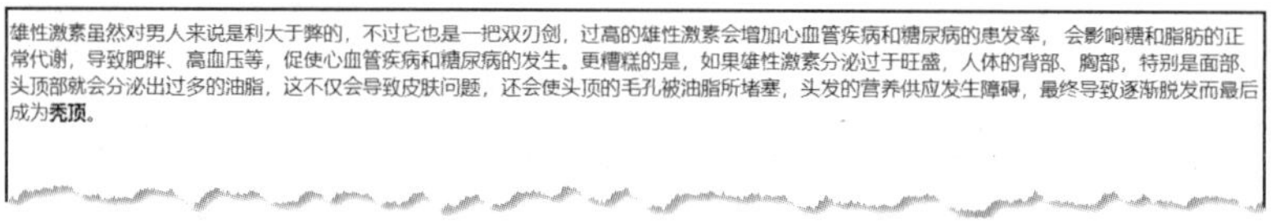

雄性激素虽然对男人来说是利大于弊的，不过它也是一把双刃剑，过高的雄性激素会增加心血管疾病和糖尿病的患发率，会影响糖和脂肪的正常代谢，导致肥胖、高血压等，促使心血管疾病和糖尿病的发生。更糟糕的是，如果雄性激素分泌过于旺盛，人体的背部、胸部，特别是面部、头顶部就会分泌出过多的油脂，这不仅会导致皮肤问题，还会使头顶的毛孔被油脂所堵塞，头发的营养供应发生障碍，最终导致逐渐脱发而最后成为**秃顶**。

图 3-21　代码实现的效果

因此，当想强调某些很重要的文本时，使用 strong 元素是最恰当不过的。

strong 元素通常是以粗体的形式呈现的，在 HTML 中，b 元素也可以表示粗体，但它并没有附带任何突出重要性的语义，如代码清单 3-24 所示。

代码清单 3-24　b 元素演示

```
1    <!DOCTYPE html>
2    <html>
3    <head>
4        <title>b元素演示</title>
5        <meta charset="utf-8">
6    </head>
7    <body>
8        <p>b元素也能表示<b>粗体</b>，但它没有强调语义。</p>
9    </body>
10   </html>
```

代码实现的效果如图 3-22 所示。

b元素也能使得文本**变粗**，但它没有强调语义。

图 3-22　代码实现的效果

3.15 em 元素和 i 元素

em 元素用于表示强调的语义，通常将内容以斜体的形式呈现，如代码清单 3-25 所示。

代码清单 3-25　em 元素演示

```
1    <!DOCTYPE html>
2    <html>
3    <head>
4        <title>em元素演示</title>
```

```
5            <meta charset="utf-8">
6       </head>
7       <body>
8            <p>编程中最重要的是<em>练习</em>！只有<em>练习</em>才是最好的导师！！</p>
9       </body>
10      </html>
```

代码实现的效果如图 3-23 所示。

编程中最重要的是*练习*! 只有*练习*才是最好的导师！！

图 3-23   代码实现的效果

i 元素也可以让内容倾斜，只不过它没有附带任何表示强调的语义，如代码清单 3-26 所示。

代码清单 3-26   i 元素演示

```
1       <!DOCTYPE html>
2       <html>
3       <head>
4            <title>i元素演示</title>
5            <meta charset="utf-8">
6       </head>
7       <body>
8            <p>i元素也可以让内容<i>倾斜</i>，只不过它没有附带任何表示强调的语义。</p>
9       </body>
10      </html>
```

代码实现的效果如图 3-24 所示。

i元素也可以让内容*倾斜*，只不过它没有附带任何表示强调的语义。

图 3-24   代码实现的效果

3.16   使用 CSS 代替 b 元素和 i 元素

内容一般不会无缘无故地加粗，也不会无缘无故地倾斜。

如果你觉得某些文本特别重要，可以选择加粗；如果你想强调某些语句，可以选择倾斜，让它们显得更醒目。在这些情况下，你应该使用 strong 元素或者 em 元素。

尽管 b 元素和 i 元素分别可以让文本变粗和倾斜，但这两个元素是不包含任何语义的，这显然与 HTML5 中强调的语义与实现分离的理念相悖。所以，如果你希望单纯地加粗或者倾斜某文本，那么推荐使用 CSS 来实现，如代码清单 3-27 所示。

代码清单 3-27   使用 CSS 代替 b 元素和 i 元素

```
1       <!DOCTYPE html>
2       <html>
3       <head>
4            <title>使用css代替b和i元素</title>
5            <meta charset="utf-8">
6       <style type="text/css">
7            .bold {
8                font-weight: bolder;
9            }
10           .italic {
11               font-style: italic;
12           }
13      </style>
14      </head>
15      <body>
16           <p class="bold">这里的内容都加粗会比较好看！</p>
```

```
17         <p class="italic">这里的内容倾斜后更好看。</p>
18     </body>
19  </html>
```

代码实现的效果如图 3-25 所示。

这里的内容都加粗会比较好看！

这里的内容倾斜后更好看。

图 3-25　代码实现的效果

3.17　del 元素和 ins 元素

del 元素用于表示被从文档中删除的文本，而 ins 元素则用于表示插入文档中的文本，如代码清单 3-28 所示。

代码清单 3-28　del 元素和 ins 元素演示

```
1  <!DOCTYPE html>
2  <html>
3  <head>
4      <title>del元素和ins元素演示</title>
5      <meta charset="utf-8">
6  </head>
7  <body>
8      <p>鱼C论坛的域名从 <del>bbs.fishc.com</del> 变成 <ins>fishc.com.cn</ins>，官网从 <del>www.
       fishc.com</del> 变成 <ins>ilovefishc.com</ins></</p>
9  </body>
10 </html>
```

代码实现的效果如图 3-26 所示。

鱼C论坛的域名从 ~~bbs.fishc.com~~ 变成 <u>fishc.com.cn</u>，官网从 ~~www.fishc.com~~ 变成 <u>ilovefishc.com</u>

图 3-26　代码实现的效果

3.18　s 元素

del 元素用删除线标识相应的内容，默认与 del 元素呈现的样式相同的有 s 元素。不过两者不能混用，因为 s 元素与 del 元素的语义是不同的，s 元素用于定义不正确的内容，如代码清单 3-29 所示。

代码清单 3-29　s 元素演示

```
1  <!DOCTYPE html>
2  <html>
3  <head>
4      <title>s元素演示</title>
5      <meta charset="utf-8">
6  </head>
7  <body>
8      <p>表示不再正确的内容要用s元素而不是<s>del</s>元素。
9  </body>
10 </html>
```

代码实现的效果如图 3-27 所示。

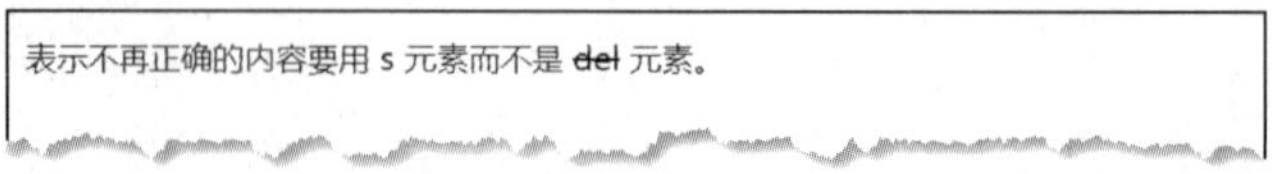

表示不再正确的内容要用 s 元素而不是 ~~del~~ 元素。

图 3-27　代码实现的效果

3.19 mark 元素

经常看到很多朋友在一些帖子里回复"mark 一下",一般意思是"暂时还没有时间看,先标记一下,有时间再回来学习",不过通常都"一去不复返"了。

HTML 中也有一个 mark 元素,它也是起到标记文本的作用的,如代码清单 3-30 所示。

代码清单 3-30　mark 元素演示

```
1   <!DOCTYPE html>
2   <html>
3   <head>
4       <title>mark元素演示</title>
5       <meta charset="utf-8">
6   </head>
7   <body>
8       <p>卖<mark>可乐</mark>、<mark>雪碧</mark>、<mark>柠檬茶</mark>,客官喝点啥?</p>
9   </body>
10  </html>
```

代码实现的效果如图 3-28 所示。

卖可乐、雪碧、柠檬茶,客官喝点啥?

图 3-28　代码实现的效果

3.20 sup 元素和 sub 元素

有时候我们可能需要在网页上使用上标文本和下标文本,比较典型的就是定义数学公式和化学方程式,如代码清单 3-31 所示。

代码清单 3-31　sup 元素和 sub 元素演示

```
1   <!DOCTYPE html>
2   <html>
3   <head>
4       <title>sup元素和sub元素演示</title>
5       <meta charset="utf-8">
6   </head>
7   <body>
8       <p>E = mc<sup>2</sup></p>
9       <p>Mg + ZnSO<sub>4</sub> = MgSO<sub>4</sub> + Zn</p>
10  </body>
11  </html>
```

代码实现的效果如图 3-29 所示。

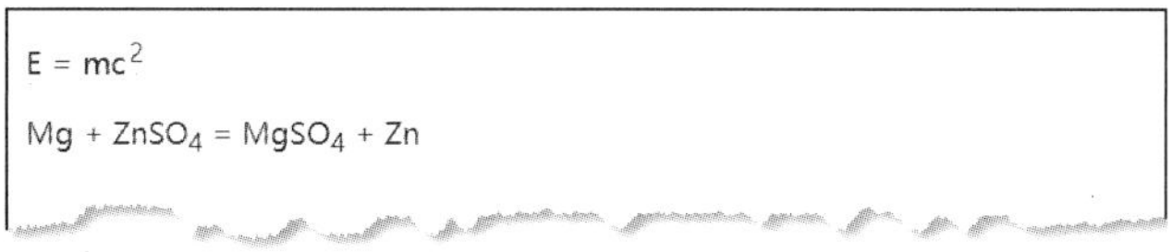

$E = mc^2$

$Mg + ZnSO_4 = MgSO_4 + Zn$

图 3-29　代码实现的效果

3.21 small 元素

small 元素的作用是使指定的文本变小。

我们经常会发现一些活动宣传内容的最下面有一行小字——本活动最终解释权归×××所有，如代码清单 3-32 所示。

代码清单 3-32　small 元素演示

```
1    <!DOCTYPE html>
2    <html>
3    <head>
4        <title>small元素演示</title>
5        <meta charset="utf-8">
6    </head>
7    <body>
8        <h1>送福利啦</h1>
9        <p>细节不重要，反正就要送福利啦！！</p>
10       <p>......</p>
11       <p><small>本活动最终解释权归XXX所有</small></p>
12   </body>
13   </html>
```

代码实现的效果如图 3-30 所示。

图 3-30　代码实现的效果

第 4 章

列表

HTML5 中常见的列表分为无序列表和有序列表。

4.1 ul 元素

ul 元素用于定义无序列表，对列表中的每一项都使用 li 元素进行标识，如代码清单 4-1 所示。

代码清单 4-1 无序列表演示

```
1   <!DOCTYPE html>
2   <html>
3   <head>
4       <title>ul元素演示</title>
5       <meta charset="utf-8">
6   </head>
7   <body>
8       <ul>
9           <li>Coffee</li>
10          <li>Tea</li>
11          <li>Milk</li>
12      </ul>
13  </body>
14  </html>
```

代码实现的效果如图 4-1 所示。

图 4-1 代码实现的效果

4.2 ol 元素

ol 元素用于定义有序列表，对列表中的每一项同样使用 li 元素进行标识，如代码清单 4-2 所示。

代码清单 4-2 有序列表演示

```
1   <!DOCTYPE html>
2   <html>
```

```
3   <head>
4       <title>ol元素演示</title>
5       <meta charset="utf-8">
6       <meta name="viewport" content="width=device-width, initial-scale=1.0">
7   </head>
8   <body>
9       《零基础入门学习Web开发》的内容：
10      <ol>
11          <li>HTML5 & CSS3</li>
12          <li>JavaScript</li>
13          <li>jQuery</li>
14          <li>Bootstrap</li>
15          <li>Vue</li>
16          <li>PHP</li>
17      </ol>
18  </body>
19  </html>
```

代码实现的效果如图 4-2 所示。

图 4-2　代码实现的效果

有序列表在 HTML5 中有 3 个属性可以使用。ol 元素可以使用的属性如表 4-1 所示。

表 4-1　　　　　　　　　　　　　ol 元素可以使用的属性

属性	说明
reversed	指定有序列表顺序为降序
start	指定有序列表的起始值
type	指定在有序列表中使用的标记类型

代码清单 4-3 用于将有序列表的标记类型修改为罗马字符，并且以降序的顺序显示。

代码清单 4-3　将有序列表的标记类型修改为罗马字符，并且以降序的顺序显示

```
1   <!DOCTYPE html>
2   <html>
3   <head>
4       <title>ol元素演示</title>
5       <meta charset="utf-8">
6   </head>
7   <body>
8       《零基础入门学习Web开发》这个系列的教学任务：
9       <ol type="I" reversed>
10          <li>HTML5 & CSS3</li>
11          <li>JavaScript</li>
12          <li>jQuery</li>
13          <li>Bootstrap</li>
14          <li>Vue</li>
15          <li>PHP</li>
16      </ol>
17  </body>
18  </html>
```

代码实现的效果如图 4-3 所示。

```
《零基础入门学习Web开发》这个系列的教学任务:

VI. HTML5 & CSS3
 V. JavaScript
IV. jQuery
III. Bootstrap
 II. Vue
 I. PHP
```

图 4-3 代码实现的效果

4.3 两个与列表相关的 CSS 属性

列表的标记还可以通过 CSS 进行定制,CSS 中有一个名为 list-style-type 的属性,该属性专门用于设置列表的样式。

list-style-type 属性允许你将列表的标记设置为实心方块、实心圆、空心圆等,如代码清单 4-4 所示。

代码清单 4-4 list-style-type 演示

```
1  <!DOCTYPE html>
2  <html>
3  <head>
4      <title>list-style-type演示</title>
5      <meta charset="utf-8">
6      <style>
7          ul.a {list-style-type: square;}
8          ul.b {list-style-type: disc;}
9          ul.c {list-style-type: circle;}
10         ul.d {list-style-type: none;}
11     </style>
12 </head>
13 <body>
14     <ul class="a">
15         <li>Coffee</li>
16         <li>Tea</li>
17         <li>Milk</li>
18     </ul>
19
20     <ul class="b">
21         <li>Coffee</li>
22         <li>Tea</li>
23         <li>Milk</li>
24     </ul>
25
26     <ul class="c">
27         <li>Coffee</li>
28         <li>Tea</li>
29         <li>Milk</li>
30     </ul>
31
32     <ul class="d">
33         <li>Coffee</li>
34         <li>Tea</li>
35         <li>Milk</li>
36     </ul>
37 </body>
38 </html>
```

代码实现的效果如图 4-4 所示。

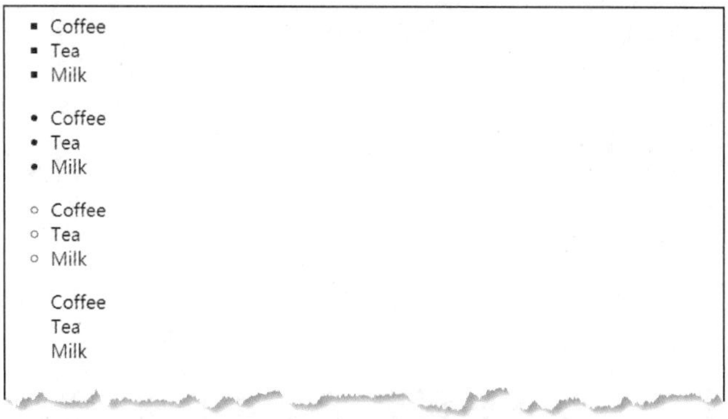

- Coffee
- Tea
- Milk

- Coffee
- Tea
- Milk

- Coffee
- Tea
- Milk

Coffee
Tea
Milk

图 4-4　代码实现的效果

list-style-type 属性可用的值如表 4-2 所示。

表 4-2　　　　　　　　　　　　　**list-style-type 属性可用的值**

值	说明
disc	实心圆
circle	空心圆
square	实心方块
decimal	阿拉伯数字
lower-roman	小写罗马数字
upper-roman	大写罗马数字
lower-alpha	小写英文字母
upper-alpha	大写英文字母
none	不适用标记
armenian	亚美尼亚数字
cjk-ideographic	简单的表意数字
georgian	乔治数字
lower-greek	小写希腊字母
hebrew	希伯来数字
hiragana	日文平假名字符
hiragana-iroha	日文平假名序号
katakana	日文片假名字符
katakana-iroha	日文片假名序号
lower-latin	小写拉丁字母
upper-latin	大写拉丁字母

CSS 中还有一个名为 list-style-image 的属性，它允许你将图像作为列表标记，如代码清单 4-5 所示。

代码清单 4-5　list-style-image 演示

```
1  <!DOCTYPE html>
2  <html>
3  <head>
4    <title>list-style-image演示</title>
5    <meta charset="utf-8">
6    <style>
7      ul {
8        list-style-image: url("img/turtle.png");
9      }
```

```
10        </style>
11    </head>
12    <body>
13        <ul>
14            <li>《零基础入门学习Web开发（HTML5 & CSS3）》</li>
15            <li>《零基础入门学习Web开发（JavaScript)》</li>
16            <li>《零基础入门学习Web开发（jQuery)》</li>
17        </ul>
18    </body>
19 </html>
```

代码实现的效果如图 4-5 所示。

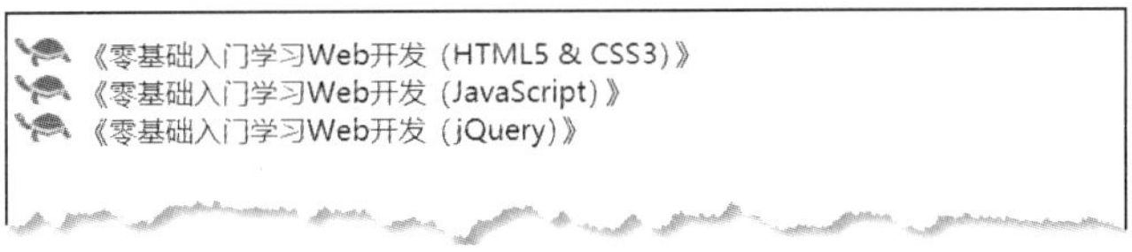

图 4-5 代码实现的效果

4.4 列表嵌套

HTML 是支持列表嵌套的。也就是说，HTML 中可以存在多级列表，如代码清单 4-6 所示。

代码清单 4-6 列表嵌套演示

```
1    <!DOCTYPE html>
2    <html>
3    <head>
4        <title>列表嵌套演示</title>
5        <meta charset="utf-8">
6    </head>
7    <body>
8        截至目前，小甲鱼的课程有这些:
9        <ol>
10            <li><del>零基础入门学习C语言"</del></li>
11            <li>"零基础入门学习汇编语言"</li>
12            <li>"C++快速入门"</li>
13            <li>"零基础入门学习Delphi"</li>
14            <li>"数据结构和算法"</li>
15            <li>"WIN32汇编语言程序设计"</li>
16            <li>"解密系列"
17                <ul>
18                    <li>基础篇</li>
19                    <li>调试篇</li>
20                    <li>系统篇</li>
21                    <li>脱壳篇</li>
22                    <li>工具篇</li>
23                    <li>密码学</li>
24                </ul>
25            </li>
26            <li>"Windows程序设计"</li>
27            <li>"零基础入门学习Python"</li>
28            <li>"极客Python"
29                <ul>
30                    <li>Git使用教程</li>
31                    <li>效率革命</li>
32                </ul>
33            </li>
34            <li>"带你学C带你飞"
35                <ul>
36                    <li>Vim快速入门</li>
37                    <li>C语言语法基础</li>
38                </ul>
39            </li>
40            <li>"零基础入门学习Web开发（HTML5&CSS3）"</li>
41            <li>"零基础入门学习Scratch"</li>
42        </ol>
```

```
43  </body>
44  </html>
```

代码实现的效果如图 4-6 所示。

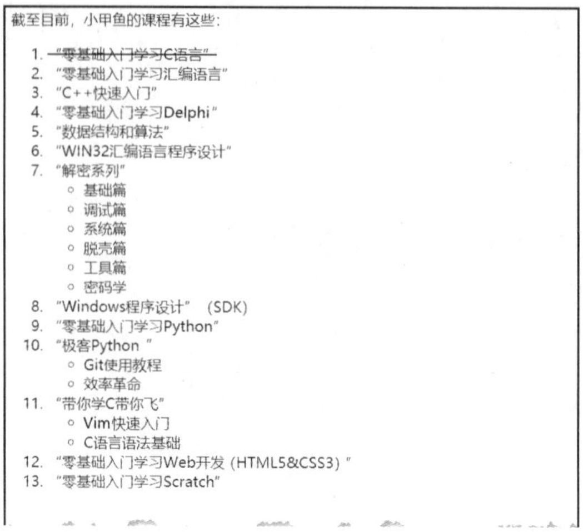

图 4-6　代码实现的效果

4.5　定义列表

除无序列表和有序列表之外，还有第 3 种列表——定义列表。

定义列表使用 dl 元素来实现，该元素定义了一个包含条目及其描述的列表。

dl 元素需要 dt 和 dd 两个元素来配合使用。其中，dt 元素用于定义列表中条目部分的内容，而 dd 元素则用于定义描述部分的内容，如代码清单 4-7 所示。

代码清单 4-7　定义列表演示

```
1   <!DOCTYPE html>
2   <html>
3   <head>
4       <title>dl元素演示</title>
5       <meta charset="utf-8">
6   </head>
7   <body>
8       <!-- 单条术语与描述 -->
9       <dl>
10          <dt>fishc.com.cn</dt>
11          <dd>一个神奇的论坛。</dd>
12      </dl>
13
14      <!-- 多条术语，单条描述 -->
15      <dl>
16          <dt>fishc.com.cn</dt>
17          <dt>bbs.fishc.com</dt>
18          <dd>一个神奇的论坛。</dd>
19      </dl>
20
21      <!-- 单条术语，多条描述 -->
22      <dl>
23          <dt>fishc.com.cn</dt>
24          <dd>一个神奇的论坛。</dd>
25          <dd>一个可以结识一群志同道合的朋友的地方。</dd>
26      </dl>
27
28      <!-- 多条术语，多条描述 -->
29      <dl>
30          <dt>fishc.com.cn</dt>
```

```
31        <dd>一个神奇的论坛。</dd>
32        <dd>一个可以结识一群志同道合的朋友的地方。</dd>
33        <dt>ilovefishc.com</dt>
34        <dd>鱼C工作室的新主页。</dd>
35    </dl>
36 </body>
37 </html>
```

代码实现的效果如图 4-7 所示。

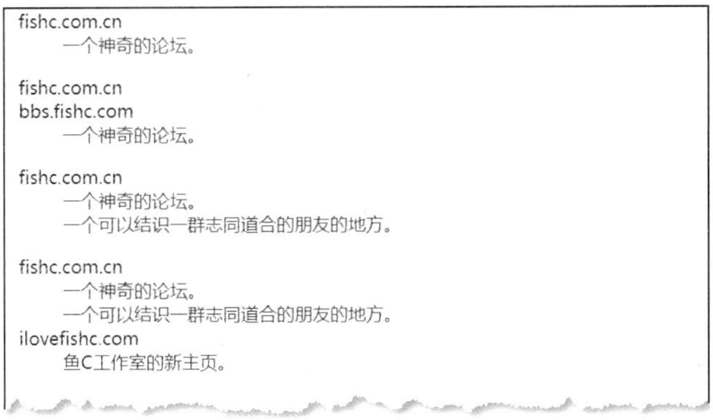

图 4-7　代码实现的效果

第 5 章

表格

在前期的 HTML 开发中，表格基本上就是"万金油"，干什么都能用它，甚至一度流行使用它对网页进行布局。但这种情况到了 HTML5 就大不相同了，从 HTML5 开始，表格大部分"越界"的功能被去除了。

5.1　实现表格

代码清单 5-1 演示了一个简单的表格是如何实现的。

代码清单 5-1　一个简单的表格

```
1    <!DOCTYPE html>
2    <html>
3    <head>
4        <title>一个简单的表格</title>
5        <meta charset="utf-8">
6    </head>
7    <body>
8        <table>
9            <tr>
10               <th>姓名</th>
11               <th>年龄</th>
12           </tr>
13           <tr>
14               <td>小甲鱼</td>
15               <td>18</td>
16           </tr>
17           <tr>
18               <td>不二如是</td>
19               <td>28</td>
20           </tr>
21       </table>
22   </body>
23   </html>
```

代码实现的效果如图 5-1 所示。

姓名　年龄
小甲鱼　18
不二如是 28

图 5-1　代码实现的效果

图 5-1 所示的就是一个简单的表格，大家会发现，这个表格竟然连边框都没有！

是的，原来的表格是有很多属性的，但是到了 HTML5，连表格最基本的边框都要使用 CSS 来实现，这就是所谓的语义与实现分离。

实现表格的基本元素包括 table、tr、th 和 td。

其中，table 元素用于定义表格；tr（table row）元素用于定义表格里面的行；th（table header cell）元素用于定义表头单元格；td（table data cell）元素用于定义数据单元格。

 注意

td 元素包含的是单元格的内容，其内容可以是文本、图像、列表，甚至是另外一个表格。

5.2　给表格添加边框

通过 CSS 为表格添加边框，如代码清单 5-2 所示。

代码清单 5-2　为表格添加边框

```
1   <!DOCTYPE html>
2   <html>
3   <head>
4       <title>给表格加上边框</title>
5       <meta charset="utf-8">
6       <style>
7           table {
8               border: 1px solid black;
9           }
10          th {
11              border: 1px solid black;
12          }
13          td {
14              border: 1px solid black;
15          }
16      </style>
17  </head>
18  <body>
19      <table>
20          <tr>
21              <th>姓名</th>
22              <th>年龄</th>
23              <th>随便说句话</th>
24          </tr>
25          <tr>
26              <td>小甲鱼</td>
27              <td>18</td>
28              <td>让编程改变世界！</td>
29          </tr>
30          <tr>
31              <td>不二如是</td>
32              <td>28</td>
33              <td>热爱编程的人的运气总不会太差。</td>
34          </tr>
35      </table>
36  </body>
37  </html>
```

代码实现的效果如图 5-2 所示。

姓名	年龄	随便说句话
小甲鱼	18	让编程改变世界！
不二如是	28	热爱编程的人的运气总不会太差。

图 5-2　代码实现的效果

 提示

在默认情况下，浏览器会对表头单元格中的内容进行加粗和居中处理。

CSS 的 border 属性用于设置边框的样式，代码"border: 1px solid black;"依次表示将边框线设置为 1px 的宽度，将样式设置为实线，将颜色设置为黑色。

可能有些读者会比较困惑，边框线为什么会是两条平行的线呢？

我们分别将 th 和 td 元素对应的内容修改为其他颜色，如代码清单 5-3 所示。

代码清单 5-3　将 th 和 td 元素对应的内容修改为其他颜色

```
1    ...
2    <style>
3        table {
4            border: 1px solid black;
5        }
6        th {
7            border: 1px solid red;
8        }
9        td {
10            border: 1px solid blue;
11        }
12    </style>
13    ...
```

代码实现的效果如图 5-3 所示。

姓名	年龄	随便说句话
小甲鱼	18	让编程改变世界！
不二如是	28	热爱编程的人的运气总不会太差。

图 5-3　代码实现的效果

原来两条平行的线各自属于不同元素的边框。那有没有办法将它们合并呢？

显然，制定 HTML5 标准的人也遇到了相同的问题，所以他们又设计了 border-collapse 属性，用于合并这些相邻的、平行的边框，如代码清单 5-4 所示。

代码清单 5-4　利用 border-collapse 属性合并相邻的、平行的边框

```
1    ...
2        table {
3            border: 1px solid black;
4            border-collapse: collapse;
5        }
6    ...
```

合并后的边框如图 5-4 所示。

姓名	年龄	随便说句话
小甲鱼	18	让编程改变世界！
不二如是	28	热爱编程的人的运气总不会太差。

图 5-4　合并后的边框

5.3　给表格添加标题

要为表格添加标题，使用 caption 元素即可实现，如代码清单 5-5 所示。

代码清单 5-5　使用 caption 元素为表格添加标题

```
1    <!DOCTYPE html>
2    <html>
3    <head>
4        <title>复仇者联盟主要成员技能表</title>
5        <meta charset="utf-8">
6        <style>
7            table {
8                border: 1px solid black;
```

```
9                  border-collapse: collapse;
10              }
11              th, td {
12                  border: 1px solid black;
13                  padding: 5px;
14              }
15              caption {
16                  padding: 10px;
17              }
18          </style>
19      </head>
20      <body>
21          <table>
22              <caption>复仇者联盟主要成员技能表</caption>
23              <tr>
24                  <th>外号</th>
25                  <th>原名</th>
26                  <th>特长</th>
27                  <th>照片</th>
28              </tr>
29              <tr>
30                  <th>美国队长</th>
31                  <td>史蒂芬·罗杰斯</td>
32                  <td>强化体格</td>
33                  <td><img src="img/CaptainAmerica.jpg" alt="美国队长" width="300"></td>
34              </tr>
35              <tr>
36                  <th>钢铁侠</th>
37                  <td>托尼·斯塔克</td>
38                  <td>善于发明</td>
39                  <td><img src="img/IronMan.jpg" alt="钢铁侠" width="300"></td>
40              </tr>
41              <tr>
42                  <th>雷神</th>
43                  <td>托尔</td>
44                  <td>操控雷电</td>
45                  <td><img src="img/Thor.jpg" alt="雷神" width="300"></td>
46              </tr>
47              <tr>
48                  <th>绿巨人</th>
49                  <td>布鲁斯·班纳</td>
50                  <td>变大变强</td>
51                  <td><img src="img/Hulk.jpg" alt="绿巨人" width="300"></td>
52              </tr>
53              <tr>
54                  <th>黑寡妇</th>
55                  <td>娜塔莎·罗曼诺夫</td>
56                  <td>动作敏捷</td>
57                  <td><img src="img/BlackWidow.jpg" alt="黑寡妇" width="300"></td>
58              </tr>
59          </table>
60      </body>
61  </html>
```

代码实现的效果如图 5-5 所示。

❀ 注意

caption 元素需要紧挨着 table 元素的开始标签。

有时候，为了设置某些单元格的背景色，使用的 CSS 属性是 background，如代码清单 5-6
所示。

代码清单 5-6　使用 background 属性设置背景色

```
1   ...
2       th {
3           background: grey;
4           color: white;
5       }
6   ...
```

代码实现的效果如图 5-6 所示。

图 5-5 代码清单 5-5 实现的效果

图 5-6 代码清单 5-6 实现的效果

5.4 分割表格

不过，有时候，管理人员可能会提出更加"苛刻"的要求，例如让我们把"外号"一列的背景色改浅一些（也就是"外号"这个单元格还是要深灰色的，但该列下面的单元格要设置成浅灰色的）。

要进一步满足上述要求，我们就需要对表格进行更加细致的规划。

thead、tbody、tfoot 这 3 个元素可以将表格更细致地分割为上（表头）、中（主体）、下（表尾）3 个部分，如代码清单 5-7 所示。

代码清单 5-7 更细致地分割表格

```
1   <!DOCTYPE html>
2   <html>
3   <head>
4       <title>复仇者联盟主要成员技能表</title>
5       <meta charset="utf-8">
6       <style>
7           table {
8               border: 1px solid black;
9               border-collapse: collapse;
10          }
```

```
11          thead th {
12              background: grey;
13              color: white;
14          }
15          tbody th {
16              background: lightgrey;
17              color: white;
18          }
19          th, td {
20              border: 1px solid black;
21              padding: 5px;
22          }
23          caption {
24              padding: 10px;
25          }
26      </style>
27  </head>
28  <body>
29      <table>
30          <caption>复仇者联盟主要成员技能表</caption>
31          <thead>
32              <tr>
33                  <th>外号</th>
34                  <th>原名</th>
35                  <th>特长</th>
36                  <th>照片</th>
37              </tr>
38          </thead>
39          <tbody>
40              <tr>
41                  <th>美国队长</th>
42                  <td>史蒂芬·罗杰斯</td>
43                  <td>强化体格</td>
44                  <td><img src="img/CaptainAmerica.jpg" alt="美国队长" width="300"></td>
45              </tr>
46              <tr>
47                  <th>钢铁侠</th>
48                  <td>托尼·斯塔克</td>
49                  <td>善于发明</td>
50                  <td><img src="img/IronMan.jpg" alt="钢铁侠" width="300"></td>
51              </tr>
52              <tr>
53                  <th>雷神</th>
54                  <td>托尔</td>
55                  <td>操控雷电</td>
56                  <td><img src="img/Thor.jpg" alt="雷神" width="300"></td>
57              </tr>
58              <tr>
59                  <th>绿巨人</th>
60                  <td>布鲁斯·班纳</td>
61                  <td>变大变强</td>
62                  <td><img src="img/Hulk.jpg" alt="绿巨人" width="300"></td>
63              </tr>
64              <tr>
65                  <th>黑寡妇</th>
66                  <td>娜塔莎·罗曼诺夫</td>
67                  <td>动作敏捷</td>
68                  <td><img src="img/BlackWidow.jpg" alt="黑寡妇" width="300"></td>
69              </tr>
70          </tbody>
71          <tfoot>
72              <tr>
73                  <td colspan="4">上述资料仅供娱乐！</td>
74              </tr>
```

```
75          </tfoot>
76      </table>
77  </body>
78  </html>
```

代码实现的效果如图 5-7 所示。

复仇者联盟主要成员技能表

图 5-7 代码实现的效果

th 和 td 元素允许相应内容实现跨行和跨列显示,使用 colspan 属性可实现跨列显,使用 rowspan 属性可实现跨行显示。表格跨行演示如代码清单 5-8 所示。

代码清单 5-8 表格跨行演示

```
1   <!DOCTYPE html>
2   <html>
3   <head>
4       <title>表格跨行演示</title>
5       <meta charset="utf-8">
6       <style>
7           table {
8               border: 1px solid black;
9               border-collapse: collapse;
10          }
11          td {
12              border: 1px solid black;
13              padding: 5px;
14          }
15      </style>
16  </head>
17  <body>
18      <table>
19          <tr>
20              <td>1</td>
21              <td rowspan="3">2</td>
22              <td>3</td>
23          </tr>
24          <tr>
```

```
25                <td>4</td>
26                <td>6</td>
27            </tr>
28            <tr>
29                <td>7</td>
30                <td>9</td>
31            </tr>
32        </table>
33    </body>
34 </html>
```

代码实现的效果如图 5-8 所示。

图 5-8　代码实现的效果

❄ 注意

由于"2"所在的单元格强行占据了 3 行，因此应该将"5"和"8"所在的单元格删除，为"2"所在的单元格留出空位。

通常情况下，表格是按行绘制的，每个 tr 元素代表表格中的一行。但有的时候，我们可能需要批量设置表格中一列或多列的样式。

有两个元素是专门做这件事的，它们就是 colgroup 元素和 col 元素，如代码清单 5-9 所示。

代码清单 5-9　colgroup 元素和 col 元素演示

```
1  <!DOCTYPE html>
2  <html>
3  <head>
4      <title>colgroup元素和col元素演示</title>
5      <meta charset="utf-8">
6      <style>
7          table {
8              border: 1px solid black;
9              border-collapse: collapse;
10         }
11         td {
12             border: 1px solid black;
13             padding: 5px;
14         }
15     </style>
16 </head>
17 <body>
18     <table>
19         <colgroup>
20             <col style="background: red">
21             <col span="2" style="background: green">
22         </colgroup>
23         <tr>
24             <td>1</td>
25             <td rowspan="3">2</td>
26             <td>3</td>
27         </tr>
28         <tr>
29             <td>4</td>
30             <td>6</td>
31         </tr>
32         <tr>
```

```
33              <td>7</td>
34              <td>9</td>
35          </tr>
36      </table>
37  </body>
38  </html>
```

代码实现的效果如图 5-9 所示。

图 5-9　代码实现的效果

第6章

表单

6.1　form 元素

一个优秀的网页一定能与用户进行"交流"。什么是交流？交流就是一种你来我往的交互行为。这种交互行为需要通过表单来实现。

表单是 HTML 中获取用户输入的工具。

代码清单 6-1 演示了一个简单的表单提交页面是如何实现的。

代码清单 6-1　一个简单的表单提交页面的实现方式

```
1   <!DOCTYPE html>
2   <html>
3   <head>
4       <meta charset="utf-8">
5       <title>一个简单的表单提交页面</title>
6   </head>
7   <body>
8       <form action="welcome.php" method="post">
9           名字: <input type="text" name="name"><br><br>
10          邮箱: <input type="text" name="email"><br><br>
11          <button type="submit">提交</button>
12      </form>
13  </body>
14  </html>
```

☀ 注意

这里我们需要用到一个已经写好的 PHP 文件，将用户提交的数据交给它来处理。这里为了方便演示，我们已经将对应的文件都放到了鱼C工作室的服务器上，访问鱼C工作室网站可以看到实现效果。

代码实现的效果如图 6-1 所示。

名字: _____

邮箱: _____

提交

图 6-1　代码实现的效果

输入名字和邮箱，单击"提交"按钮，显示服务器返回的内容，如图 6-2 所示。

欢迎"鱼油"：小甲鱼，您的表单已提交成功哦~

更多信息会发到您的邮箱: fishc_service@126.com

图 6-2　提交表单后服务器返回的内容

我们可以看到图 6-1 所示的网页上有两个文本框，提示用户输入名字和邮箱。

这两个文本框实际上是由 input 元素来实现的。input 元素是一个很强大的元素，从一定程度上来说，它无所不能，在这个例子里，它提供的是一个简单的文本框，用户可以在里面输入任何内容。

两个文本框的下面是一个按钮，它是通过 button 元素来实现的。当用户单击这个按钮时，说明所有数据已经输入完毕，是时候将它们发送给服务器了。

服务器接收到用户提交的表单之后，会将其转交给 welcome.php 脚本，这是在 form 元素的 action 属性中指定的。如果该属性被省略，默认就会由当前页面处理表单。

form 元素还有另一个属性——method。

method 属性用于指定使用哪一种 HTTP 方法将表单发送给服务器，它允许的值有 get 和 post，它们分别对应 HTTP 的 GET 和 POST 方法。

单从名字上看，GET 方法适用于"获取"数据，POST 方法适用于"提交"数据。但事实上，它们都可以向服务器提交表单。那么它们的区别是什么呢？

最明显的区别是，GET 方法会将提交的数据整合到 URL 里面。这种方法的缺点是，如果提交的数据包含隐私内容，那么这些内容会在地址栏以明文的形式显示出来；使用 POST 方法则没有这个后顾之忧，使用 POST 方法提交的数据随 HTTP 消息的主体发送到服务器。所以，通常程序员更喜欢使用 POST 方法来向服务器提交重要数据。

在代码清单 6-2 中，我们改用 GET 方法来提交数据。

代码清单 6-2　改用 GET 方法来提交数据

```
1  <!DOCTYPE html>
2  <html>
3  <head>
4      <meta charset="utf-8">
5      <title>一个简单的表单提交页面</title>
6  </head>
7  <body>
8      <form action="welcome.php" method="get">
9          账号: <input type="text" name="name"><br><br>
10         密码: <input type="password" name="password"><br><br>
11         <button type="submit">提交</button>
12     </form>
13 </body>
14 </html>
```

在表单中输入账号和密码后，单击"提交"按钮，会发现输入的密码竟然在地址栏以明文的形式显示，如图 6-3 所示。

← → C 🔒 ilovefishc.com/html5/html5/lesson15/test2/welcome.php?name=小甲鱼&password=IloveFishC.com

恭喜，登录成功！

图 6-3　GET 方法会在地址栏以明文的形式显示提交的数据

6.2　button 元素

button 元素实现的是一个按钮，它有一个 type 属性，该属性可以设置为 submit、button 和 reset。由于不同浏览器中该属性的默认值可能不同，因此建议使用 button 元素的时候，将 type 属性也设置一下。

其中，submit 刚刚用过，表示单击按钮的时候将表单的内容提交到服务器上；如果设置为 button，那么它就是一个按钮而已，单击后通常不会有效果，它的提交动作需要通过后期脚本来实现；如果设置为 reset，它会将输入框里的内容删除。type 属性的设置如代码清单 6-3 所示。

代码清单 6-3　type 属性的设置

```
1    <!DOCTYPE html>
2    <html>
3    <head>
4        <meta charset="utf-8">
5        <title>"重设"按钮</title>
6    </head>
7    <body>
8        <form action="welcome.php" method="get">
9            账号: <input type="text" name="name"><br><br>
10           密码: <input type="password" name="password"><br><br>
11           <button type="submit">提交</button>
12           <button type="reset">重设</button>
13       </form>
14   </body>
15   </html>
```

这样，单击"重设"按钮，输入框里的内容就会消失。

button 元素还可以用于覆盖表单的一些属性，这是 HTML5 新增加的特性。我们可以通过设置 formmethod 属性来修改表单的提交方法，如代码清单 6-4 所示。

代码清单 6-4　修改表单的提交方法

```
1    <!DOCTYPE html>
2    <html>
3    <head>
4        <meta charset="utf-8">
5        <title>覆盖表单属性</title>
6    </head>
7    <body>
8        <form action="welcome.php" method="get">
9            账号: <input type="text" name="name"><br><br>
10           密码: <input type="password" name="password"><br><br>
11           <button type="submit" formmethod="get">GET</button>
12           <button type="submit" formmethod="post">POST</button>
13       </form>
14   </body>
15   </html>
```

代码实现的效果如图 6-4 所示。

您当前使用 POST 方法提交表单: 恭喜，登录成功!

图 6-4　代码实现的效果

6.3　一些常用的功能

6.3.1　自动填充

当我们在浏览器中成功输入一次信息之后，浏览器就会"记住"用户填入表单的数据。这是如何实现的呢？

通常，浏览器是通过匹配 input 元素的 name 属性而得知这些数据的。一般来说，这也并不是什么坏事，自动填充表单可以避免重复输入同样的数据。但是，有时网页的开发者并不希望这样，对于一个用于调查问卷的网页，倘若每个新用户一单击输入框，就出现上一个用户的隐私信息（如图 6-5 所示），那就很不好了。

图 6-5　自动填充容易泄露用户的隐私信息

我们可以通过修改 autocomplete 属性来解决这个问题，这个属性的默认值是 on。也就是说，它允许浏览器进行自动填充。如果我们希望禁止浏览器自动填充，将它设置为 off 即可，如代码清单 6-5 所示。

代码清单 6-5　禁止自动填充

```
1  <!DOCTYPE html>
2  <html>
3  <head>
4      <meta charset="utf-8">
5      <title>调查问卷</title>
6  </head>
7  <body>
8      <form action="welcome.php" method="post" autocomplete="off">
9          你叫什么名字: <input type="text" name="name"><br><br>
10         你是不是学生: <input type="text" name="student"><br><br>
11         <button type="submit">提交</button>
12     </form>
13 </body>
14 </html>
```

直接对 form 元素设置 autocomplete 属性，有点"一竿子打翻一船人"的感觉。所以，对 input 元素也应该设置 autocomplete 属性，这样就可以覆盖 form 元素的设置了，如代码清单 6-6 所示。

代码清单 6-6　单独指定某个输入框允许自动填充

```
1  <!DOCTYPE html>
2  <html>
3  <head>
4      <meta charset="utf-8">
5      <title>调查问卷</title>
6  </head>
7  <body>
8      <h1>鱼C调查问卷</h1>
9      <form action="welcome.php" method="post" autocomplete="off">
10         性别: <input type="text" name="sex" autocomplete="on"><br><br>
11         名字: <input type="text" name="name"><br><br>
12         年龄: <input type="text" name="age"><br><br>
13         <button type="submit">提交</button>
14     </form>
15 </body>
16 </html>
```

代码实现的效果如图 6-6 所示。

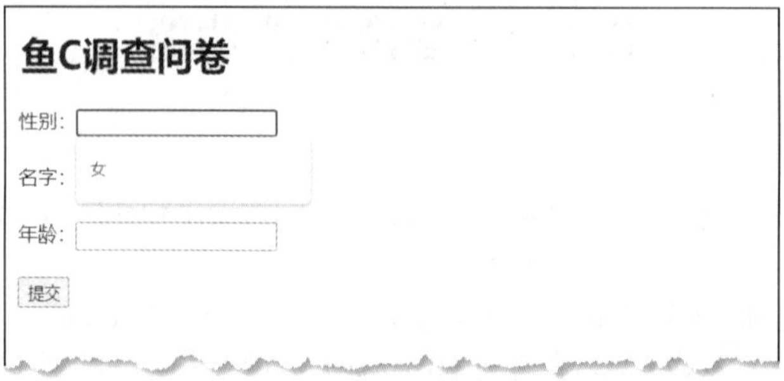

图 6-6　代码实现的效果

这样就灵活多了，先将 form 元素的 autocomplete 属性设置为 off，然后对于要启用这个功能的 input 元素，单独设置它的 autocomplete 属性为 on 即可。

6.3.2 指定目标显示位置

form 元素还有一个 target 属性，它与实现超链接的 a 元素有些类似，这里的 target 属性用于指定响应提交表单的页面在哪儿显示，例如，我们指定它在新的标签页显示，如代码清单 6-7 所示。

代码清单 6-7 指定响应提交表单页面的显示位置

```
1    ...
2        <form action="welcome.php" method="post" target="_blank">
3    ...
```

这样，当用户单击"提交"按钮的时候，响应提交表单的页面就会在新的标签页中显示出来。

6.3.3 设置默认值

有时候，当一个输入框需要填充的内容基本相同的时候，我们就可以设置它的默认值，这样用户体验会相对更好一些。

给 input 元素的 value 属性指定一个值即可设置默认值，如代码清单 6-8 所示。

代码清单 6-8 设置默认值

```
1    ...
2        性别: <input type="text" name="sex" autocomplete="on" value="女"><br><br>
3    ...
```

这样，当用户打开页面的时候，设置了默认值的输入框就会自动填充好该值（但用户是可以修改这个值的）。

6.3.4 自动聚焦

自动聚焦就是指在表单加载出来之后，光标会自动聚焦到某个指定的 input 元素上，这样用户就可以直接输入数据。

要实现这一功能，只需要在需要自动聚焦的 input 元素中加入 autofocus 即可，如代码清单 6-9 所示。

代码清单 6-9 自动聚焦

```
1    ...
2        名字: <input type="text" name="name" autofocus><br><br>
3    ...
```

6.3.5 禁用元素

如果在一个元素中加入 disabled，则表示该元素被禁用，如代码清单 6-10 所示。

代码清单 6-10 禁用元素

```
1    ...
2        性别: <input type="text" name="sex" autocomplete="on" value="女" disabled><br><br>
3    ...
```

元素被禁用后，对应内容通常是以灰色背景显示的，代码实现的效果如图 6-7 所示。

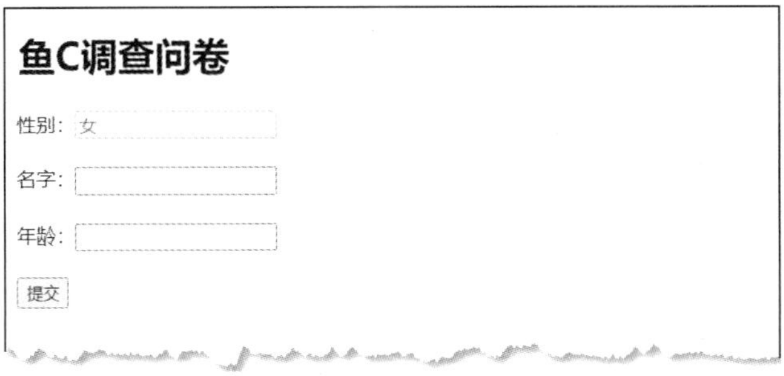

图 6-7 代码实现的效果

将表单元素禁用之后，除其对应的内容不能修改之外，单击"提交"按钮后，该元素的内容也不会提交给服务器。

如果你希望"禁止修改元素中的内容，但其中的内容仍然会提交给服务器"，可以设置 readonly 属性，如代码清单 6-11 所示。

代码清单 6-11　设置 readonly 属性

```
1    ...
2        性别: <input type="text" name="sex" autocomplete="on" value="女" readonly><br><br>
3    ...
```

readonly 属性和 disabled 属性有些类似，都会使得元素无法被修改，但它们实际上是不同的：disabled 属性将整个元素彻底禁止，在提交表单的时候对其"视而不见"；readonly 属性仅仅禁止用户修改，但是提交表单时内容还是会被提交给服务器的。

6.4　label 元素

使用 label 元素不会向用户呈现任何特殊效果，使用它却能改善用户的交互体验。

具体是如何实现的呢？我们来看一下代码清单 6-12。

代码清单 6-12　label 元素演示

```
1    <!DOCTYPE html>
2    <html>
3    <head>
4        <meta charset="utf-8">
5        <title>调查问卷</title>
6    </head>
7    <body>
8        <form action="welcome.php" method="post">
9            <label>你叫什么名字: <input type="text" name="name"></label><br><br>
10           <label>你是不是学生: <input type="text" name="student"></label><br><br>
11           <button type="submit">提交</button>
12    </form>
13    </body>
14    </html>
```

代码实现的效果如图 6-8 所示。当单击文本"你叫什么名字："时，光标就会自动聚焦到它后面对应的 input 元素对应的内容上。

图 6-8　代码实现的效果

这种通过包含建立起来的关系对应的行为称为隐式关联。

还有一种行为，称为显式关联。对于显式关联，需要为 label 元素设置 for 属性，然后将它的值指定为另一个元素的 id 值，如代码清单 6-13 所示。

代码清单 6-13　显式关联

```
1    <!DOCTYPE html>
2    <html>
3    <head>
4        <meta charset="utf-8">
5        <title>调查问卷</title>
6    </head>
7    <body>
8        <form action="welcome.php" method="post">
9            <label for="name">你叫什么名字:</label><input type="text" name="name" id="name">
```

```
10      <label for="badguy">你是不是学生:</label><input type="text" name="student" id=
        "badguy"><br><br>
11      <button type="submit">提交</button>
12    </form>
13  </body>
14  </html>
```

❀　注意

在 HTML 里面，元素的 id 值是不可以重复的。

6.5　fieldset 元素

fieldset 元素可对表单内的相关元素进行分组，浏览器会根据其分组以特殊方式来呈现它们，如代码清单 6-14 所示。

代码清单6-14　fieldset 元素演示

```
1   <!DOCTYPE html>
2   <html>
3   <head>
4       <meta charset="utf-8">
5       <title>调查问卷</title>
6   </head>
7   <body>
8       <form action="welcome.php" method="post">
9           <fieldset>
10              <label for="name">姓名: </label><input type="text" name="name" id="name">
                <br><br>
11              <label for="sex">性别: </label><input type="text" name="sex" id="sex">
                <br><br>
12              <label for="age">年龄: </label><input type="text" name="age" id="age">
13          </fieldset>
14          <p>为了给您提供更好的服务, 希望您能抽出几分钟时间, 将您的感受和建议告诉我们, 我们非常重视
            每位用户的宝贵意见, 期待您的参与! 现在我们就马上开始吧! </p>
15          <fieldset>
16              <label for="q1">您是否使用过鱼C论坛: </label><input type="text" name="age"
                id="age"><br><br>
17              <label for="q2">您使用鱼C论坛的目的是: </label><input type="text" name="age"
                id="age"><br><br>
18              <label for="q3">您使用鱼C论坛的频率是: </label><input type="text" name="age"
                id="age">
19          </fieldset>
20          <br>
21          <button type="submit">提交</button>
22      </form>
23  </body>
24  </html>
```

代码实现的效果如图 6-9 所示。

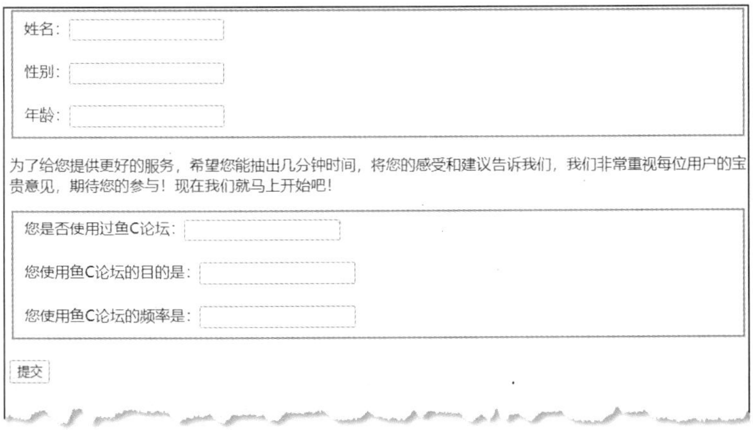

图 6-9　代码实现的效果

63

可以看到，浏览器根据 fieldset 元素的分组来呈现内容。

6.6　legend 元素

legend 元素是专门为 fieldset 元素定义说明文字的，如代码清单 6-15 所示。

代码清单 6-15　legend 元素演示

```
 1   ...
 2       <fieldset>
 3           <legend>基本信息</legend>
 4           <label for="name">姓名：</label><input type="text" name="name" id="name">
             <br><br>
 5           <label for="sex">性别：</label><input type="text" name="sex" id="sex">
             <br><br>
 6           <label for="age">年龄：</label><input type="text" name="age" id="age">
 7       </fieldset>
 8       <p>为了给您提供更好的服务，希望您能抽出几分钟时间，将您的感受和建议告诉我们，我们非常重视
         每位用户的宝贵意见，期待您的参与！现在我们就马上开始吧！</p>
 9       <fieldset>
10           <legend>调查内容</legend>
11           <label for="q1">您是否使用过鱼C论坛：</label><input type="text" name="age"
             id="age"><br><br>
12           <label for="q2">您使用鱼C论坛的目的是：</label><input type="text" name=
             "age" id="age"><br><br>
13           <label for="q3">您使用鱼C论坛的频率是：</label><input type="text" name=
             "age" id="age">
14       </fieldset>
15   ...
```

代码实现的效果如图 6-10 所示。

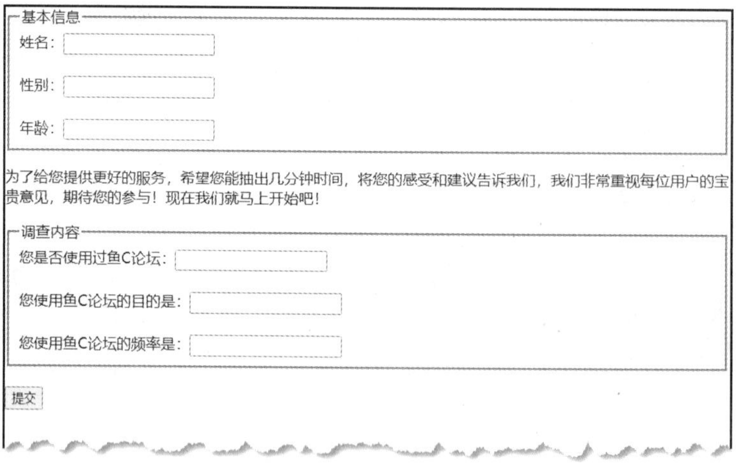

图 6-10　代码实现的效果

6.7　select 元素和 option 元素

有时候，我们需要为用户提供一个下拉列表，方便用户选择。实现下拉列表需要使用 select
元素和 option 元素，如代码清单 6-16 所示。

代码清单 6-16　实现下拉列表

```
 1   <!DOCTYPE html>
 2   <html>
```

```
3    <head>
4        <meta charset="utf-8">
5        <title>实现下拉列表</title>
6    </head>
7    <body>
8        <label>性别：
9            <select name="sex">
10               <option value="male">男</option>
11               <option value="female">女</option>
12           </select>
13           <br><br>
14       </label>
15   </body>
16   </html>
```

代码实现的效果如图 6-11 所示。

图 6-11　代码实现的效果

6.8　optgroup 元素

有时候，下拉列表的选项会比较多，我们可以使用 optgroup 元素对选项进行分组，如代码清单 6-17 所示。

代码清单6-17　对下拉列表选项进行分组

```
1    <!DOCTYPE html>
2    <html>
3    <head>
4        <meta charset="utf-8">
5        <title>对下拉列表选项进行分组</title>
6    </head>
7    <body>
8        <p>小甲鱼近期更新的课程</p>
9        <select>
10           <optgroup label="《零基础入门学习Web开发》">
11               <option value="h5017">第017讲</option>
12               <option value="h5016">第016讲</option>
13               <option value="h5015">第015讲</option>
14               <option value="h5000">……</option>
15           </optgroup>
16           <optgroup label="《零基础入门学习Scratch》">
17               <option value="sc008">第008讲</option>
18               <option value="sc007">第007讲</option>
19               <option value="sc006">第006讲</option>
20               <option value="sc000">……</option>
21           </optgroup>
22           <optgroup label="《极客Python之效率革命》">
23               <option value="gp002">绘图篇</option>
24               <option value="gp001">办公篇</option>
25               <option value="gp000">爬虫篇</option>
26           </optgroup>
27       </select>
28   </body>
29   </html>
```

代码实现的效果如图 6-12 所示。

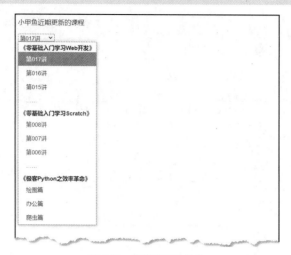

图 6-12　代码实现的效果

第 7 章

"万能"的 input 元素

input 元素的功能非常强大，本章将详细介绍 input 元素的具体功能。

之前演示了如果将 type 属性设置为 text，input 元素就可以接收文本的输入。如果你希望输入的是涉及隐私的内容（如密码），那么可以将 type 属性的值设置为 password。

在 HTML5 中，input 元素的 type 属性有 22 个不同的值，除之前介绍的 text、password 之外，剩下的 20 个分别是 button、submit、reset、radio、checkbox、time、date、month、week、datetime-local、email、tel、search、url、color、file、image、number、range、hidden。

7.1 按钮

首先要介绍的是 submit、button 和 reset，是不是有点眼熟？

没错，button 元素也有 type 属性，可以设置的值也是这 3 个。

由于 input 是一个单标签元素，因此它是通过 value 属性来存放按钮上的文字的。使用 input 元素实现按钮样式，如代码清单 7-1 所示。

代码清单 7-1　使用 input 元素实现按钮样式

```
1    <!DOCTYPE html>
2    <html>
3    <head>
4        <meta charset="utf-8">
5        <title>使用input元素实现按钮样式</title>
6    </head>
7    <body>
8        <form action="welcome.php" method="post">
9            名字: <input type="text" name="name"><br><br>
10           邮箱: <input type="text" name="email"><br><br>
11           <input type="submit" value="提交">
12           <input type="reset" value="重设">
13           <input type="button" onclick="msg()" value="点我！">
14       </form>
15
16       <script>
17           function msg() {
18               alert("I love FishC!");
19           }
20       </script>
21   </body>
22   </html>
```

代码实现的效果如图 7-1 所示。

图 7-1　代码实现的效果

7.2　单选框

将 input 元素的 type 属性设置为 radio 即可实现单选框样式，如代码清单 7-2 所示。

代码清单 7-2　使用 input 元素实现单选框样式
```
1   <!DOCTYPE html>
2   <html>
3   <head>
4       <meta charset="utf-8">
5       <title>使用input元素实现单选框样式</title>
6   </head>
7   <body>
8       <form action="welcome.php" method="post">
9           <label><input type="radio" name="sex" value="male">男</label>
10          <label><input type="radio" name="sex" value="female">女</label>
11      </form>
12  </body>
13  </html>
```

代码实现的效果如图 7-2 所示。

图 7-2　代码实现的效果

❀ 注意

同一组单选框的 name 属性必须一致，这样才能实现不同选项的互斥。

7.3　复选框

将 input 元素的 type 属性设置为 checkbox 即可实现复选框样式，如代码清单 7-3 所示。

代码清单 7-3　使用 input 元素实现复选框样式
```
1   <!DOCTYPE html>
2   <html>
3   <head>
4       <meta charset="utf-8">
5       <title>使用input元素实现复选框样式</title>
6   </head>
7   <body>
8       <form action="welcome.php" method="get">
9           <p>你最喜欢的漫威英雄是？</p>
10          <input type="checkbox" name="heros[]" value="Deadpool">死侍
11          <input type="checkbox" name="heros[]" value="Venom">毒液
12          <input type="checkbox" name="heros[]" value="BlackWidow">黑寡妇
13          <input type="checkbox" name="heros[]" value="Hulk">绿巨人
14          <input type="checkbox" name="heros[]" value="GreenTurtle">小甲鱼
15          <input type="checkbox" name="heros[]" value="IronMan">钢铁侠
16          <input type="checkbox" name="heros[]" value="Wolverine">金刚狼
17          <input type="checkbox" name="heros[]" value="CaptainAmerica">美国队长
18          <br><br>
```

```
19          <input type="submit" value="提交">
20      </form>
21  </body>
22  </html>
```

代码实现的效果如图 7-3 所示。

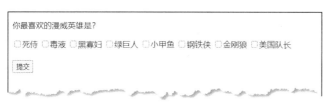

图 7-3　代码实现的效果

7.4　时间和日期

有时候，我们可能希望让用户输入时间或者日期，如代码清单 7-4 所示。

代码清单 7-4　使用 input 元素实现时间和日期输入框

```
1   <!DOCTYPE html>
2   <html>
3   <head>
4       <meta charset="utf-8">
5       <title>使用input元素实现时间和日期输入框</title>
6   </head>
7   <body>
8       <form action="welcome.php" method="get">
9           <label>时间: <input type="time" name="time"></label>
10          <br><br>
11          <label>日期: <input type="date" name="date"></label>
12          <br><br>
13          <label>年月: <input type="month" name="month"></label>
14          <br><br>
15          <label>星期: <input type="week" name="week"></label>
16          <br><br>
17          <label>本地日期和时间: <input type="datetime-local" name="datetime-local"></label>
18          <br><br>
19          <input type="submit" value="提交">
20      </form>
21  </body>
22  </html>
```

代码实现的效果如图 7-4 所示。

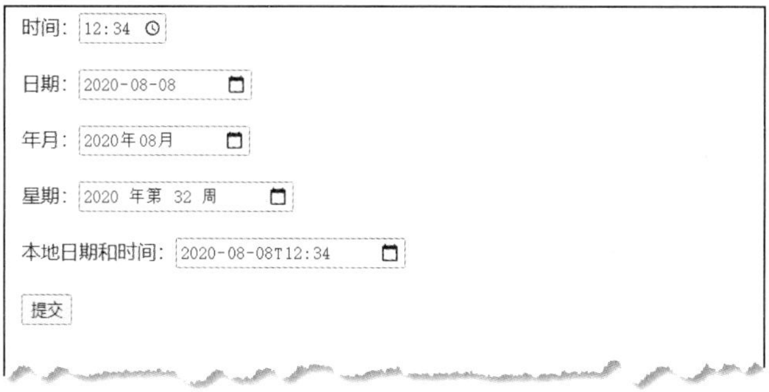

图 7-4　代码实现的效果

注意，选择好日期之后，单击"提交"按钮，我们会发现输入的时间（12:34）在 URL 中显示的却是 12%3A34。这是为什么呢？

这里其实涉及一个叫作百分号编码（percent-encoding）的概念，百分号编码也叫 URL 编码（URL encoding）。因为 URL 中有些字符会引起歧义，所以需要制定一个规范。

这些会导致冲突的字符称为保留字符，RFC3986 标准为它们定义了相应的百分号编码，如表 7-1 所示，冒号（:）对应的就是%3A。

表 7-1　　　　　　　　　　　　　保留字符的百分号编码

保留字符	!	*	"	'	(	)	;	:	@	&
百分号编码	%21	%2A	%22	%27	%28	%29	%3B	%3A	%40	%26
保留字符	=	+	$	,	/	?	%	#	[	]
百分号编码	%3D	%2B	%24	%2C	%2F	%3F	%25	%23	%5B	%5D

7.5　搜索框

在大数据时代，资源一般不稀缺，而如何在这些多而杂的资源里面找出自己想要的信息，成了 21 世纪最关键的技能之一。

将 input 元素的 type 属性设置为 search，就说明其实现的文本框是用来搜索的，如代码清单 7-5 所示。

代码清单 7-5　使用 input 元素实现搜索框

```
1  <!DOCTYPE html>
2  <html>
3  <head>
4      <meta charset="utf-8">
5      <title>使用input元素实现搜索框</title>
6  </head>
7  <body>
8      <form action="welcome.php" method="get">
9          <label>你想看小甲鱼的哪个课程: <input type="search" name="search"></label>
10         <br><br>
11         <input type="submit" value="提交">
12     </form>
13 </body>
14 </html>
```

代码实现的效果如图 7-5 所示。

图 7-5　代码实现的效果

当然，这里的搜索框无法从百度或者谷歌搜索引擎搜索资源，因为具体的搜索行为，我们还是要通过脚本代码来实现的。

7.6　颜色选择框

假设有朋友问你："买哪个颜色的口红好看？"你可以直接给她一个颜色选择框，让她自己挑选颜色，如代码清单 7-6 所示。

代码清单 7-6　使用 input 元素实现颜色选择框

```
1  <!DOCTYPE html>
2  <html>
```

```
 3    <head>
 4        <meta charset="utf-8">
 5        <title>使用input元素实现颜色选择框</title>
 6    </head>
 7    <body>
 8        <form action="welcome.php" method="get">
 9            <label>亲爱的，选个颜色: <input type="color" name="color"></label>
10            <br><br>
11            <input type="submit" value="提交">
12        </form>
13    </body>
14    </html>
```

代码实现的效果如图7-6所示。

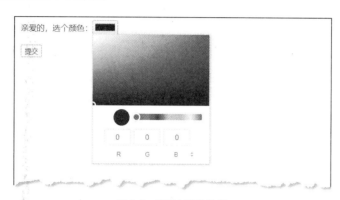

图7-6　代码实现的效果

选择好颜色之后，单击"提交"按钮，可以发现提交的颜色是以#的百分号编码外加6个十六进制数描述的，如图7-7所示。注意，这里图7-7中的"买买买"是在提交后通过PHP实现的。

图7-7　单击"提交"按钮实现的效果

注意

在URL中，#是以百分号编码%23表示的，后面紧跟着的6个十六进制数可分为3组，分别代表R、G、B三原色的值。

7.7　图像按钮

HTML还允许我们将图像作为按钮，如代码清单7-7所示。

代码清单7-7　使用input元素实现图像按钮

```
 1    <!DOCTYPE html>
 2    <html>
 3    <head>
 4        <meta charset="utf-8">
 5        <title>使用input元素实现图像按钮</title>
 6    </head>
 7    <body>
 8        <form action="welcome.php" method="get">
 9            <label>别看我是一只龟，我还是一个按钮: <input type="image" src="turtle.png" alt=
```

```
               "Green Turtle"></label>
10        </form>
11   </body>
12   </html>
```

代码实现的效果如图 7-8 所示。

图 7-8　代码实现的效果

这样，图像就可以当作按钮使用了。单击图像的任意位置，服务器会做出响应，如图 7-9 所示。

图 7-9　单击图像的任意位置，服务器会做出响应

7.8　隐藏 input 元素

有句话说得好：眼不见为净。对于暂时"没有用"的元素，我们可以把它给隐藏起来。将 type 属性设置为 hidden 即可隐藏元素，如代码清单 7-8 所示。

代码清单 7-8　隐藏 input 元素

```
1    <!DOCTYPE html>
2    <html>
3    <head>
4        <meta charset="utf-8">
5        <title>隐藏input元素</title>
6    </head>
7    <body>
8        <form action="welcome.php" method="get">
9            <label>要你何用按钮 -> <input type="hidden" value="你看不到我" disabled></label>
10       </form>
11   </body>
12   </html>
```

代码实现的效果如图 7-10 所示。

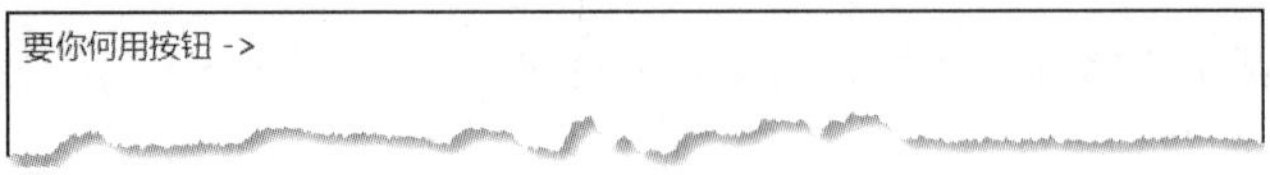

要你何用按钮 ->

图 7-10　代码实现的效果

不过，只要打开浏览器的控制台，就"原形毕露"了，如图 7-11 所示。

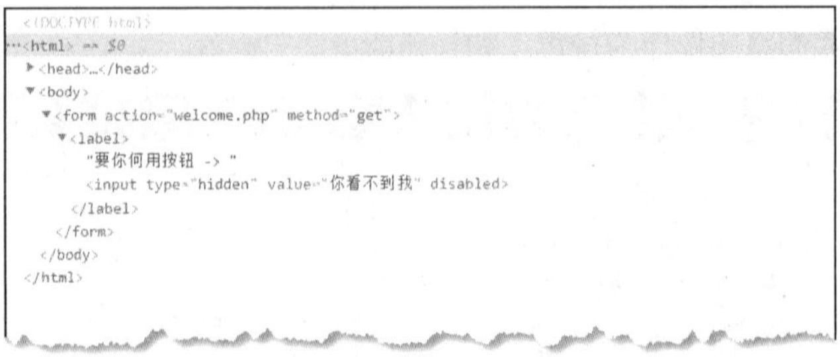

```
<!DOCTYPE html>
<html> => $0
 ► <head>...</head>
 ▼ <body>
   ▼ <form action="welcome.php" method="get">
     ▼ <label>
         "要你何用按钮 -> "
         <input type="hidden" value="你看不到我" disabled>
       </label>
     </form>
   </body>
 </html>
```

图 7-11　隐藏的元素仍然会出现在 DOM 文档中

🌸 注意

如果你想悄悄地提交一些数据给服务器，把上面代码中的 disabled 属性去掉就可以了。

7.9　上传文件

有时候，我们可能需要让用户将文件上传到服务器。将 input 元素的 type 属性设置为 file 即可实现该功能，如代码清单 7-9 所示。

代码清单 7-9　上传文件

```
1   <!DOCTYPE html>
2   <html>
3   <head>
4       <meta charset="utf-8">
5       <title>通过input实现文件上传</title>
6   </head>
7   <body>
8       <form action="upload.php" method="post">
9           <label>请选择您要上传的文件: <input type="file" name="file"></label>
10          <br><br>
11          <input type="submit" value="提交">
12      </form>
13  </body>
14  </html>
```

"纸上得来终觉浅，绝知此事要躬行"，如果只修改 input 元素，则并不能实现完整的上传操作，如图 7-12 所示。

图 7-12　上传失败

要成功向服务器上传文件，除将提交表单的方法设置为 post 之外，还需要指定表单的 enctype 属性。enctype 属性规定了在将表单发送到服务器之前，应该如何对表单的数据进行编码，只有正确编码的数据，才能完整地传递给服务器。

默认情况下，enctype 属性被设置为 application/x-www-form-urlencoded，它会对所有的字符进行编码，并不适用于文件传输，对于文件传输，需要将该属性设置为 multipart/form-data。

所以，上传文件的正确代码应该如代码清单 7-10 所示。

代码清单 7-10　上传文件的正确代码

```
1   <!DOCTYPE html>
2   <html>
3   <head>
4       <meta charset="utf-8">
5       <title>通过input实现文件上传</title>
6   </head>
7   <body>
8       <form action="upload.php" method="post" enctype="multipart/form-data">
9           <label>请选择您上传的文件: <input type="file" name="file"></label>
10          <br><br>
11          <input type="submit" value="提交">
12      </form>
13  </body>
14  </html>
```

上传文件成功，如图 7-13 所示。

图 7-13　上传文件成功

input 元素有 accept 属性，用于表示可以选择的文件类型，多个类型之间使用英文的逗号隔开。

文件类型可以通过文件扩展名区分，如 ".jpg"表示 JPEG 图像，".html"表示网页文件，".avi"则表示视频文件等。

不过逐个枚举的工作量非常大，为了避免时间上的浪费，我们可以使用 MIME 类型来描述。

例如，如果我们希望上传的文件是图片文件，可以将 accept 属性设置为 image/*，如代码清单 7-11 所示。

代码清单 7-11　上传图像类型的文件

```
1   <!DOCTYPE·html>
2   <html>
3   <head>
4       <meta charset="utf-8">
5       <title>上传图像类型的文件</title>
6   </head>
7   <body>
8       <form action="upload.php" method="post" enctype="multipart/form-data">
9           <label>请选择您要上传的文件: <input type="file" name="file" accept="image/*">
            </label>
10          <br><br>
11          <input type="submit" value="提交">
12      </form>
13  </body>
14  </html>
```

单击网页上的"选择文件"按钮，弹出来的对话框对应的代码就会自动筛选出所有的图片文件，效果如图 7-14 所示。

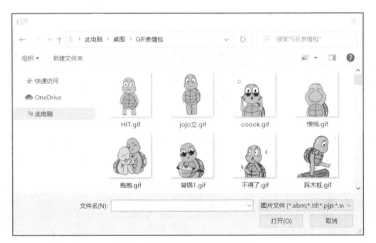

图 7-14　上传图片文件的效果

这里还要讨论如何限制上传文件的尺寸。在 input 元素中追加一个 name 为 MAX_FILE_SIZE 的隐藏字段，利用 value 指定允许上传的文件大小，单位是字节，如代码清单 7-12 所示。

代码清单 7-12　限制上传文件的大小

```
1   <!DOCTYPE html>
2   <html>
3   <head>
4       <meta charset="utf-8">
5       <title>限制上传文件的大小 </title>
6   </head>
7   <body>
8       <form action="upload.php" method="post" enctype="multipart/form-data">
9           <input type="hidden" name="MAX_FILE_SIZE" value="1024">
10          <label>请选择您要上传的文件: <input type="file" name="file" accept="image/*">
            </label>
```

```
11              <br><br>
12              <input type="submit" value="提交">
13          </form>
14      </body>
15  </html>
```

这样，如果上传的图片文件大小超过 1024 字节，就会上传失败，如图 7-15 所示。

文件上传失败：上传文件的大小超过了 HTML 表单中 MAX_FILE_SIZE 选项指定的值。

图 7-15　文件上传失败

最后，我们展示一下如何同时上传多个文件。

不要再用大量 input 元素了，其实添加一个 multiple 属性即可实现多文件上传，如代码清单 7-13 所示。

代码清单 7-13　多文件上传

```
1   <!DOCTYPE html>
2   <html>
3   <head>
4       <meta charset="utf-8">
5       <title>多文件上传</title>
6   </head>
7   <body>
8       <form action="upload.php" method="post" enctype="multipart/form-data">
9           <input type="hidden" name="MAX_FILE_SIZE" value="1024">
10          <label>请选择您要上传的文件: <input type="file" name="file" accept="image/*"
            multiple></label>
11          <br><br>
12          <input type="submit" value="提交">
13      </form>
14  </body>
15  </html>
```

7.10　限定数字输入

有时候，我们可能会希望输入框可以限定用户输入的数据类型，例如，要限定只能输入数字，将 input 元素的 type 属性设置为 number 就可以，如代码清单 7-14 所示。

代码清单 7-14　限定数字输入

```
1   <!DOCTYPE html>
2   <html>
3   <head>
4       <meta charset="utf-8">
5       <title>限制数字输入</title>
6   </head>
7   <body>
8       <form action="welcome.php" method="post">
9           <label>请输入年龄: <input type="number" name="age"></label>
10          <br><br>
11          <input type="submit" value="提交">
12      </form>
13  </body>
14  </html>
```

代码实现的效果如图 7-16 所示。

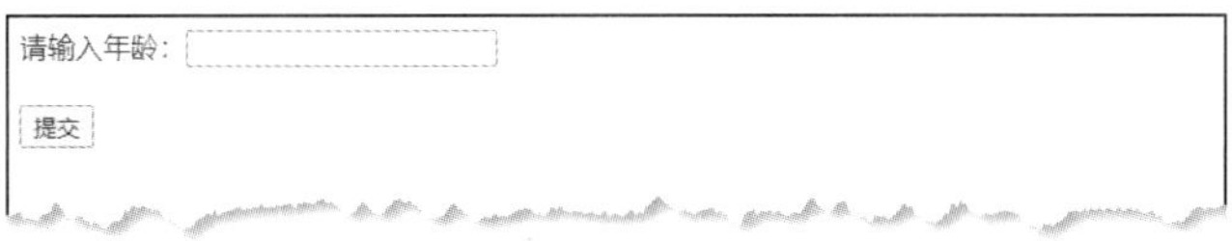

请输入年龄:

提交

图 7-16　代码实现的效果

7.11 限定数值范围

这里还存在一个问题：如果用户在年龄输入框输入负数，那么显然是不符合逻辑的。所以，代码还应该限定数值范围。

当将 type 属性设置为 number 时，有 3 个额外的属性可与其搭配使用，分别是 min、max 和 step。

min 属性指定的是可以接受的最小值，max 属性指定的是可以接受的最大值，而 step 属性则用于指定每次调整的幅度，如代码清单 7-15 所示。

代码清单 7-15 限定数字输入范围

```
1  <!DOCTYPE html>
2  <html>
3  <head>
4      <meta charset="utf-8">
5      <title>通过input限定数值范围</title>
6  </head>
7  <body>
8      <form action="welcome.php" method="post">
9          <label>请输入年龄: <input type="number" name="age" min="1" max="100" step="1">
            </label>
10         <br><br>
11         <input type="submit" value="提交">
12     </form>
13 </body>
14 </html>
```

代码实现的效果如图 7-17 所示。

图 7-17 代码实现的效果

7.12 数值滚动条

如果我们可能希望数字可以具象化显示，可以使用数值滚动条来实现。

将 input 元素的 type 属性设置为 range 即可实现数值滚动条，如代码清单 7-16 所示。

代码清单 7-16 数值滚动条演示

```
1  <!DOCTYPE html>
2  <html>
3  <head>
4      <meta charset="utf-8">
5      <title>通过input实现数值滚动条</title>
6  </head>
7  <body>
8      <form action="welcome.php" method="post">
9          <label>你问我爱你有多深,我爱你有 <input type="range" name="love" value="1" min="1"
            max="10000" step="100"> 分</label>
10         <br><br>
11         <input type="submit" value="提交">
12     </form>
13 </body>
14 </html>
```

代码实现的效果如图 7-18 所示。

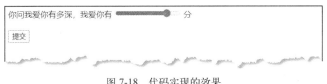

图 7-18 代码实现的效果

7.13 邮箱、电话号码和网址

HTML5 还支持对邮箱、电话号码和网址等数据进行"把关",不过具体的"限定规则"需要使用正则表达式(regular expression)来定义。

💡 提示

正则表达式又称正规表示式,是计算机科学中的一个概念。正则表达式是使用单个字符串来描述、匹配一系列匹配某个句法规则的字符串。在很多文本编辑器里,正则表达式通常用来检索、替换那些匹配某个模式的文本。

正则表达式通过 pattern 属性来指定,示例代码如代码清单 7-17 所示。

代码清单 7-17 使用正则表达式获取邮箱、电话号码和网址

```
1   <!DOCTYPE html>
2   <html>
3   <head>
4       <meta charset="utf-8">
5       <title>使用正则表达式获取邮箱、电话和网址</title>
6   </head>
7   <body>
8       <form action="welcome.php" method="post">
9           <label>邮箱: <input type="email" name="email" pattern="\w[-\w.+]*@(163.com|
            126.com)"></label>
10          <br><br>
11          <label>电话: <input type="tel" name="tel" pattern="0?(13|14|15|17|18|19)[0-9]{9}">
            </label>
12          <br><br>
13          <label>网址: <input type="url" name="url" pattern="^((https|http)?:\/\/)[^\s]+">
            </label>
14          <br><br>
15          <input type="submit" value="提交">
16      </form>
17  </body>
18  </html>
```

代码实现的效果如图 7-19 所示。

图 7-19 代码实现的效果

上面的代码限制了用户只能使用 163 和 126 邮箱,匹配以 13/14/15/17/18/19 开头的手机电话号码,而网址只能以 http 和 https 开头。当然,这些规则是我们通过 pattern 属性定义的,可以根据实际需要来修改对应的正则表达式。

7.14　placeholder 属性

在上面的例子中，输入的数据被严格限制，但没有相应的提示或者说明，这样的用户体验是非常差的。

利用 placeholder 属性，即可在输入框中给予用户恰当的提示，如代码清单 7-18 所示。

代码清单 7-18　placeholder 属性演示

```
1    ...
2        <form action="welcome.php" method="post">
3            <label>邮箱: <input type="email" name="email" pattern="\w[-\w.+]*@(163.com|
             126.com)" placeholder="仅限163和126邮箱"></label>
4            <br><br>
5            <label>电话: <input type="tel" name="tel" pattern="(\(\d{3,4}\)|\d{3,4}-|\s)?\d{8}"
             placeholder="仅限座机号码"></label>
6            <br><br>
7            <label>网址: <input type="url" name="url" pattern="^((https|http)?:\/\/)[^\s]+"
             placeholder="仅限以http和https开头的网址"></label>
8            <br><br>
9            <input type="submit" value="提交">
10       </form>
11   ...
```

代码实现的效果如图 7-20 所示。

图 7-20　代码实现的效果

7.15　required 属性

如果输入框中什么都不填，同样可以提交表单，这就相当于绕过了浏览器的"防御"。

使用 required 属性可以解决这个问题，如代码清单 7-19 所示。

代码清单 7-19　required 属性演示

```
1    ...
2        <form action="welcome.php" method="post">
3            <label>邮箱: <input type="email" name="email" pattern="\w[-\w.+]*@(163.com|
             126.com)" placeholder="仅限163和126邮箱" required></label>
4            <br><br>
5            <label>电话: <input type="tel" name="tel" pattern="(\(\d{3,4}\)|\d{3,4}-|\
             s)?\d{8}" placeholder="仅限座机号码" required></label>
6            <br><br>
7            <label>网址: <input type="url" name="url" pattern="^((https|http)?:\/\/)[^\s]+
             " placeholder="仅限以http和https开头的网址" required></label>
8            <br><br>
9            <input type="submit" value="提交">
10       </form>
11   ...
```

代码实现的效果如图 7-21 所示。

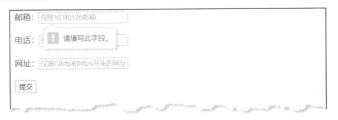

图 7-21 代码实现的效果

7.16 size 属性

还有一个问题，就是最后一个输入框的提示文本的内容过多，从而导致输入框容不下。这个时候，我们可以通过 size 属性设置输入框的显示长度，如代码清单 7-20 所示。

代码清单 7-20 size 属性演示

```
1  ...
2    <form action="welcome.php" method="post">
3      <label>邮箱: <input type="email" name="email" pattern="\w[-\w.+]*@(163.com|
       126.com)" placeholder="仅限163和126邮箱" required></label>
4      <br><br>
5      <label>电话: <input type="tel" name="tel" pattern="(\(\d{3,4}\)|\d{3,4}-|\
       s)?\d{8}" placeholder="仅限座机号码" required></label>
6      <br><br>
7      <label>网址: <input type="url" name="url" pattern="^((https|http)?:\/\/)[^\s]+"
       placeholder="仅限以http和https开头的网址" required size="30"></label>
8      <br><br>
9      <input type="submit" value="提交">
10   </form>
11  ...
```

代码实现的效果如图 7-22 所示。

图 7-22 代码实现的效果

7.17 maxlength 属性

既然可以指定输入框的显示长度，那么是否也可以限制实际可以输入的字符数量呢？答案是肯定的，使用 maxlength 属性即可实现，如代码清单 7-21 所示。

代码清单 7-21 maxlength 属性演示

```
1  ...
2    <form action="welcome.php" method="post">
3      <label>邮箱: <input type="email" name="email" pattern="\w[-\w.+]*@(163.com|
       126.com)" placeholder="仅限163和126邮箱" required></label>
4      <br><br>
5      <label>电话: <input type="tel" name="tel" pattern="(\(\d{3,4}\)|\d{3,4}-|\
       s)?\d{8}" placeholder="仅限座机号码" required></label>
6      <br><br>
7      <label>网址: <input type="url" name="url" pattern="^((https|http)?:\/\/)[^\s]+
```

```
8        "placeholder="仅限以http和https开头的网址" required size="30" maxlength="22"></label>
9        <br><br>
10       <input type="submit" value="提交">
11       </form>
     ...
```

这样,"网址"这个输入框最多就只能接收 22 个字符的输入,超出部分将自动被删除。

7.18　list 属性和 datalist 元素

input 元素还有 list 属性,不过它通常是需要搭配 datalist 元素来实现的。

"强强联手"可实现数据列表,如代码清单 7-22 所示。

代码清单 7-22　list 属性和 datalist 元素演示

```
1   <!DOCTYPE html>
2   <html>
3   <head>
4       <meta charset="utf-8">
5       <title>list属性和datalist元素演示</title>
6   </head>
7   <body>
8       <form action="welcome.php" method="post">
9           <label>邮箱: <input type="email" name="email" pattern="\w[-\w.+]*@(163.com|
            126.com)" placeholder="仅限163和126邮箱" required></label>
10          <br><br>
11          <label>电话号码: <input type="tel" name="tel" pattern="(\(\d{3,4}\)|\d{3,4}-|\
            s)?\d{8}" placeholder="仅限座机号码" required></label>
12          <br><br>
13          <label>网址: <input type="url" name="url" pattern="^((https|http)?:\/\/)[^\s]+"
            placeholder="仅限以http和https开头的网址" required size="30" list="urllist"></label>
14          <br><br>
15          <input type="submit" value="提交">
16      </form>
17
18      <datalist id="urllist">
19          <option value="https://ilovefishc.com">鱼C主页</option>
20          <option value="https://fishc.com.cn">鱼C论坛</option>
21          <option value="https://fishc.taobao.com">支持小甲鱼</option>
22      </datalist>
23  </body>
24  </html>
```

代码实现的效果如图 7-23 所示。

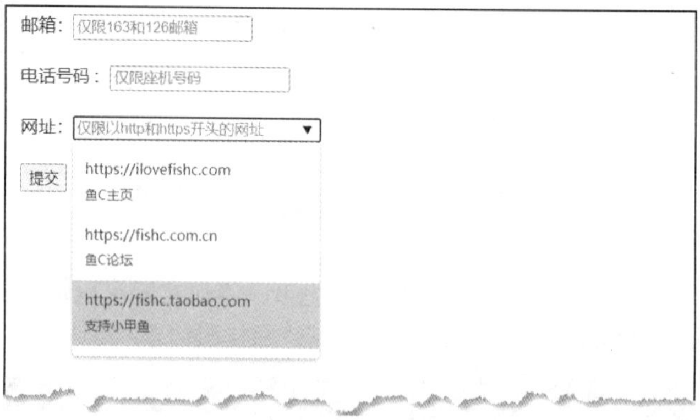

图 7-23　代码实现的效果

第8章

其他表单元素

8.1　输出计算结果

前一章用很大的篇幅讲了 input 元素，既然有 input 元素，那么应该就会有 output 元素，对吧？

没错，不过从一定程度上讲，output 元素没有 input 元素那么强大。它的作用就是将计算结果输出，仅此而已。

我们举一个例子，请看代码清单 8-1。

代码清单 8-1　使用 output 元素显示计算结果

```
1   <!DOCTYPE html>
2   <html>
3   <head>
4       <meta charset="utf-8">
5       <title>使用output元素显示计算结果</title>
6   </head>
7   <body>
8       <form oninput="x.value=parseInt(a.value)+parseInt(b.value)">
9           0<input type="range" id="a" value="50" min="0" max="100">100 +
10          <input type="number" id="b" value="50"> =
11          <output name="x" for="a,b">100</output>
12      </form>
13  </body>
14  </html>
```

代码实现的效果如图 8-1 所示。

图 8-1　代码实现的效果

8.2　接收多行文本输入

input 元素看上去已经很强大了，不过它也有一个"致命伤"，那就是只能接收单行文本。所以，在这里介绍一个表单元素——textarea。

textarea 元素用于定义多行的文本输入，理论上文本区域中可容纳无限数量的字符，默认的字体是等宽字体，如代码清单 8-2 所示。

代码清单 8-2　接收多行文本输入

```
1   <!DOCTYPE html>
2   <html>
3   <head>
4       <meta charset="UTF-8">
5       <title>接收多行文本输入</title>
6   </head>
7   <body>
8       <form action="welcome.php" method="get">
9           <textarea name="saysth">自学编程找小甲鱼，快速入门轻松上手，教程一看就停不下来
            </textarea>
10          <br>
11          <button>提交</button>
12      </form>
13  </body>
14  </html>
```

代码实现的效果如图 8-2 所示。

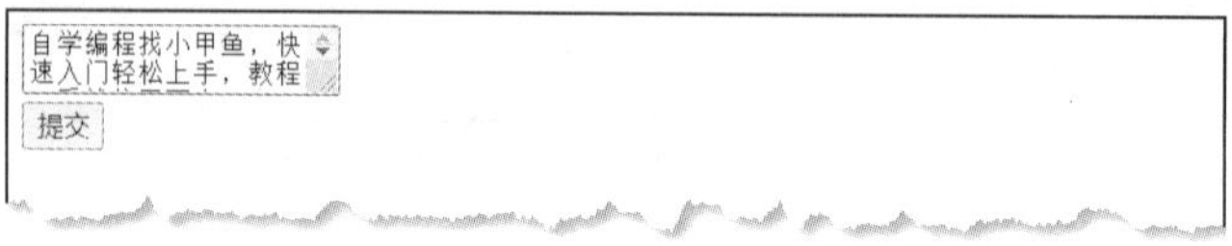

图 8-2　代码实现的效果

默认情况下，这个文本区域的尺寸并不是特别理想。

这时候，使用 rows 属性和 cols 属性设置区域可以显示的行数和列数，如代码清单 8-3 所示。

代码清单 8-3　指定文本区域可以显示的行数和列数

```
1   ...
2           <textarea name="saysth" rows="5" cols="30">自学编程找小甲鱼，快速入门轻松上手，教
            程一看就停不下来</textarea>
3   ...
```

修改后的代码实现的效果如图 8-3 所示。

图 8-3　修改后的代码实现的效果

> **注意**
>
> rows 属性和 cols 属性的单位是英文字符，而不是像素。由于中文字符通常比较"宽"，因此按照 1 个中文字符相当于 2 个英文字符的宽度来计算。

另一个值得一提的属性就是 wrap，它可以设置为 soft、hard 和 off。

wrap 属性用于指定在提交表单时，应该如何处理文本区域的自动换行。

- ❑ 若设置为 soft，表示在页面渲染中对文本进行自动换行，换行符不提交。
- ❑ 若设置为 hard，表示在页面渲染中对文本进行自动换行，换行符随表单一并提交。如果设置为 hard，则必须同时指定 cols 属性。
- ❑ 若设置为 off，表示在页面渲染中不对文本进行自动换行。

举个例子，请看代码清单 8-4。

代码清单 8-4　设置文本输入框的自动换行模式

```
1   ...
2           <textarea name="saysth" rows="5" cols="30" wrap="soft">自学编程找小甲鱼,快速入
            门轻松上手，教程一看就停不下来.</textarea>
3   ...
```

你会发现，当 wrap 属性被设置为 soft 的时候，虽然文本输入框中的文本会自动换行，但是提交的时候 URL 中并没有出现换行符，如图 8-4 所示。

图 8-4 URL 中没有出现换行符

如果你将 wrap 属性设置为 hard，那就不一样了，如代码清单 8-5 所示。

代码清单 8-5 修改文本输入框的自动换行模式

```
1    ...
2        <textarea name="saysth" rows="5" cols="30" wrap="hard">自学编程找小甲鱼，快速入
         门轻松上手，教程一看就停不下来.</textarea>
3    ...
```

这样，当我们单击"提交"后，可以看到 URL 中出现"%0D%0A"字样，如图 8-5 所示。

图 8-5 URL 中出现"%0D%0A"字样

如果你将 wrap 属性设置为 off，那也会不一样，如代码清单 8-6 所示。

代码清单 8-6 再次修改文本输入框的自动换行模式

```
1    ...
2        <textarea name="saysth" rows="5" cols="30" wrap="off">自学编程找小甲鱼，快速入
         门轻松上手，教程一看就停不下来.</textarea>
3    ...
```

这样文本输入框就不会自动换行了，如图 8-6 所示。

图 8-6 文本输入框不会自动换行

第 9 章

div 和语义化布局

9.1　div 元素

本章介绍网页架构。

其实网页架构和网页布局是分不开的，但网页布局是 CSS 中一个非常重要的知识点。在学习 CSS 之前来谈网页布局，其实是不科学的。所以，本章会从元素的角度出发，探讨网页的架构。

我们先来看一下苹果公司官网（下称苹果官网），如图 9-1 所示。

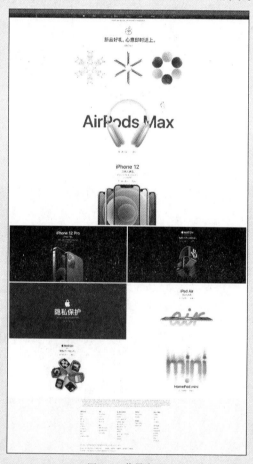

图 9-1　苹果官网

图 9-1 展现了 "大气" 的布局。我们现在就从代码的角度来分析一下，"大气" 的网页都是怎么构成的。

简单地说，每个 HTML 元素其实都是以一个方框的形式呈现的，然后 "大框套小框，一框套一框"，就构成了我们看到的网页。

例如，我们将图 9-1 所示的苹果官网变成方框组合的形式，大概的框架如图 9-2 所示。

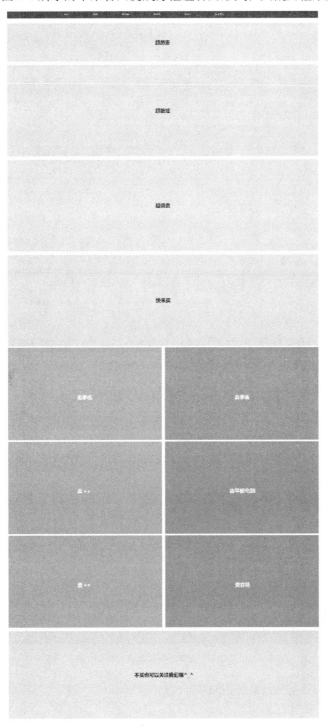

图 9-2 大概的苹果官网框架

简单来说，只要往这些方框里填充上相应的图片和文字，不就搭建了"高大上"的苹果官网了吗?
接下来，我们看下一个案例。

提到跑车，大多数读者脑海中浮现的可能是法拉利。我们看看法拉利公司官网（下称法拉利官网），如图 9-3 所示。

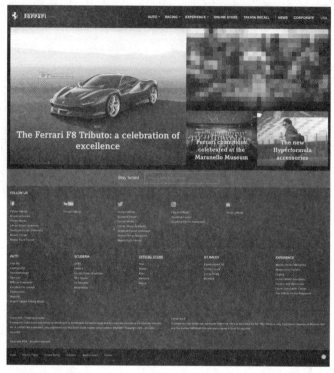

图 9-3   法拉利官网

依葫芦画瓢，我们将其变成方框组合的形式，大概的框架如图 9-4 所示。

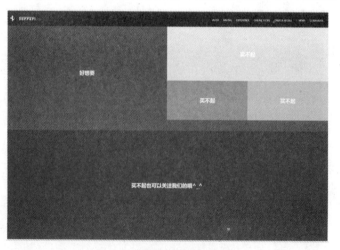

图 9-4   大概的法拉利官网框架

"Less is more"，这应该就是所谓的"高大上"!
那这些方框是怎么实现的呢?
在过去，开发者大多习惯使用 div 元素来布局整个 HTML 网页，如代码清单 9-1 所示。

```
代码清单 9-1    苹果官网框架
 1    ...
 2    <body>
 3        <div class="header">
 4            <ul>
 5                <li class="app"></li>
 6                <li>Mac</li>
 7                <li>iPad</li>
 8                <li>iPhone</li>
 9                <li>Watch</li>
10                <li>Music</li>
11                <li>技术支持</li>
12                <li class="search"></li>
13                <li class="shop"></li>
14            </ul>
15        </div>
16        <div class="nav"></div>
17        <div class="section">
18            <div class="sectionOne"><h1>超厉害</h1></div>
19            <div class="sectionTwo"><h1>超酷炫</h1></div>
20            <div class="sectionThree"><h1>超级贵</h1></div>
21            <div class="sectionFour"><h1>快来买</h1></div>
22            <div class="sectionFive"><h1>卖手机</h1></div>
23            <div class="sectionSix"><h1>卖手表</h1></div>
24            <div class="sectionSeven"><h1>卖情怀</h1></div>
25            <div class="sectionEight"><h1>卖平板</h1></div>
26            <div class="sectionNine"><h1>卖手表</h1></div>
27            <div class="sectionTen"><h1>卖音箱</h1></div>
28        </div>
29        <div class="footer"><h1>K^_^</h1></div>
30    </body>
31    ...
```

到了 HTML5，不再推荐"以 div 元素走天下"了，HTML5 提供了很多新语义元素，用于定义网页中不同的部分。

- ❑ header：定义简介形式的内容。
- ❑ nav：定义页面主导航功能。
- ❑ main：定义主内容，主内容中可以包含各种子内容区段（如 article、section、div 等）。
- ❑ article：定义独立的文章内容，与页面其他部分无关（如一篇博文）。
- ❑ section：定义文档中的节，与 article 类似，但 section 更适用于组织页面使其按功能分块。
- ❑ aside：定义侧边栏（包括术语条目、作者简介、相关链接等）。
- ❑ footer：定义页脚部分的内容。
- ❑ details：定义额外的细节。
- ❑ summary：定义 details 元素的标题。

这些新语义元素在大多数情况下可以替换 div 元素，但并不是说 div 元素就没有任何价值了。

因为 div 元素自身就是一个块级的无语义元素，所以在需要一个块级元素但却要求其不包含任何语义的时候，div 元素就是再合适不过的选择了。

让我们来实际演练一次，代码清单 9-2 实现的是一个传统的、使用 div 元素布局的网页。

```
代码清单 9-2    传统的、使用 div 元素布局的网页
 1    ...
 2    <body>
 3        <div class="header">
 4            <h1>《零基础入门学习Web开发（HTML5 & CSS3）》</h1>
 5        </div>
 6        <div class="aside">
```

```
7        <p><a href="https://www.bilibili.com/video/av21786264/" target="_blank">
         在线学习</a></p>
8        <p><a href="https://fishc.com.cn/forum.php?mod=forumdisplay&fid=354&filter=
         typeid&typeid=730" target="_blank">课后作业</a></p>
9        <p><a href="https://ilovefishc.com/html5/" target="_blank">课件案例</a></p>
10       <p><a href="https://fishc.taobao.com/" target="_blank">资源打包</a></p>
11     </div>
12     <div class="section">
13        <h2>Web开发是什么</h2>
14        <p>很多同学可能还不明白Web开发是什么。</p>
15        <p>Web开发是一个指代网页或网站编写过程的广义术语。网页使用HTML、CSS和JavaScript编写。
         这些页面可能包含类似于文档的简单文本和图形。页面也可以是交互式的，或显示变化的信息。编写交
         互式服务器页面略微复杂一些，但可以实现内容更丰富的网站。如今的大多数页面是交互式的，并提供
         了购物车、动态可视化甚至复杂的社交网络等现代在线服务。</p>
16     </div>
17     <div class="footer">
18        Copyright © 鱼C工作室
19     </div>
20   </body>
21 ...
```

9.2 语义化布局

使用 HTML5 提供的新语义元素重新改写网页，如代码清单 9-3 所示。

代码清单 9-3 使用 HTML5 提供的新语义元素重新改写网页

```
1  ...
2  <body>
3     <header>
4        <h1>《零基础入门学习Web开发（HTML5 & CSS3）》</h1>
5     </header>
6     <aside>
7        <p><a href="https://www.bilibili.com/video/av21786264/" target="_blank">在
         线学习</a></p>
8        <p><a href="https://fishc.com.cn/forum.php?mod=forumdisplay&fid=354&filter=
         typeid&typeid=730" target="_blank">课后作业</a></p>
9        <p><a href="https://ilovefishc.com/html5/" target="_blank">课件案例</a></p>
10       <p><a href="https://fishc.taobao.com/" target="_blank">资源打包</a></p>
11     </aside>
12     <section>
13        <h2>Web开发是什么</h2>
14        <p>很多同学可能还不明白，Web开发是什么。</p>
15        <p>Web开发是一个指代网页或网站编写过程的广义术语。网页使用HTML、CSS和JavaScript编写。
         这些页面可能包含类似于文档的简单文本和图形。页面也可以是交互式的，或显示变化的信息。编写交
         互式服务器页面略微复杂一些，但可以实现内容更丰富的网站。如今的大多数页面是交互式的，并
         提供了购物车、动态可视化甚至复杂的社交网络等现代在线服务。</p>
16     </section>
17     <footer>
18        Copyright © 鱼C工作室
19     </footer>
20   </body>
21 ...
```

虽然实现的效果是一模一样的，但是采用新语义元素更能凸显出网页的语义化。这就是 HTML5，这就是语义与实现分离的精神。

HTML5 其实发布很多年了，新语义元素却一直没有被普及开来，大多数网站开发人员还秉承着"以 div 元素走天下"的原则。但这样下去是不行的，我们需要做出改变。

使用 div 元素就能实现网页，为什么要那么麻烦呢？

在 Mozilla 基金会提供的一个在线网络技术开发文档库中，有这么一段警告内容，如图 9-5 所示。

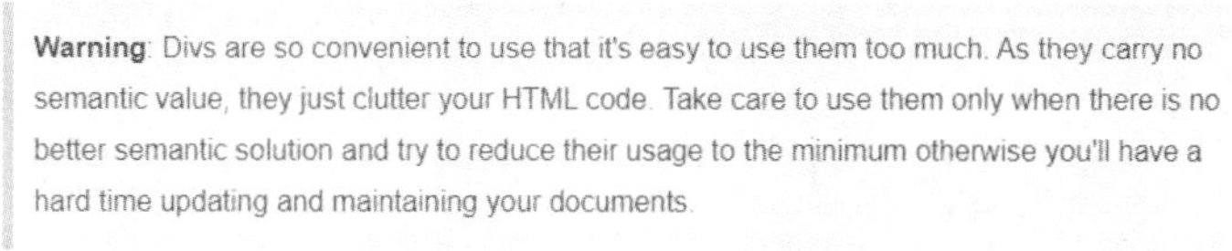

Warning: Divs are so convenient to use that it's easy to use them too much. As they carry no semantic value, they just clutter your HTML code. Take care to use them only when there is no better semantic solution and try to reduce their usage to the minimum otherwise you'll have a hard time updating and maintaining your documents.

图 9-5　关于滥用 div 元素的警告

翻译过来就是：div 元素虽然使用起来非常便利，但容易被滥用。由于它们自身没有任何语义，容易导致 HTML 代码的含义变得混乱，因此要小心使用。只有在没有找到更好的语义方案时才选择它，而且要尽可能地少用，否则文档的升级和维护工作会变得异常困难。

我们现在来分析一下苹果官网，看看人家是怎么做的。

首先，导航栏是使用 nav 元素定义的，如图 9-6 所示。

图 9-6　苹果官网使用 nav 元素定义导航栏

网页的主要内容包含在 main 元素中，如图 9-7 所示。

图 9-7　苹果官网使用 main 元素定义主要内容

根据内容的分类，main 元素里面使用 3 个 section 元素进行分节，如图 9-8 所示。

最后是 footer 元素，它包含版权信息、使用条款、联系方式等内容，如图 9-9 所示。

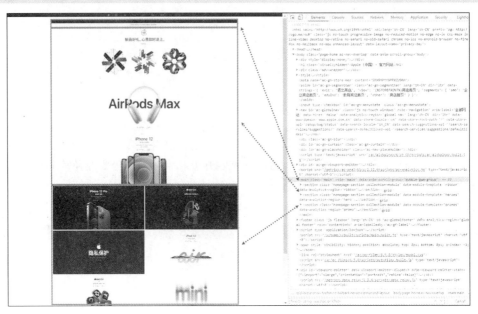

图 9-8　main 元素里面使用 3 个 section 元素进行分节

图 9-9　footer 元素包含版权信息、使用条款、联系方式等内容

在苹果官网中，这里的 section 元素是并列分布的，如果对它们进行嵌套，你猜会怎么样？我们来测试一下，请看代码清单 9-4。

```
代码清单 9-4　尝试嵌套多个 section 元素
1   ...
2   <body>
3       <header>
4           <h1>《零基础入门学习Web开发（HTML5 & CSS3）》</h1>
5       </header>
6       <aside>
7           <p><a href="https://www.bilibili.com/video/av21786264/" target="_blank">在线学习</a></p>
8           <p><a href="https://fishc.com.cn/forum.php?mod=forumdisplay&fid=354&filter=typeid&typeid=730" target="_blank">课后作业</a></p>
9           <p><a href="https://ilovefishc.com/html5/" target="_blank">课件案例</a></p>
10          <p><a href="https://fishc.taobao.com/" target="_blank">资源打包</a></p>
```

```
11          </aside>
12          <section>
13              <h1>第一个section的h1</h1>
14              <p>很多同学可能还不明白，Web开发是什么。</p>
15              <p>Web开发是一个指代网页或网站编写过程的广义术语。网页使用HTML、CSS和JavaScript编写。
                    这些页面可能包含类似于文档的简单文本和图形。页面也可以是交互式的，或显示变化的信息。编写交
                    互式服务器页面略微复杂一些但可以实现内容更丰富的网站。如今的大多数页面是交互式的，并提供了
                    购物车、动态可视化甚至复杂的社交网络等现代在线服务。</p>
16              <section>
17                  <h1>第二个section的h1</h1>
18                  <p>很多同学可能还不明白，Web开发是什么。</p>
19                  <p>Web开发是一个指代网页或网站编写过程的广义术语。网页使用HTML、CSS和JavaScript
                        编写。这些页面可能包含类似于文档的简单文本和图形。页面也可以是交互式的，或显示变化的
                        信息。编写交互式服务器页面略微复杂一些但可以实现内容更丰富的网站。如今的大多数页面是
                        交互式的，并提供了购物车、动态可视化甚至复杂的社交网络等现代在线服务。</p>
20                  <section>
21                      <h1>第三个section的h1</h1>
22                      <p>很多同学可能还不明白，Web开发是什么。</p>
23                      <p>Web开发是一个指代网页或网站编写过程的广义术语。网页使用HTML、CSS和JavaScript
                            编写。这些页面可能包含类似于文档的简单文本和图形。页面也可以是交互式的，或显示变
                            化的信息。编写交互式服务器页面略微复杂一些但可以实现内容更丰富的网站。如今的大
                            数页面是交互式的，并提供了购物车、动态可视化甚至复杂的社交网络等现代在线服务。</p>
24                  </section>
25              </section>
26          </section>
27          <footer>
28              Copyright © 鱼C工作室
29          </footer>
30      </body>
31  ...
```

代码实现的效果如图 9-10 所示。

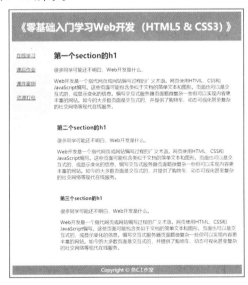

图 9-10　代码实现的效果

这里我们定义了 3 个嵌套的 section 元素，每个都包含一个 h1 元素，浏览器竟然可以推断出 section 之间的层级关系，并自动修改对应 h1 元素的标题的字体大小。

这是一个不错的特性，但从某种角度来说这也有可能是一个隐患，因此你写代码的时候要谨慎，不能想当然，因为浏览器的实现效果有时候可能会出乎你的意料。

在使用的过程中可能会与 section 元素混淆的一个元素就是 article 元素。article 元素通常包含的也是网页的内容，不过它表示的语义是页面中的独立结构，如一篇博文、论坛的帖子内容、帖子的回复等。

最后介绍一下 details 和 summary 两个元素，details 元素用于包含一个详情区域，而 summary 元素则用于表示对该区域的总结。

第 10 章

嵌入

10.1 嵌入图片

10.1.1 map 和 area 元素

为了在网页中嵌入图片，我们在前面一直使用的是
img 元素。如果要单击图片跳转到另一个网页，那么搭
配 a 元素使用即可。

不过，HTML 还支持更高级的图片分区响应，如
图 10-1 所示。单击图片中书本的位置，网页会跳转到小
甲鱼的新书购买页面；单击图片中小乌龟的位置，网页
会跳转到 Web 速查手册；单击图片中杯子的位置，网页
则会跳转到鱼 C 论坛。

搭配使用 map 和 area 元素，即可实现图片分区响应，
如代码清单 10-1 所示。

图 10-1　图片分区响应

代码清单 10-1　图片分区响应

```
1    <!DOCTYPE html>
2    <html>
3    <head>
4        <meta charset="utf-8">
5        <title>图片分区响应</title>
6    </head>
7    <body>
8        <img src="pic.jpg" alt="《零基础入门学习C语言》" usemap="#book">
9        <map name="book">
10           <area shape="circle" coords="784,241,163" alt="Cup of coffee" href="https://
             fishc.com.cn" target="_blank">
11           <area shape="poly" coords="279,230, 867,549, 636,975, 46,655" alt="Book"
             href="https://item.jd.com/12573534.html" target="_blank">
12           <area shape="rect" coords="710,818,886,1008" alt="Turtle" href="https://man.
             ilovefishc.com" target="_blank">
13       </map>
14   </body>
15   </html>
```

map 元素和 area 元素是分工协作的：前者负责建立映射，后者则用于定义图中的映射区域
及对应跳转的 URL。

map 元素需要指定 name 属性，即指定图中映射的名称，然后为 img 元素的 usemap 属性输
入对应的名称，这样就建立了映射关系。

area 元素通过 shape 属性来指定区域的形状；通过 coords 属性定义可单击区域（也就是对鼠标单击敏感的区域）的坐标；通过 href 属性指定当用鼠标单击该敏感区域的时候，页面将跳转的目标 URL；如果指定了 href 属性，就必须通过 alt 属性指定替换文本。

shape 属性的值可以是 circle（圆形）、poly（多边形），还可以是 rect（矩形）。对于不同的形状，coords 属性提供的坐标数据是不一样的。

- ❏ 若值为 circle，则需要提供圆心的坐标以及圆的半径。
- ❏ 若值为 poly，则需要提供多边形每个顶点的坐标。
- ❏ 若值为 rect，则需要提供矩形左上角和右下角的坐标。

10.1.2　picture 和 source 元素

HTML5 新添加了一个叫作 picture 的元素，引入这个元素主要是为了增强指定图片资源的灵活性。

picture 元素内部可嵌入 source 子元素，每个 source 元素对应一个不同的图片资源和一个匹配条件，这样浏览器就可以根据条件来选择最合适的图片并显示。

source 元素中有两个属性是需要设置的：一个是 srcset，它用于指定图片的路径；另一个是 media，它用于设置适配条件，如代码清单 10-2 所示。

代码清单 10-2　图片适配

```
1   <!DOCTYPE html>
2   <html>
3   <head>
4       <meta charset="utf-8">
5       <title>图片适配</title>
6   </head>
7   <body>
8       <picture>
9           <source media="(min-width: 1024px)" srcset="big.jpg">
10          <source media="(min-width: 512px)" srcset="small.jpg">
11          <img src="normal.jpg" alt="小*姐" style="width:auto;">
12      </picture>
13  </body>
14  </html>
```

当浏览器的分辨率大于 1024 像素的时候，代码实现的效果如图 10-2 所示。

当浏览器的分辨率小于 1024 像素但大于 512 像素的时候，代码实现的效果如图 10-3 所示。

图 10-2　当浏览器分辨率大于　　　　图 10-3　当浏览器分辨率小于 1024 像素
1024 像素的时候代码实现的效果　　　　但大于 512 像素的时候代码实现的效果

当浏览器分辨率小于 512 像素或者不支持 picture 元素的时候，将显示 img 元素指定的图片。

10.1.3 figure 和 figcaption 元素

figure 和 figcaption 元素也是 HTML5 新添加的，用于将图片标记为插图，如代码清单 10-3 所示。

```
代码清单 10-3  插图
1   <!DOCTYPE html>
2   <html>
3   <head>
4       <meta charset="utf-8">
5       <title>插图</title>
6   </head>
7   <body>
8       <p>国际C语言混乱代码大赛（The International Obfuscated C Code Contest）是一项国际程序
        设计赛事，从1984年开始，一般每年举办一次，目的是写出最有创意的、最让人难以理解的C语言代码</p>
9       <figure>
10          <img src="pic.jpg" alt="国际C语言混乱代码大赛">
11          <figcaption>国际C语言混乱代码大赛</figcaption>
12      </figure>
13  </body>
14  </html>
```

代码实现的效果如图 10-4 所示。

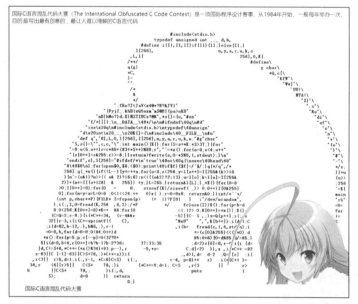

图 10-4　代码实现的效果

10.2　嵌入视频

10.2.1 video 元素

大家知道，以前想要在浏览器上看电影，通常首先要加载一个叫作 Flash 的插件，这是 Adobe 公司的一款"明星产品"。在过去大概 20 年的时间里，Flash 几乎承包了通过浏览器看电影、听音乐、玩小游戏等活动。

可是，Flash 自身的漏洞导致了一系列的安全隐患，最后 Adobe 公司停止支持 Flash。

当然，只有淘汰了旧的技术，新的技术才有机会站上历史舞台。

这里为什么强调 HTML5 是一个划时代的产品呢？

因为过去只有 Flash 能做的事，现在 HTML5 也能做到了，而且做得更好。

其中，非常重要的一点就是对原生态视频和音频的支持。

要在网页中嵌入视频，我们使用的是 video 元素。与图片一样，video 元素使用 width 和 height 属性来指定播放器的宽度和高度，这样，浏览器在加载网页的时候就知道为播放器腾出多大的空间了。然后，使用 src 属性指定待播放的内容。而在开始标签和结束标签之间，放置的是视频无法播放时的替代内容，如代码清单 10-4 所示。

代码清单 10-4　在网页中嵌入视频

```
1   <!DOCTYPE html>
2   <html>
3   <head>
4       <meta charset="utf-8">
5       <title>在网页中嵌入视频</title>
6   </head>
7   <body>
8       <video width="320" height="176" src="test_video.mp4">非常抱歉，本视频由于不可抗因素，
        无法播放……</video>
9   </body>
10  </html>
```

此时，你会发现视频只显示一张静态图片，如图 10-5 所示。

图 10-5　视频只显示一张静态图片

10.2.2　播放控件和自动播放

若视频只显示一张静态图片，我们有两个选择：给它增加一个播放控件，或者让网页载入后就开始自动播放视频。

前者会使用 controls 属性，后者会使用 autoplay 属性，它们都不需要属性值，直接将关键字加进去即可，如代码清单 10-5 所示。

代码清单 10-5　播放控件和自动播放

```
1   <!DOCTYPE html>
2   <html>
3   <head>
4       <meta charset="utf-8">
5       <title>播放控件和自动播放</title>
6   </head>
7   <body>
8       <video width="320" height="176" src="test_video.mp4" controls autoplay>非常抱歉，
        本视频由于不可抗因素，无法播放……</video>
9   </body>
10  </html>
```

代码实现的效果如图 10-6 所示。现在除载入网页的视频会自动播放之外，我们还可以看到控制播放的按钮。

图 10-6　代码实现的效果

✿　注意

页面一载入就自动播放视频，可能会导致用户体验下降，所以有些浏览器会忽略 autoplay 属性，除非你设置了 muted 属性，让视频静音播放。

10.2.3　视频预加载

设置 preload 属性，可以实现视频的预加载，其值如下。

❑　auto：要求浏览器尽快加载整个视频，此为默认行为。

❑　metadata：只加载视频的元数据（包括宽度、高度、第一帧图像和视频总长度等）。

❑　none：在用户单击相应的开始播放按钮之前不会加载视频。

视频预加载是一把双刃剑：一方面，它可以提示浏览器在网页载入 video 元素之后就开始下载视频内容，这样做的一个好处就是，用户一单击相应的开始播放按钮就可以直接进行观看，不用再花时间等待视频的下载；另一方面，浏览器自发地加载用户可能根本不会去观看的视频，会造成流量上的浪费。

10.2.4　视频封面

默认情况下视频的封面就是第一帧的图像，事实上这也是可以定制的。

通过 poster 属性，开发人员可以自定义视频的封面，如代码清单 10-6 所示。

代码清单 10-6　为视频添加封面

```
1    <!DOCTYPE html>
2    <html>
3    <head>
4        <meta charset="utf-8">
5        <title>为视频添加封面</title>
6    </head>
7    <body>
8        <video width="640" height="340" src="test_video.mp4" poster="pic.jpg" controls>
9            非常抱歉，本视频由于不可抗因素，无法播放……
10       </video>
11   </body>
12   </html>
```

代码实现的效果如图 10-7 所示。

图 10-7　代码实现的效果

10.2.5 多个视频文件

考虑到不同浏览器支持的视频格式不同，使用 source 元素可以提供多个视频文件，如代码清单 10-7 所示。

代码清单 10-7 提供多个视频文件

```
1   <!DOCTYPE html>
2   <html>
3   <head>
4       <meta charset="utf-8">
5       <title>适配不同视频</title>
6   </head>
7   <body>
8       <video width="640" controls>
9           <source src="ayok.mp4" type="video/mp4">
10          <source src="ayok.ogv" type="video/ogg">
11          <source src="ayok.webm" type="video/webm">
12      </video>
13  </body>
14  </html>
```

10.3 嵌入音频

使用 audio 元素可以在网页中嵌入音频，如代码清单 10-8 所示。

代码清单 10-8 在网页中嵌入音频

```
1   <!DOCTYPE html>
2   <html>
3   <head>
4       <meta charset="utf-8">
5       <title>在网页中嵌入音频</title>
6   </head>
7   <body>
8       <audio src="ayok.mp3" controls>
9           非常抱歉，本音频可能已经不在这个星球上了……
10      </audio>
11  </body>
12  </html>
```

代码实现的效果如图 10-8 所示。

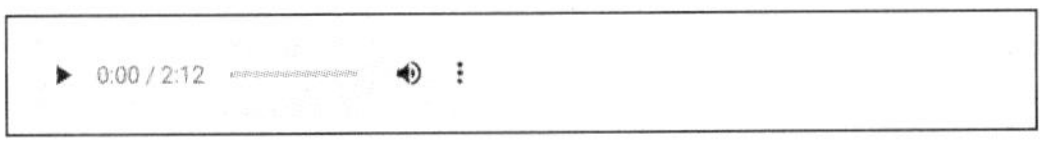

图 10-8 代码实现的效果

10.4 嵌入字幕

track 元素用于根据时间轴为音轨添加文本，也就是俗话说的"字幕"。

不过，要使用 track 元素为你喜欢的视频添加字幕，大家还要掌握一个新的格式，它叫作 Web 视频文本轨道（Web Video Text Track，WebVTT）格式。

根据 WebVTT 格式编写的文本文件，可以根据不同的需求，显示各种样式的字幕。

通常字幕的格式如代码清单 10-9 所示。

代码清单 10-9 字幕的格式

```
1   WEBVTT
2
3   00:00:09.250 --> 00:00:11.170
4   大家好
5
```

```
6    00:00:11.170 --> 00:00:13.010
7    我是小甲鱼
8
9    00:00:13.010 --> 00:00:14.030
10    欢迎大家和我继续学习
11
12    00:00:14.030 --> 00:00:17.030
13    《零基础入门学习Web开发》
14
15    ...
```

这是极简单的 WebVTT 字幕的语法，每一个时间戳对应一段指定的字幕（更多 WebVTT 字幕的语法可以参考鱼 C 网站的 thread-139839-1-1.html）。

接着，我们写 HTML 文件，嵌入字幕，如代码清单 10-10 所示。

代码清单 10-10　嵌入字幕

```
1    <!DOCTYPE html>
2    <html>
3    <head>
4        <meta charset="utf-8">
5        <title>小甲鱼带大家玩转 HTML5 字幕格式</title>
6    </head>
7    <body>
8        <video src="video.mp4" width="1024" controls>
9            <track src="track.vtt" srclang="ch" label="中文字幕" kind="subtitles" default>
10           非常抱歉，本视频可能已经不在这个星球上了……
11       </video>
12   </body>
13   </html>
```

✿ 注意

由于字幕加载涉及跨域的问题，因此需要将文件放在服务器上，或者在本地利用 XAMPP 进行模拟。

代码实现的效果如图 10-9 所示。

图 10-9　代码实现的效果

10.5　嵌入网页

有时候，我们可能希望可以在一个网页中引用另外一个网页。

此时，iframe 元素可以帮到你，使用它就可以创建包含另外一个网页的内联框架。

举个例子，编写一个网页，然后在里面嵌入鱼 C 官网，如代码清单 10-11 所示。

代码清单 10-11　在一个网页里嵌入鱼 C 官网

```
1    <!DOCTYPE html>
2    <html>
3    <head>
4        <meta charset="utf-8">
5        <title>嵌入一个网页</title>
```

```
6     </head>
7     <body>
8         <p>在网页中嵌入鱼C官网（https://ilovefishc.com）</p>
9         <iframe src="https://ilovefishc.com" width="1024px" height="800px">抱歉，您的浏览
      器不支持iframe。</iframe>
10    </body>
11    </html>
```

代码实现的效果如图 10-10 所示。

图 10-10　代码实现的效果

iframe 在给我们的页面带来更多丰富的内容和实现更多扩展的同时，也带来不少安全隐患。因为 iframe 中的内容是由第三方提供的，默认情况下不受我们的控制，所以在 iframe 中运行 JavaScript 脚本、运行插件与弹出对话框等，可能会影响用户体验。

如果 iframe 只有可能会给用户带来体验上的影响，那么风险还是可控的，但如果第三方被黑客攻破，iframe 中的内容被恶意地替换掉，从而利用用户浏览器中的安全漏洞下载并安装木马、恶意勒索软件等，问题可就严重了。

为了解决这个问题，HTML5 给 iframe 添加了 sandbox 属性，该属性遵从默认安全（Secure By Default）原则，只要添加了这个属性并保持属性值为空，浏览器就会对 iframe 实施最严厉的限制，除允许显示静态资源以外，其他什么都做不了。

当然，我们可以根据实际需要给 sandbox 属性赋值，其值如下。

❑ allow-forms：允许提交表单。

❑ allow-script：允许运行执行脚本。

❑ allow-same-origin：允许同域请求。

❑ allow-top-navigation：允许 iframe 主导 window.top 进行页面跳转。

❑ allow-popups：允许在 iframe 中弹出新窗口。

❑ allow-pointer-lock：允许在 iframe 中锁定鼠标指针。

如代码清单 10-12 所示，我们通过设置 sandbox 属性，仅允许在 iframe 中弹出新窗口，少了提交表单和脚本等权限。

代码清单 10-12　iframe 元素的沙盒限制

```
1     <!DOCTYPE html>
2     <html>
```

```
3    <head>
4        <meta charset="utf-8">
5        <title>体验一下沙盒的魔力</title>
6    </head>
7    <body>
8        <p>在网页中嵌入鱼C论坛（https://fishc.com.cn）</p>
9        <iframe src="https://fishc.com.cn" width="1024px" height="800px" sandbox="allow-
         popups">抱歉，您的浏览器不支持iframe。</iframe>
10   </body>
11   </html>
```

10.6　meter 元素和 progress 元素

meter 元素表示的是一个范围内的值。

meter 元素中的 min 和 max 属性分别指定了最小值和最大值，low、high 和 optimum 属性分别标注了较小的值、较大的值和恰到好处的值。

如果 value 的值低于 low 属性指定的值或者高于 high 属性指定的值，浏览器会以不同的颜色进行区别。使用 meter 元素显示一个范围内的值，如代码清单 10-13 所示。

代码清单 10-13　使用 meter 元素显示一个范围内的值

```
1    <!DOCTYPE html>
2    <html>
3    <head>
4        <meta charset="utf-8">
5        <title>使用meter元素显示一个范围内的值</title>
6    </head>
7    <body>
8        <p>又到月底了，您的零花钱还剩下：</p>
9        <meter id="money" high="0.8" low="0.2" optimum="0.6" value="0.2" min="0" max="1">
         </meter>
10       <p>
11           <button type="button" value="0.1">10%</button>
12           <button type="button" value="0.6">60%</button>
13           <button type="button" value="0.9">90%</button>
14       </p>
15       <script>
16           var buttons = document.getElementsByTagName("BUTTON");
17           var meter = document.getElementById("money");
18           for (var i = 0; i < buttons.length; i++) {
19               buttons[i].onclick = function(e) {
20                   meter.value = e.target.value;
21               };
22           }
23       </script>
24   </body>
25   </html>
```

代码实现的效果如图 10-11 所示。

图 10-11　代码实现的效果

同样将数字以图像标识的还有 progress 元素，这个元素的作用就是呈现一个进度条，如代码清单 10-14 所示。它只有两个属性，即 max 和 value。

代码清单 10-14　使用 progress 元素显示进度条

```
1    <!DOCTYPE html>
2    <html>
3    <head>
```

```
4        <meta charset="utf-8">
5        <title>使用progress元素显示进度条</title>
6    </head>
7    <body>
8        <p>《零基础入门学习Web开发（HTML5&CSS3）》写到哪里啦？</p>
9        <progress max="1" value="0.4"></progress>
10   </body>
11   </html>
```

代码实现的效果如图 10-12 所示。

图 10-12　代码实现的效果

第 11 章

CSS 语法

11.1　什么是 CSS

简单地说，CSS 就是一门用于描述 HTML 文档样式的语言，其主要目标就是将内容与样式分隔开。

图 11-1 所示的是未使用 CSS 样式的案例。

《零基础入门学习Web开发 (HTML5&CSS3) 》

单击样式，一键换肤

- 鱼兮
- 日式
- 朋克
- 极客
- 素颜

鱼C工作室荣誉出品

层叠样式表 (Cascading Style Sheet，CSS) 是一种用来为结构化文档 (如 HTML 文档或 XML 应用) 添加样式 (包含字体、间距和颜色等) 的计算机语言，由 W3C 定义和维护。

CSS 不能单独使用，必须与 HTML 或 XML 协同工作，对 HTML 或 XML 起装饰作用。其中 HTML 负责确定网页中有哪些内容，CSS 负责确定以何种外观 (包含大小、粗细、颜色、对齐和位置) 展现这些元素。CSS 可以用于设定页面布局、设定页面元素样式、设定适用于所有网页的全局样式。CSS 还可以零散地直接添加在要应用样式的网页元素上，也可以集中化内置于网页、链接式引入网页以及导入式引入网页。

CSS 最重要的目标是将文件的内容与它的显示分隔开。在 CSS 出现前，几乎所有的 HTML 文件内都包含文件显示的信息，比如字体的颜色、背景、排列、边缘、连线等都必须在 HTML 文件内列出，有时会重复列。CSS 使作者可以将这些信息中的大部分隔出来，以简化 HTML 文件，这些信息放在一个辅助的、用 CSS 语言写的文件中。HTML 文件中只包含结构和内容的信息，CSS 文件中只包含样式的信息。

单击下面的样式进行换肤:
鱼兮, 日式, 朋克, 极客

搭建原理

本页面基于 div 元素进行分组，通过 JavaScript 在当前页面按照选择进行 CSS 样式渲染
素颜.

广告

欢迎 ****入驻加盟，但为了获得更好的视频体验，任何广告不会投放在视频中，除非是我们自己的<(■ˇ▽ˇ■)>

对待生命，你不妨大胆些，因为我们终将要失去它

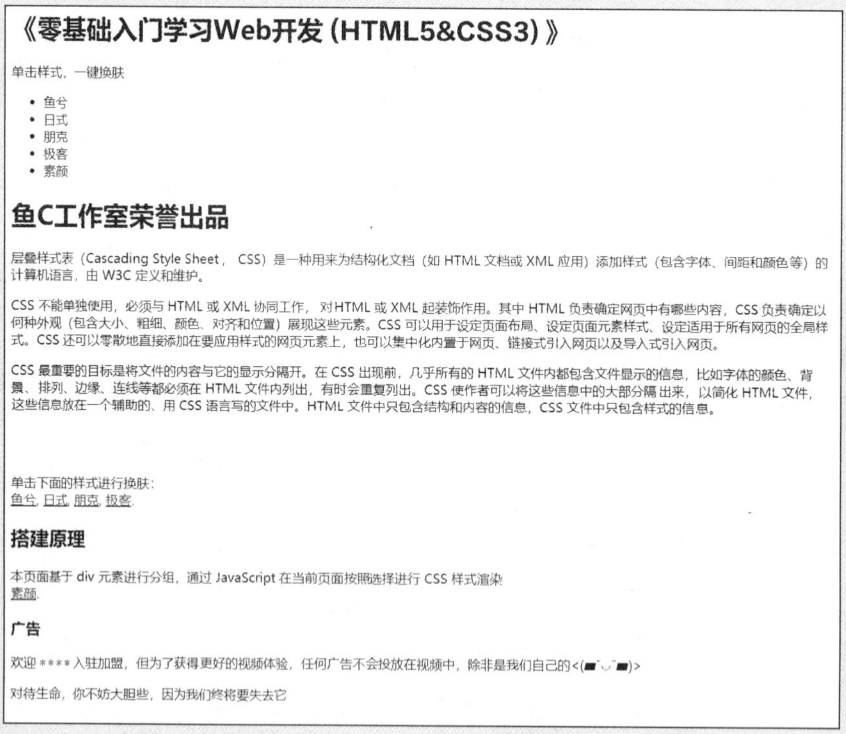

图 11-1　未使用 CSS 样式的案例

同样的内容，简单地加上 CSS 样式，网页的效果即刻焕然一新，如图 11-2 所示。

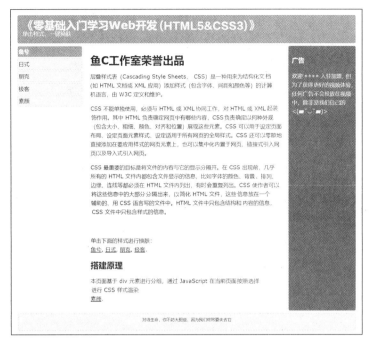

图 11-2   加上 CSS 样式后的效果

11.2   CSS 基础语法

CSS 的语法规则由两个主要的部分——选择器以及对应的一个或多个样式声明构成，如图 11-3 所示。

其中，选择器的作用是指定将要被设置样式的 HTML 元素。

声明部分必须用花括号（{}）标识；每个样式声明包含一个 CSS 样式属性和该属性的值，两者以冒号（:）分隔；不同样式声明之间使用分号（;）隔开。

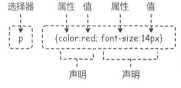

图 11-3   CSS 的语法规则

图 11-3 所示的代码的作用是将 p 元素内的文字颜色定义为红色，并且将字体大小设置为 14px。

CSS 样式并不是定义了即可，我们还需要告诉浏览器它们将影响 HTML 中的哪些元素。

在网页中插入 CSS，通常有以下 3 种方式。

❏ 使用内联样式（inline style）。
❏ 使用内部样式表（internal style sheet）。
❏ 使用外部样式表（external style sheet）。

11.2.1   内联样式

内联样式就是指直接在元素中设置 CSS 样式，如代码清单 11-1 所示。HTML 元素有一个全局属性 style，我们可以给它指定任何 CSS 属性。

代码清单 11-1   内联样式

```
1    <!DOCTYPE html>
2    <html>
3    <head>
4        <meta charset="utf-8">
5        <title>内联样式</title>
6    </head>
```

```
7    <body>
8        <p>I love CSS.</p>
9        <p style="color:red; font-size:14px">I love HTML.</p>
10       <p>I <span style="border: 2px black dashed; padding: 5px;">love</span> FishC.</p>
11   </body>
12   </html>
```

11.2.2　内部样式表

内联样式的优点就是定制性强，即便这个 p 元素内的文字颜色要定义为绿色，那个 p 元素内的文字颜色要定义为红色，也没问题。要定制哪个元素，就在哪个元素里设置 style 全局属性即可。

内联样式的缺点很明显——每个元素都要设置，这非常麻烦。为了解决这个问题，使用内部样式表。

内部样式表使用 style 元素在文档的头部进行统一定义，如代码清单 11-2 所示。

代码清单 11-2　内部样式表

```
1    <!DOCTYPE html>
2    <html>
3    <head>
4        <meta charset="utf-8">
5        <title>内部样式表</title>
6        <style type="text/css">
7            h1 {color: red;}
8            p {color: green; font-size: 14px;}
9            a {color: #ee82ee; border: 2px black dashed; padding: 5px;}
10       </style>
11   </head>
12   <body>
13       <h1>内部样式表</h1>
14       <p>I love CSS.</p>
15       <p>I love HTML.</p>
16       <p>I love FishC.</p>
17       <a href="*****://ilovefishc.***/books" target="_blank">快点开，里面有好东西！</a>
18   </body>
19   </html>
```

11.2.3　外部样式表

通常一个网站不可能只有一个网页，为了实现设计的整齐划一，通常要求各个网页都使用相同的风格。在这种情况下，内部样式表的影响力就显得有所欠缺了。

没关系，还有外部样式表。当样式需要应用于很多页面时，外部样式表将是理想的选择。

所谓的外部样式表，就是指将 CSS 部分的内容保存为单独的文件（通常以 ".css" 作为文件的扩展名），然后在需要应用的时候，使用 link 元素将其链接进来。

举个例子，CSS 部分的内容如代码清单 11-3 所示。

代码清单 11-3　CSS 部分的内容（styles.css）

```
1    h1 {
2        color: red;
3    }
4    p {
5        color: green; font-size: 14px;
6    }
7    a {
8        color: #ee82ee;
9        border: 2px black dashed;
10       padding: 5px;
11   }
```

假设 HTML 部分有两个页面，其中 index.html 的内容如代码清单 11-4 所示。

代码清单 11-4　HTML 部分的内容（index.html）

```
1    <!DOCTYPE html>
2    <html>
```

```
3    <head>
4        <meta charset="utf-8">
5        <title>外部样式表</title>
6        <link rel="stylesheet" type="text/css" href="styles.css">
7    </head>
8    <body>
9        <h1>外部样式表</h1>
10       <p>I love CSS.</p>
11       <p>I love HTML.</p>
12       <p>I love FishC.</p>
13       <a href="page.html" target="_blank">另一个页面也采用相同的样式。</a>
14   </body>
15   </html>
```

page.html 的内容如代码清单 11-5 所示。

代码清单 11-5　HTML 部分的内容（page.html）

```
1    <!DOCTYPE html>
2    <html>
3    <head>
4        <meta charset="utf-8">
5        <title>外部样式表</title>
6        <link rel="stylesheet" type="text/css" href="styles.css">
7    </head>
8    <body>
9        <h1>外部样式表</h1>
10       <p>I love CSS.</p>
11       <p>I love HTML.</p>
12       <p>I love FishC.</p>
13       <a href="*****://ilovefishc.***/books" target="_blank">快点开，里面有好东西！</a>
14   </body>
15   </html>
```

注意事项如下。

❑ CSS 没有限制空格的使用，是否包含空格并不会影响 CSS 在浏览器中的运行效果。不过，请不要在属性值和单位之间留有空格，如 16 与 px 分开是错误的写法，将其写在一起才正确，即 16px。

❑ 通常情况下，CSS 不区分大小写，不过存在例外：如果使用类选择器或 id 选择器，选择器名称应该与对应 HTML 文档的类名或 id 名大小写一致。

❑ 内联样式、内部样式表和外部样式表三者是存在优先级差异的：按照优先级从高到低，依次是内联样式、内部样式表、外部样式表。

所以，当同一个 HTML 元素被不止一个样式定义时，优先采用内联样式，其次采用内部样式表，最后采用外部样式表。

第 12 章

基本选择器与复合选择器

CSS 通过选择器来定位要设置样式的 HTML 元素。通常，我们将 CSS 选择器分为以下 5 类：

- ❑ 基本选择器；
- ❑ 复合选择器；
- ❑ 伪元素选择器；
- ❑ 伪类选择器；
- ❑ 属性选择器。

12.1 基本选择器

基本选择器包含以下几个：

- ❑ 通用选择器（universal selector）；
- ❑ 元素选择器（element selector）；
- ❑ 类选择器（class selector）；
- ❑ id 选择器（ID selector）。

下面我们通过介绍为代码清单 12-1 中 HTML5 元素添加样式的方式，学习这几个基本选择器的用法。

代码清单 12-1 案例

```
1   <!doctype html>
2   <html>
3   <head>
4       <meta charset="UTF-8">
5       <title>滑板</title>
6       <style type="text/css">
7           /* 没有CSS的代码是缺少灵魂的 */
8       </style>
9   </head>
10  <body>
11      <h2>滑板</h2>
12      <p>"世界上最酷的运动之一"</p>
13      <p>滑板被称为"世界上最酷的运动"，而究竟谁第一个创造了滑板已无法考证，但可以确定的是，滑板的
        起源与加州的冲浪爱好者们有关，冲浪十分受地理与气候条件的影响，于是冲浪爱好者决定在陆地上模拟这
        项运动。</p>
14      <p>一块木板底部装上两排铁质轮子就是第一代滑板。当时玩滑板的几乎全为冲浪爱好者。为了在没有浪时
        仍能练习脚感，当时的滑板动作与冲浪相似，多为平面动作。20世纪60年代，随着朋克思想与新浪潮音
        乐的兴起，许多公司开始举办比赛，场地越来越多样，包括泳池、斜坡、半管等，玩法也越来越丰富。</p>
15      <p>滑板最重要的转变发生在20世纪70年代。20世纪60年代的滑板轮子多是由铁轮或者黏土烧制而成的，
        十分笨重，且无法转向，没有任何弹性。而<span>Frank Nasworthy</span>参观了朋友爸爸的橡胶
        工厂后，尝试用橡胶来制作滑板轮子，大大提高了滑板的抗震性。20世纪70年代末期，一位叫作<span>Alan
        Gelfand</span>的滑板爱好者，发明了一种滑板技巧，给滑板运动带来了革命性的进步，这个人的名字也
        许大家很陌生，但是他的小名，只要接触过滑板的人就会知道——<span>Ollie</span>，滑板入门级动作。</p>
```

```
16        <img src="images/1.png">
17        <img src="images/2.png">
18        <img src="images/3.png">
19        <img src="images/4.png">
20        <img src="images/5.png">
21        <img src="images/6.png">
22   </body>
23   </html>
```

12.1.1　通用选择器

通用选择器能够匹配所有的 HTML 元素，它的代表符号是星号（*），如代码清单 12-2 所示。

代码清单 12-2　通用选择器

```
1    ...
2        <style type="text/css">
3            * {
4                padding: 10px;
5                background-color: #D1FEFF;
6            }
7        </style>
8    ...
```

代码实现的效果如图 12-1 所示。

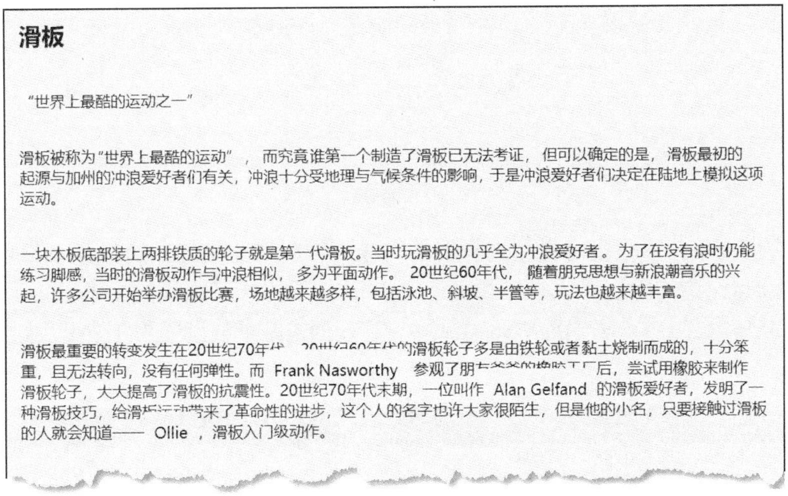

图 12-1　代码实现的效果

由于通用选择器的辐射范围过于广泛（匹配所有 HTML 元素），因此在实际的开发环境中，它的使用率是比较低的。

12.1.2　元素选择器

元素选择器是较常见的 CSS 选择器，我们可以直接以元素自身作为选择器，如 p、span、a，甚至 body 和 html 都可以。

现在我们使用元素选择器，为案例中的 h2 元素中的文本设置居中，为 p 元素中的文本设置两个字符宽度的缩进，而为 span 元素中的文本设置字体颜色 gray，如代码清单 12-3 所示。

代码清单 12-3　元素选择器

```
1    ...
2        <style type="text/css">
3            h2 {
4                text-align: center;
5            }
6            p {
7                text-indent: 2em;
8            }
```

```
9          span {
10             color: gray;
11         }
12     </style>
13 ...
```

代码实现的效果如图 12-2 所示。

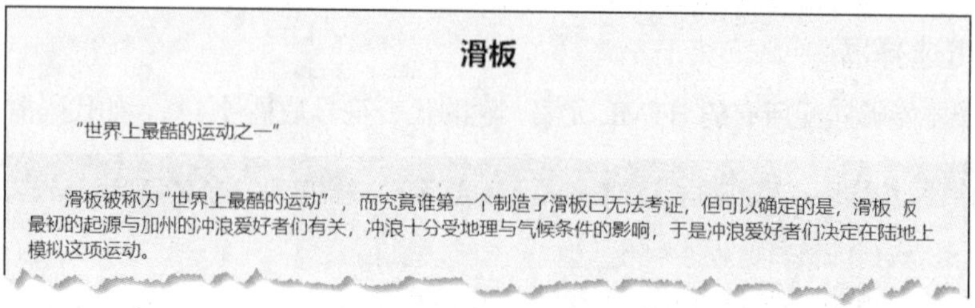

图 12-2　代码实现的效果

这里我们发现一个 bug，就是人名竟然将正文盖住了，如图 12-3 所示。

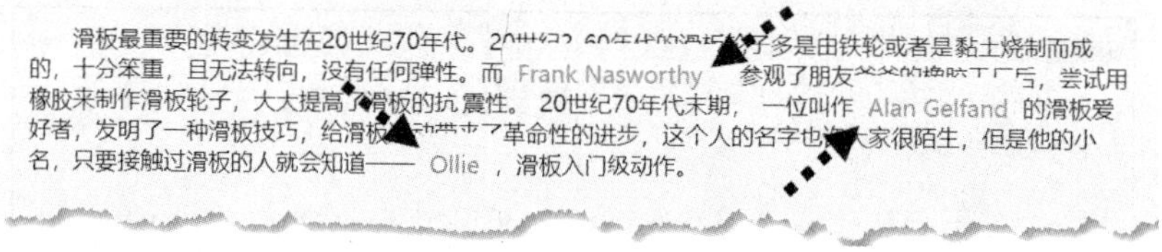

图 12-3　人名盖住了正文

原因其实很简单，即在指定通用选择器的时候，将所有元素的内边距（padding）设置成了10px，所以 span 元素的内边距也被"撑开"了，以至于挡住了正常的文本。

解决的办法就是在 span 元素的 CSS 样式中，将其内边距单独设置为 0 像素，如代码清单 12-4所示。

代码清单 12-4　修复 bug

```
1  ...
2      <style type="text/css">
3          h2 {
4              text-align: center;
5          }
6          p {
7              text-indent: 2em;
8          }
9          span {
10             color: gray;
11             padding: 0px;
12         }
13     </style>
14 ...
```

然后，我们可以通过 CSS 调整一下 img 元素的尺寸，让页面显得更加协调，如代码清单 12-5 所示。

代码清单 12-5　调整 img 元素的尺寸

```
1  ...
2      <style type="text/css">
3          img {
4              width: 212px;
5          }
6      </style>
7 ...
```

代码实现的效果如图 12-4 所示。

图 12-4　代码实现的效果

12.1.3　类选择器

如果我们要将"世界上最酷的运动之一"这句话设置为居中显示，并修改它的字体颜色，使用前文所介绍的知识显然是不够的。

这里我们可以使用类选择器来满足需求。

类选择器采用全局属性 class 来进行定位，以".类名称"来定义样式。

这里给第一个 p 元素添加 class="slogan"的属性。对于类选择器，其 CSS 的表现形式是在类名称前面添加一个点号（.），如代码清单 12-6 所示。

代码清单 12-6　类选择器

```
1    ...
2        <style type="text/css">
3            .slogan {
4                text-align: center;
5                color: #2ebb96;
6            }
7        </style>
8    ...
9        <p class="slogan">"世界上最酷的运动之一"</p>
10   ...
```

代码实现的效果如图 12-5 所示。

滑板

"世界上最酷的运动之一"

图 12-5　代码实现的效果

可能有读者留意到，文本并没有完全居中。

这是什么原因导致的呢？

这是因为我们在代码清单 12-3 中，对所有 p 元素均设置了两个字符宽度的缩进。

解决的方案就是不再使用元素选择器来设置缩进，而改用类选择器来实现，如代码清单 12-7 所示。

代码清单 12-7　改用类选择器设置缩进

```
1    ...
2        <style type="text/css">
3            .slogan {
```

```
 4                         text-align: center;
 5                         color: #2ebb96;
 6                     }
 7                     .content {
 8                         text-indent: 2em;
 9                     }
10          </style>
11      ...
12          <p class="slogan">"世界上最酷的运动之一"</p>
13      <p class="content">滑板被称为"世界上最酷的运动",而究竟谁第一个制造了滑板已无法考证,但可以确
            定的是,滑板的起源与加州的冲浪爱好者们有关,冲浪十分受地理与气候条件的影响,于是冲浪爱好者们决定在
            陆地上模拟这项运动。</p>
14          <p class="content">一块木板底部装上两排铁质的轮子就是第一代滑板。当时玩滑板的几乎全为冲浪爱好
            者,为了在没有浪时仍能练习脚感,当时的滑板动作与冲浪相似,多为平面动作。20世纪60年代,随着朋克
            思想与新浪潮音乐的兴起,许多公司开始举办滑板比赛,场地越来越多样,包括泳池、斜坡、半管等,玩法
            也越来越丰富。</p>
15          <p class="content">滑板最重要的转变发生在20世纪70年代。20世纪60年代的滑板轮子多是由铁轮或者黏
            土烧制而成的,十分笨重,且无法转向,没有任何弹性。而<span>Frank Nasworthy</span>参观了朋友爸爸的
            橡胶工厂后,尝试用橡胶来制作滑板轮子,大大提高了滑板的抗震性。20世纪70年代末期,一位叫作<span>Alan
            Gelfand</span>的滑板爱好者,发明了一种滑板技巧,给滑板运动带来了革命性的进步,这个人的名字也许大家很陌
            生,但是他的小名,只要接触过滑板的人就会知道——<span>Ollie</span>,滑板入门级动作。</p>
16      ...
```

12.1.4　id 选择器

id 选择器采用全局属性 id 来进行定位,以"#id 名称"来定义样式。

现在的需求是将网页文本中的"Ollie"的字体颜色修改为红色,使用 id 选择器的做法就是先给目标元素添加 id="ol"的属性。对于 id 选择器,其 CSS 的表现形式是在 id 名称前面加一个井号(#),如代码清单 12-8 所示。

代码清单 12-8　id 选择器

```
 1      ...
 2          <style type="text/css">
 3              #ol {
 4                  color: red;
 5              }
 6          </style>
 7      ...
 8          <p class="content">滑板最重要的转变发生在20世纪70年代。20世纪60年代的滑板轮子多是由铁轮
            或者黏土烧制而成的,十分笨重,且无法转向,没有任何弹性。而<span>Frank Nasworthy</span>,
            参观了朋友爸爸的橡胶工厂后,尝试用橡胶来制作滑板轮子,大大提高了滑板的抗震性。20世纪70年代
            末期,一位叫作<span>Alan Gelfand</span>的滑板爱好者,发明了一种滑板技巧,给滑板运动带来了
            革命性的进步,这个人的名字也许大家很陌生,但是他的小名,只要接触过滑板的人就会知道——<span id=
            "ol">Ollie</span>,滑板入门级动作。</p>
 9      ...
```

🌸 注意

类属性可以在多个元素中使用,而 id 属性就像人的身份证一样,其值必须是唯一的。这就意味着使用 id 选择器定位到的必定是唯一的元素。

12.2　复合选择器

复合选择器是由两个或多个基本选择器通过不同的方式组合而成的,目的是进一步匹配特定的元素,以实现更为精确的定位。

复合选择器包含以下几个:

❑ 交集选择器(intersection selector);

❑ 并集选择器(union selector);

❑ 后代选择器(descendant selector);

❑ 子元素选择器(child selector);

❑ 相邻兄弟选择器(adjacent sibling selector);

❑ 通用兄弟选择器(general sibling selector)。

12.2.1　交集选择器

　　交集选择器由两个选择器直接连接构成，其中第一个选择器必须是元素选择器，第二个选择器必须是类选择器或者 id 选择器。

　　语法如下。

```
元素选择器.类选择器 | 元素选择器#id选择器 {
    ...
}
```

💡 提示

　　当将元素选择器与类选择器进行搭配时，应该使用点号（.）；当将元素选择器与 id 选择器进行搭配时，则应该使用井号（#）。

　　现在的需求是将案例中的"Frank Nasworthy"和"Alan Gelfand"两个人名使用黑色边框线标识。我们可以这么做：先为 HTML 代码部分的两个人名设置 class="content"，然后利用交集选择器，匹配 span.content 的样式，如代码清单 12-9 所示。

代码清单 12-9　交集选择器

```
1    ...
2        <style type="text/css">
3            span.content {
4                border: thin black solid;
5            }
6        </style>
7    ...
8        <p class="content"> <p class="content">滑板最重要的转变发生在20世纪70年代。20世纪60年代的滑板轮子多是由铁轮或者黏土烧制而成的，十分笨重，且无法转向，没有任何弹性。而<span class="content">Frank Nasworthy</span>参观了朋友爸爸的橡胶工厂后，尝试用橡胶来制作滑板轮子，大大提高了滑板的抗震性。20世纪70年代末期，一位叫作<span class="content">Alan Gelfand</span>的滑板爱好者，发明了一种滑板技巧，给滑板运动带来了革命性的进步，这个人的名字也许大家很陌生，但是他的小名，只要接触过滑板的人就会知道——<span id="ol">Ollie</span>，滑板入门级动作。
9    ...
```

　　代码实现的效果如图 12-6 所示。

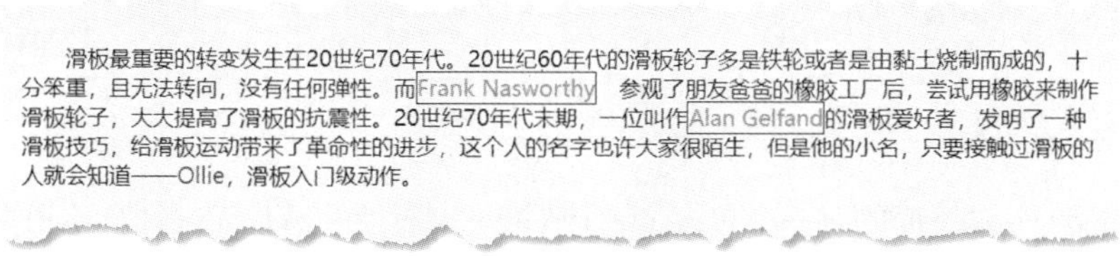

图 12-6　代码实现的效果

12.2.2　并集选择器

　　并集选择器通常也叫分组选择器或群组选择器，它是由两个或两个以上的任意选择器组成的。语法如下。

```
选择器1, 选择器2, 选择器3, … {
    ...
}
```

💡 提示

　　并集选择器之间使用逗号（,）隔开，其特点是所设置的样式对参与的每个选择器都有效，它的作用是把不同选择器的相同样式提取出来，然后放到一个地方进行一次性定义，从而简化 CSS 的代码量。

　　现在的需求是将 h2、p 和 span 3 个元素的文本都设置为斜体，因此我们可以使用并集选择器统一设置，如代码清单 12-10 所示。

代码清单 12-10　并集选择器

```
1    ...
2        <style type="text/css">
3            h2, p, span {
```

```
4                  font-style: italic;
5             }
6       </style>
7   ...
```

代码实现的效果如图 12-7 所示。

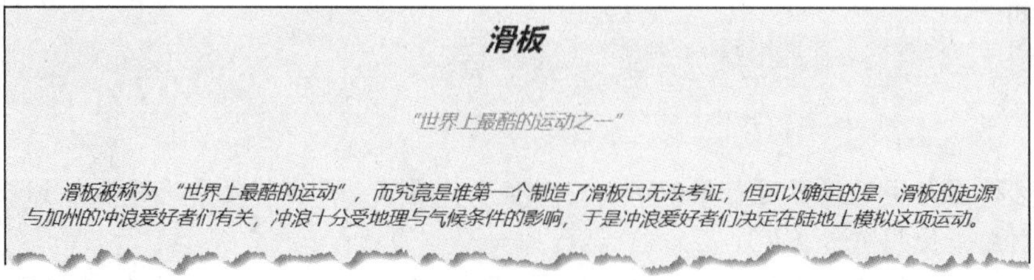

图 12-7　代码实现的效果

12.2.3　后代选择器

后代选择器也叫包含选择器，用于选择包含在指定选择器匹配的元素中的后代元素。
语法如下。

```
选择器1  选择器2  选择器3  ... {
    ...
}
```

✏️ 提示

后代选择器之间使用空格进行分隔，原理是先匹配选择器 1，再从匹配元素的后代元素中找出
匹配选择器 2 的元素，如果存在选择器 3，则以同样的方式继续往下匹配（这里指的是所有后
代元素，而不仅是直接子元素）。

现在我们将代码清单 12-9 中的 span.content 替换为 body.content，如代码清单 12-11 所示。

代码清单 12-11　后代选择器

```
1   ...
2   <style type="text/css">
3       body.content {
4           border: thin black solid;
5       }
6   </style>
7   ...
```

这样，body 元素下面的每一个包含 class="content"属性的后代元素都会使用黑色边框线标
识，代码实现的效果如图 12-8 所示。

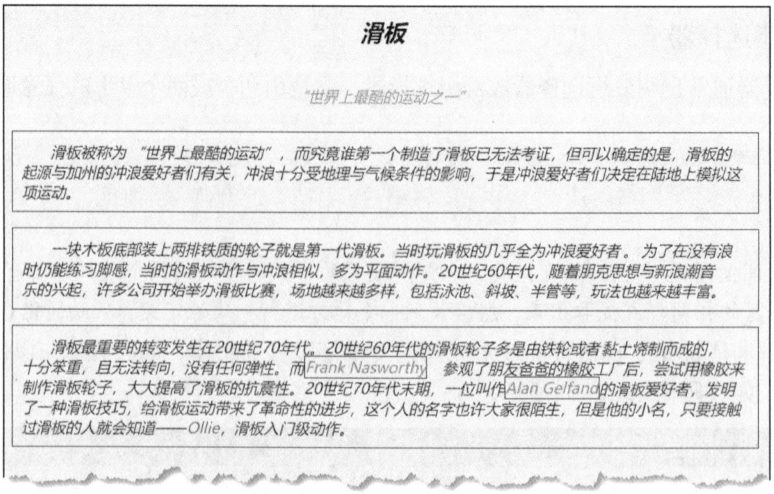

图 12-8　代码实现的效果

12.2.4　子元素选择器

子元素选择器和后代选择器很像，不过前者只选择匹配元素中的直接子元素。

语法如下。

```
选择器1 > 选择器2 {
    …
}
```

 提示

子元素选择器之间使用大于号（＞）进行分隔，以上语法规则的含义是匹配作为选择器 1 指定的元素的所有选择器 2 指定的直接子元素。

现在我们将代码清单 12-11 中的 body.content 替换为 body > .content，如代码清单 12-12 所示。

代码清单 12-12　子元素选择器

```
1    ...
2    <style type="text/css">
3        body > .content {
4            border: thin black solid;
5        }
6    </style>
7    ...
```

代码实现的效果如图 12-9 所示，可以看到 span 元素对应文本外面的边框线不见了，因为子元素选择器只匹配 body 元素的直接子元素，也就是 p 元素。

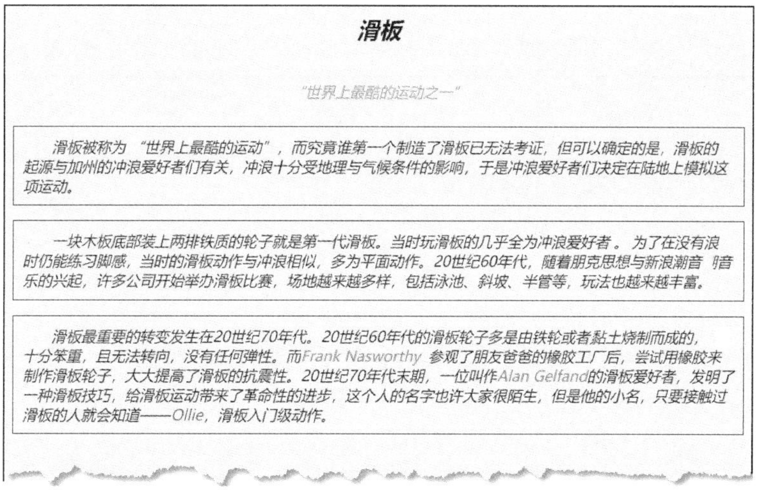

图 12-9　代码实现的效果

12.2.5　相邻兄弟选择器

如果需要选择紧跟在某个元素后的元素，而且二者有相同的父元素，则可以使用相邻兄弟选择器。

语法如下。

```
选择器1 + 选择器2 {
    …
}
```

 提示

相邻兄弟选择器之间使用加号（＋）进行分隔，以上语法规则的含义是匹配紧跟在选择器 1 指定元素后出现的选择器 2 指定的元素，且这两个元素拥有共同的父元素（相邻兄弟选择器只匹配选择器 2 指定的元素）。

现在的需求是将案例中正文第一段文本的字体颜色修改为黄色，因此我们可以利用相邻兄弟选择器.slogan＋p 来实现定位，如代码清单 12-13 所示。

代码清单 12-13　相邻兄弟选择器

```
1   ...
2       <style type="text/css">
3           .slogan + p {
4               font: yellow;
5           }
6       </style>
7   ...
```

12.2.6　通用兄弟选择器

相比相邻兄弟选择器，通用兄弟选择器选择的范围会更宽一些，它匹配的元素在指定的元素之后，但元素位置无须紧挨着，只需要在同一个层级即可。

语法如下。

```
选择器1 ~ 选择器2 {
    ...
}
```

💡 提示

通用兄弟选择器之间使用浪纹线（~）进行分隔，以上语法规则的含义是匹配与选择器 1 在同一层级的选择器 2 指定的元素，且这两个元素拥有共同的父元素。

将代码清单 12-13 中的.slogan + p 替换为.slogan ~ p，如代码清单 12-14 所示。

代码清单 12-14　通用兄弟选择器

```
1   ...
2       <style type="text/css">
3           .slogan ~ p {
4               font: yellow;
5           }
6       </style>
7   ...
```

现在，所有的段落文本的字体都变成了黄色。

第13章

伪元素选择器

"伪"就是"假设"的意思，所以伪元素选择器用于假设有一个元素，然后匹配它。

伪元素选择器包含以下 5 种选择器：

- ❑ ::first-line 选择器；
- ❑ ::first-letter 选择器；
- ❑ ::before 选择器；
- ❑ ::after 选择器；
- ❑ ::selection 选择器。

13.1　::first-line 选择器

::first-line 选择器用于匹配文本块的第一行内容，请看代码清单 13-1。

代码清单 13-1　::first-line 选择器

```
1   <!DOCTYPE html>
2   <html>
3   <head>
4       <meta charset="utf-8">
5       <title>使用::first-line选择器</title>
6       <style type="text/css">
7           ::first-line {
8               background-color: red;
9               color: green;
10          }
11      </style>
12  </head>
13  <body>
14      <div>Lorem ipsum dolor sit amet consectetur adipisicing elit. Sint deserunt,
        debitis repudiandae facilis nihil cumque ullam aliquid quasi delectus at molestiae,
        repellendus velit quisquam molestias doloremque sed non perspiciatis labore.</div>
15  <p>Lorem ipsum dolor sit amet, consectetur adipisicing elit. Aliquid, nam, in possimus
    fugiat eaque incidunt, velit quisquam natus accusantium id obcaecati mollitia est
    maxime! Earum libero ea ipsum sed tempora.</p>
16      <a href="https://ilovefishc.com" target="_blank">大家好，我是小甲鱼。</a>
17  </body>
18  </html>
```

代码实现的效果如图 13-1 所示。

调整浏览器的尺寸后，第一行显示的文本内容虽然改变了，但是它的样式总可以成功设置，如图 13-2 所示。

✤ 注意

在例子中,::first-line 选择器只匹配了 div 元素和 p 元素，但对 a 元素没有效果。这是因为::first-line 选择器仅对块级元素内的第一行内容有效，而对 a 元素这类行内元素是不起作用的。

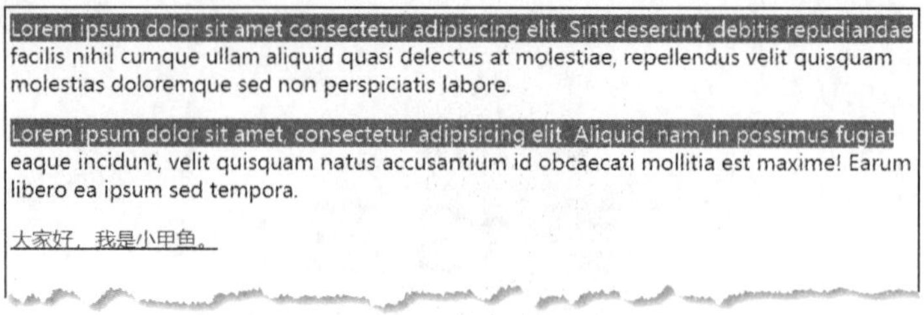

Lorem ipsum dolor sit amet consectetur adipisicing elit. Sint deserunt, debitis repudiandae facilis nihil cumque ullam aliquid quasi delectus at molestiae, repellendus velit quisquam molestias doloremque sed non perspiciatis labore.

Lorem ipsum dolor sit amet, consectetur adipisicing elit. Aliquid, nam, in possimus fugiat eaque incidunt, velit quisquam natus accusantium id obcaecati mollitia est maxime! Earum libero ea ipsum sed tempora.

大家好，我是小甲鱼。

图 13-1　代码实现的效果

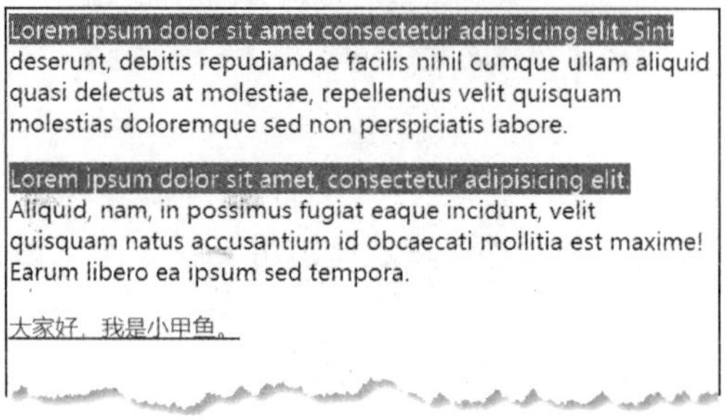

Lorem ipsum dolor sit amet consectetur adipisicing elit. Sint deserunt, debitis repudiandae facilis nihil cumque ullam aliquid quasi delectus at molestiae, repellendus velit quisquam molestias doloremque sed non perspiciatis labore.

Lorem ipsum dolor sit amet, consectetur adipisicing elit. Aliquid, nam, in possimus fugiat eaque incidunt, velit quisquam natus accusantium id obcaecati mollitia est maxime! Earum libero ea ipsum sed tempora.

大家好，我是小甲鱼。

图 13-2　调整浏览器的尺寸并不会影响::first-line 选择器设置样式

当然，我们还可以进一步约束它，使其仅匹配 p 元素的第一行内容，如代码清单 13-2 所示。

代码清单 13-2　仅匹配 p 元素的第一行内容

```
1    ...
2        <style type="text/css">
3            p::first-line {
4                background-color: red;
5                color: green;
6            }
7        </style>
8    ...
```

修改代码后的实现效果如图 13-3 所示。

Lorem ipsum dolor sit amet consectetur adipisicing elit. Sint deserunt, debitis repudiandae facilis nihil cumque ullam aliquid quasi delectus at molestiae, repellendus velit quisquam molestias doloremque sed non perspiciatis labore.

Lorem ipsum dolor sit amet, consectetur adipisicing elit. Aliquid, nam, in possimus fugiat eaque incidunt, velit quisquam natus accusantium id obcaecati mollitia est maxime! Earum libero ea ipsum sed tempora.

大家好，我是小甲鱼。

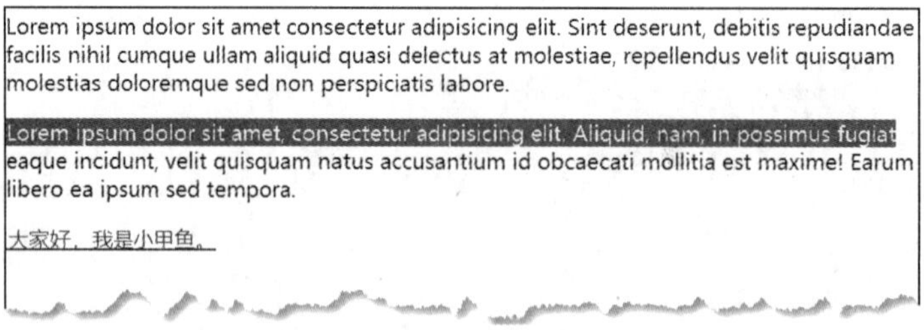

图 13-3　修改代码后的实现效果

13.2　::first-letter 选择器

::first-letter 选择器用于匹配文本块的第一个字符，其使用方法和::first-line 选择器的是一样的，如代码清单 13-3 所示。

代码清单 13-3　::first-letter 选择器

```
1    ...
2        <style type="text/css">
3            ::first-letter {
```

```
4                background-color: red;
5                color: green;
6            }
7        </style>
8    ...
```

代码实现的效果如图 13-4 所示。

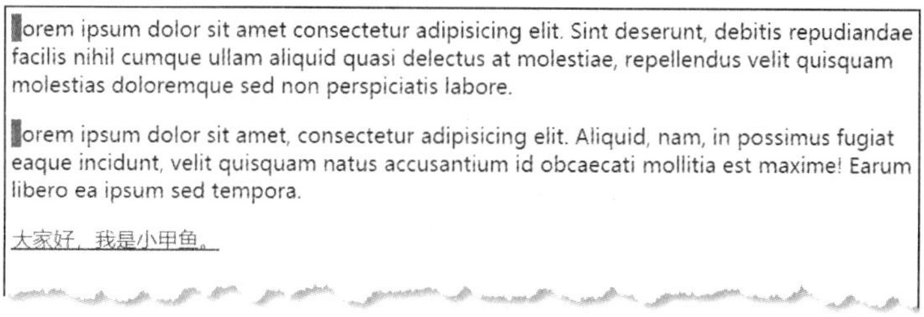

图 13-4　代码实现的效果

同样的道理，如果希望::first-letter 选择器只匹配 div 元素，那么只需要在两个冒号（::）的前面加上 div 即可（div::first-letter）。

13.3　::before 选择器和::after 选择器

::before 和::after 这两个选择器比较特殊，它们会生成新的内容并将其插入 HTML 代码中。利用 content 属性，指定待添加的新内容，如代码清单 13-4 所示。

代码清单 13-4　::before 和::after 选择器

```
1    ...
2        <style type="text/css">
3            a::before {
4                content: "视频开头: "
5            }
6            a::after {
7                content: "欢迎大家和我继续学习《零基础入门学习Web开发》^o^"
8            }
9        </style>
10   ...
```

代码实现的效果如图 13-5 所示。

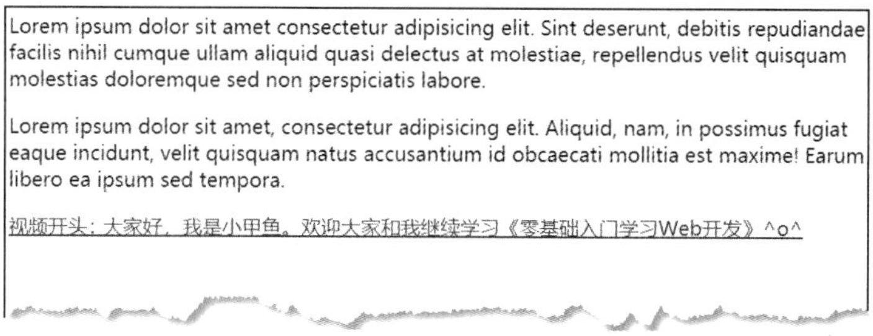

图 13-5　代码实现的效果

content 属性指定的内容不一定是文本，也可以是图像，如代码清单 13-5 所示。

代码清单 13-5　content 属性也可以指定图像

```
1    ...
2        <style type="text/css">
3            a::before {
4                content: url(handsome.gif);
5            }
6            a::after {
```

```
7                content: "欢迎大家和我继续学习《零基础入门学习Web开发》^o^"
8            }
9        </style>
10   ...
```

修改后的代码实现的效果如图 13-6 所示。

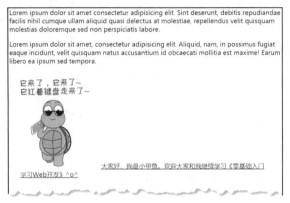

图 13-6 修改后的代码实现的效果

13.4 ::selection 选择器

::selection 选择器用于匹配用户选中的文本，如代码清单 13-6 所示。

代码清单 13-6 ::selection 选择器

```
1    ...
2        <style type="text/css">
3            ::selection {
4                background-color: red;
5                color: green;
6            }
7        </style>
8    ...
```

用户选中的文本会被设置为红色背景、绿色字体的样式。代码实现的效果如图 13-7 所示。

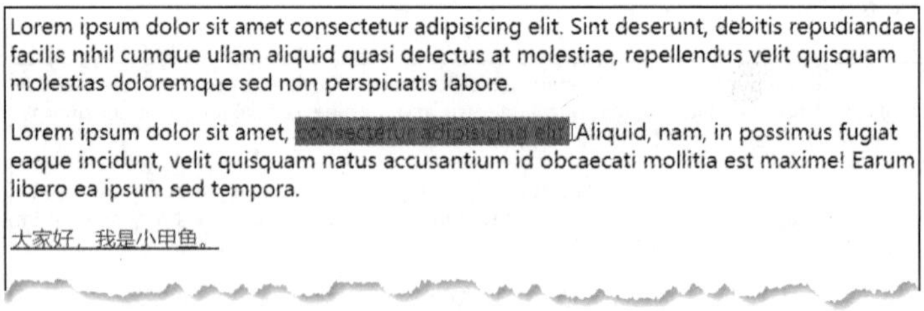

Lorem ipsum dolor sit amet consectetur adipisicing elit. Sint deserunt, debitis repudiandae
facilis nihil cumque ullam aliquid quasi delectus at molestiae, repellendus velit quisquam
molestias doloremque sed non perspiciatis labore.

Lorem ipsum dolor sit amet, consectetur adipisicing elit. Aliquid, nam, in possimus fugiat
eaque incidunt, velit quisquam natus accusantium id obcaecati mollitia est maxime! Earum
libero ea ipsum sed tempora.

大家好，我是小甲鱼。

图 13-7 代码实现的效果

第 14 章

动态伪类选择器和 UI 伪类选择器

伪类选择器可以分为 4 类，分别是动态伪类选择器、UI 伪类选择器、结构伪类选择器和其他伪类选择器。本章介绍前两种伪类选择器。第 15 章会介绍后两种伪类选择器。

伪类选择器和伪元素选择器类似，不过伪类选择器用于当已有元素处于某个状态时，为其添加样式；而伪元素选择器则用于创建一些不在文档树中的元素，并为其添加样式。

✏️ 提示

伪类选择器前面是一个冒号（:），而伪元素选择器前面则是两个冒号（::）。这是从 CSS3 才开始刻意进行区分的，在此之前，它们都使用一个冒号。

14.1 动态伪类选择器

动态伪类选择器能够根据条件的改变来进行匹配。

:link、:visited、:hover、:active 4 个动态伪类选择器通常应用在 a 元素上。a 元素也称为锚点元素，它有 4 个状态，分别对应如下情况。

- ❏ 未访问链接。
- ❏ 访问过链接。
- ❏ 鼠标指针悬停在链接上方。
- ❏ 单击链接。

这 4 个状态的样式都可以通过动态伪类选择器进行定制，如代码清单 14-1 所示。

代码清单 14-1　善变的 a 元素

```
 1    <!DOCTYPE html>
 2    <html>
 3    <head>
 4        <meta charset="utf-8">
 5        <title>善变的a元素</title>
 6        <style type="text/css">
 7            /*未访问链接*/
 8            a:link {
 9                color: pink;
10            }
11            /* 访问过链接*/
12            a:visited {
13                color: red;
14            }
15            /* 鼠标指针悬停在链接上方*/
16            a:hover {
17                color: black;
18            }
19            /* 单击链接*/
```

```
20          a:active {
21              color: green;
22          }
23      </style>
24  </head>
25  <body>
26      <a href="https://ilovefishc.com" target="_blank">大家好，我是小甲鱼^o^</a>
27  </body>
28  </html>
```

当链接未被访问的时候，它的字体颜色是粉色的，如图 14-1 所示。

当鼠标指针悬停在链接上方的时候，它的字体颜色就变成了黑色，如图 14-2 所示。

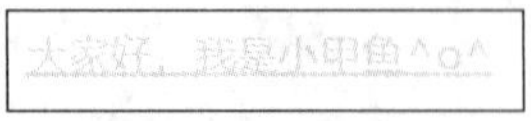

图 14-1　链接未被访问时的字体颜色

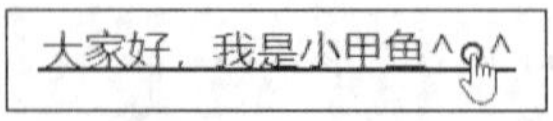

图 14-2　鼠标指针悬停在链接上方时的字体颜色

在链接被单击的那一刻，它的字体颜色又变成了绿色，如图 14-3 所示。

当链接被访问过之后，它的字体颜色变成了红色，如图 14-4 所示。

图 14-3　单击链接时的字体颜色

图 14-4　链接被访问过之后的字体颜色

注意，对这 4 个伪类选择器的设置顺序是有要求的——:hover 必须在:link 和:visited 之后设置，:active 必须在:hover 之后设置。

这是不是有点难记住？

没关系，大家只需要记得"爱恨原则"——love & hate 即可，加粗的字母分别是 link、visited、hover、active 的首字母。

这 4 个伪类选择器在 a 元素上用得比较多，但是它们并非只为 a 元素而生，如:hover 伪类选择器在实际开发中也常常用在 div 元素上，如代码清单 14-2 所示。

代码清单 14-2　div 元素的应用

```
1   <!DOCTYPE html>
2   <html>
3   <head>
4       <meta charset="utf-8">
5       <title>div元素也能如此出彩</title>
6       <style type="text/css">
7           div {
8               background-color: red;
9               color: white;
10              padding: 25px;
11              text-align: center;
12          }
13          div:hover {
14              background-color: green;
15          }
16      </style>
17  </head>
18  <body>
19      <div>来，把鼠标指针移过来~</div>
20  </body>
21  </html>
```

默认情况下，div 元素对应的背景色是红色，如图 14-5 所示。

来，把鼠标指针移过来~

图 14-5　默认情况下，div 元素对应的背景色是红色

当我们将鼠标指针移动到该 div 元素对应的内容上时，它对应的背景色就变成了绿色，如图 14-6 所示。

图 14-6　div 元素对应的背景色发生改变

同样的道理，:active 伪类选择器也可以应用在 div 元素上，如代码清单 14-3 所示。

代码清单 14-3　div 元素也能如此出彩

```
1   <!DOCTYPE html>
2   <html>
3   <head>
4       <meta charset="utf-8">
5       <title>div元素也能如此出彩</title>
6       <style type="text/css">
7           div {
8               background-color: red;
9               color: white;
10              padding: 25px;
11              text-align: center;
12          }
13
14          div:active {
15              background: green;
16          }
17      </style>
18  </head>
19  <body>
20      <div>单击就变绿</div>
21  </body>
22  </html>
```

默认情况下，div 元素对应的背景色是红色，如图 14-7 所示。

图 14-7　默认情况下，div 元素对应的背景色是红色

当我们将鼠标指针移动到该 div 元素对应的内容上并单击的时候，它对应的背景色就变成了绿色，如图 14-8 所示。

图 14-8　div 元素对应的背景色发生改变

:focus 伪类选择器表示当元素获得焦点的时候被选中，如代码清单 14-4 所示。

代码清单 14-4　当元素获得焦点时被选中

```
1   <!DOCTYPE html>
2   <html>
3   <head>
4       <meta charset="utf-8">
5       <title>你的名字</title>
6       <style type="text/css">
7           input#boy:focus {
```

```
8              background: cyan;
9          }
10
11         input#girl:focus {
12             background: pink;
13         }
14     </style>
15 </head>
16 <body>
17     <form>
18         <label>他的名字: </label>
19         <input type="text" name="name" id="boy">
20         <br><br>
21         <label>她的名字: </label>
22         <input type="text" name="name" id="girl">
23     </form>
24 </body>
25 </html>
```

当第一个输入框获得焦点时，输入框的背景色会变成青色，如图 14-9 所示。

图 14-9　当元素获得焦点时背景色发生改变

当第二个输入框获得焦点时，输入框的背景色会变成粉色，如图 14-10 所示。

图 14-10　当元素获得焦点时背景色发生改变

14.2　UI 伪类选择器

UI 就是 User Interface，即负责实现用户和系统间交互的界面。在 HTML 中，主要由表单元素负责交互，所以 UI 伪类选择器在多数情况下是应用在表单元素上的。

有些表单元素（如输入框、密码框、复选框等）有"可用"和"禁用"两种状态。在 CSS3 中，使用:enabled 选择器和:disabled 选择器来分别设置表单元素可用与禁用这两种状态的 CSS 样式，如代码清单 14-5 所示。

代码清单 14-5　匹配可用和禁用两种状态

```
1  <!DOCTYPE html>
2  <html>
3  <head>
4      <meta charset="utf-8">
5      <title>匹配可用和禁用两种状态</title>
6      <style type="text/css">
7          :enabled {
8              outline: 1px solid green;
9          }
10         :disabled {
11             background-color: #dddddd;
12         }
13     </style>
14 </head>
15 <body>
16     <form>
17         <p>
```

```
18              <label for="enabled">可用:</label>
19              <input type="text" name="enabled">
20          </p>
21          <p>
22              <label for="disabled">禁用:</label>
23              <input type="text" name="disabled" disabled>
24          </p>
25          <button type="submit">可用按钮</button>
26          <button type="submit" disabled>不可用按钮</button>
27      </form>
28  </body>
29  </html>
```

代码实现的效果如图 14-11 所示。

可用: _____

禁用: _____

可用按钮 不可用按钮

图 14-11 代码实现的效果

对于单选框、复选框和下拉列表中的选项，使用:checked 伪类选择器设置当选项被选中时选项框的样式，如代码清单 14-6 所示。

代码清单 14-6 匹配选中状态

```
1   <!DOCTYPE html>
2   <html>
3   <head>
4       <meta charset="utf-8">
5       <title>设置选项被选中时选项框的样式</title>
6       <style type="text/css">
7           :checked {
8               height: 50px;
9               width: 50px;
10          }
11      </style>
12  </head>
13  <body>
14      <form>
15          <input type="radio" name="gender" value="male">男人<br>
16          <input type="radio" name="gender" value="female">女人<br>
17          <hr>
18          <input type="checkbox" name="fruit" value="sugarcane">甘蔗<br>
19          <input type="checkbox" name="fruit" value="banana">香蕉<br>
20          <input type="checkbox" name="food" value="egg">鸡蛋<br>
21          <input type="checkbox" name="fruit" value="mango">杧果<br>
22          <input type="checkbox" name="fruit" value="peach">水蜜桃<br>
23      </form>
24  </body>
25  </html>
```

代码实现的效果如图 14-12 所示。

图 14-12 代码实现的效果

　　除修改选项框的样式之外，我们还可以灵活地运用在前文学习到的知识，匹配选项框后面的文本，并修改其样式，如代码清单 14-7 所示。

代码清单 14-7　匹配选项框后面的文本并修改其样式

```
1   ...
2       <style type="text/css">
3           :checked + span {
4               background-color: red;
5               color: green;
6           }
7       </style>
8   ...
```

代码实现的效果如图 14-13 所示。

图 14-13　代码实现的效果

　　对于元素对应内容必填和可选的元素，使用:required 和:optional 伪类选择器进行匹配，如代码清单 14-8 所示。

代码清单 14-8　匹配必填和可选两种状态

```
1   <!DOCTYPE html>
2   <html>
3   <head>
4       <meta charset="utf-8">
5       <title>设置必填和可选的样式</title>
6       <style type="text/css">
7           :required {
8               outline: 3px solid red;
9           }
10          :optional {
11              outline: 3px solid green;
12          }
13      </style>
14  </head>
15  <body>
16      <form>
17          <p>
18              <label for="required">必填:</label>
19              <input type="text" name="required" required>
20          </p>
21          <p>
22              <label for="potional">可选:</label>
23              <input type="text" name="potional">
24          </p>
25          <button type="submit">提交</button>
26      </form>
27  </body>
28  </html>
```

代码实现的效果如图 14-14 所示。

图 14-14　代码实现的效果

💡 提示

若为表单元素指定了 required 属性，就表明该元素对应的内容必须填写，这样表单才能提交；如果没有指定该属性，那么说明该元素对应的内容默认是可选的。

接下来，介绍:default 伪类选择器，它将匹配默认元素，如代码清单 14-9 所示。

代码清单 14-9　匹配默认元素

```
1   <!DOCTYPE html>
2   <html>
3   <head>
4       <meta charset="utf-8">
5       <title>设置默认元素的样式</title>
6       <style type="text/css">
7           :default {
8               outline: 3px solid red;
9           }
10      </style>
11  </head>
12  <body>
13      <form>
14          <p>
15              <label for="required">必填:</label>
16              <input type="text" name="required" required>
17          </p>
18          <p>
19              <label for="potional">可选:</label>
20              <input type="text" name="potional">
21          </p>
22          <button type="submit">提交</button>
23      </form>
24  </body>
25  </html>
```

代码实现的效果如图 14-15 所示。

图 14-15　代码实现的效果

在前文讲解 input 元素时，我们提到过该元素会对用户输入的内容进行基本的检测，这里将介绍的:valid 和:invalid 这两个伪类选择器就是用于匹配检测结果"合法"和"非法"两种状态的，如代码清单 14-10 所示。

代码清单 14-10　匹配"合法"和"非法"两种状态

```
1   <!DOCTYPE html>
2   <html>
3   <head>
4       <meta charset="utf-8">
5       <title>设置输入"合法"和"非法"两种状态的样式</title>
6       <style type="text/css">
7           input:valid {
8               border: 2px solid green;
9           }
10          input:invalid {
11              border: 2px solid red;
12          }
13      </style>
14  </head>
15  <body>
16      <form>
17          <input type="email" placeholder="请输入您的邮箱^o^">
18          <button type="submit">提交</button>
```

```
19        </form>
20    </body>
21    </html>
```

如果用户输入的内容"合法",则输入框会显示绿色的边框,如图 14-16 所示。

图 14-16 匹配输入的内容"合法"的状态

如果用户输入的内容"非法",则输入框会显示红色的边框,如图 14-17 所示。

图 14-17 匹配输入的内容"非法"的状态

当将 input 元素的 type 属性设置为 number 的时候,指定 min 和 max 属性来设置数值的范围。

因此,也有两个对应的伪类选择器,即:in-range 和:out-of-range,它们用于设置当用户输入的数值"在范围内"和"不在范围内"时的样式,如代码清单 14-11 所示。

代码清单 14-11 设置当输入的数值"在范围内"和"不在范围内"时的样式

```
1    <!DOCTYPE html>
2    <html>
3    <head>
4        <meta charset="utf-8">
5        <title>设置输入的数值"在范围内"和"不在范围内"时的样式</title>
6        <style type="text/css">
7            input:in-range {
8                border: 2px solid green;
9            }
10            input:out-of-range {
11                border: 2px solid red;
12            }
13        </style>
14    </head>
15    <body>
16        <form>
17            <input type="number" min="0" max="99" value="66">
18            <button type="submit">提交</button>
19        </form>
20    </body>
21    </html>
```

最后介绍:read-only 和:read-write 两个伪类选择器,它们是关于"只读"和"可读可写"属性的。

input 元素默认是"可读可写"的,但如果给它指定了 readonly 属性,那么该元素就会变成"只读"的,如代码清单 14-12 所示。

代码清单 14-12 设置"只读"和"可读可写"属性对应的样式

```
1    <!DOCTYPE html>
2    <html>
3    <head>
4        <meta charset="utf-8">
5        <title>设置"只读"和"可读可写"属性对应的样式</title>
6        <style type="text/css">
7            input:read-only {
8                background-color: red;
9            }
10            input:read-write {
11                background-color: yellow;
```

```
12              }
13        </style>
14   </head>
15   <body>
16        <p>普通的 input 输入框：<input type="text"></p>
17        <p>只读的 input 输入框：<input readonly type="text"></p>
18   </body>
19   </html>
```

代码实现的效果如图 14-18 所示。

图 14-18　代码实现的效果

第 15 章

结构伪类选择器和其他伪类选择器

15.1　结构伪类选择器

结构伪类选择器可以根据元素在文档中所处的位置来动态地选择元素，从而减少 HTML 文档对 ID 或类的依赖，有助于保持代码干净、整洁。

:root 选择器也叫根元素选择器，它可能是"最没用"的伪类选择器了，因为它总是匹配根元素，如代码清单 15-1 所示。

代码清单 15-1　设置根元素的样式

```
1   <!DOCTYPE html>
2   <html>
3   <head>
4       <meta charset="utf-8">
5       <title>设置根元素的样式</title>
6       <style type="text/css">
7           :root {
8               background-color: red;
9           }
10      </style>
11  </head>
12  <body>
13      <p>I love FishC.</p>
14  </body>
15  </html>
```

代码实现的效果如图 15-1 所示。

图 15-1　代码实现的效果

:empty 选择器一般用得也比较少，因为它始终匹配那些没有定义任何内容的元素（空元素），如代码清单 15-2 所示。

代码清单 15-2　设置空元素的样式

```
1   <!DOCTYPE html>
2   <html>
3   <head>
4       <meta charset="utf-8">
5       <title>设置空元素的样式</title>
6       <style type="text/css">
7           :empty {
```

```
8               width: 100px;
9               height: 20px;
10              background-color: red;
11          }
12      </style>
13  </head>
14  <body>
15      <p></p>
16      <p>I love FishC.</p>
17      <div></div>
18  </body>
19  </html>
```

代码实现的效果如图 15-2 所示。

图 15-2　代码实现的效果

✏️ 提示

因为:empty 匹配的是空元素，如果直接设置背景色，我们是看不出效果的，所以我们在代码中通过 width 和 height 属性为空元素设置了具体的宽度值、高度值。

以下是用于匹配子元素的结构伪类选择器：

❏　:first-child 选择器；

❏　:last-child 选择器；

❏　:only-child 选择器；

❏　:only-of-type 选择器；

❏　:first-of-type 选择器；

❏　:last-of-type 选择器。

:first-child 选择器用于匹配所有元素中的第一个子元素，如代码清单 15-3 所示。

代码清单 15-3　匹配第一个子元素

```
1   <!DOCTYPE html>
2   <html>
3   <head>
4       <meta charset="utf-8">
5       <title>匹配第一个子元素</title>
6       <style type="text/css">
7           html {
8               background: url('bg.jpg') no-repeat;
9               padding: 20px;
10          }
11          p:first-child {
12              border: 2px solid green;
13          }
14      </style>
15  </head>
16  <body>
17      <p>尾崎八项: </p>
18      <p>1.<span>emerging force</span> 力之涌现</p>
19      <p>2.<span>birth of sky</span> 天之降诞</p>
20      <p>3.<span>awakening earth</span> 地之觉醒</p>
21      <p>4.<span>life of water</span> 水之生灵</p>
22      <p>5.<span>life of wind</span> 风之涌动</p>
23      <p>6.<span>life of ice</span> 冰之固结</p>
24      <p>7.<span>master of six lives</span> 命之主宰</p>
25      <p>8.<span>act of ultimate trust</span> 终极信任</p>
26  </body>
27  </html>
```

代码实现的效果如图 15-3 所示。

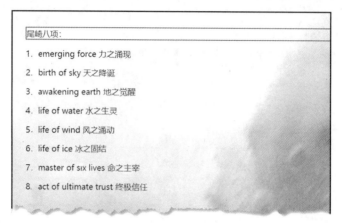

图 15-3　代码实现的效果

☙ 注意

p:first-child 匹配的是第一个作为子元素的 p 元素，而非 p 元素的第一个子元素。另外，如果将第 17 行代码修改为 "尾崎八项："，则匹配不到任何数据，因为此时第一个子元素并不是 p 元素。

如果将 p:first-child 修改为 span:first-child，那么在这个例子中将匹配所有的 span 元素，因为对于例子中的每一个 p 元素来说，span 元素就是其第一个子元素，代码实现的效果如图 15-4 所示。

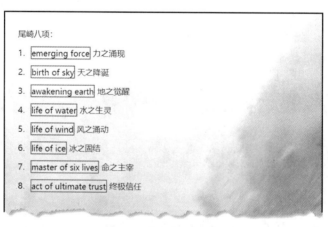

图 15-4　代码实现的效果

有第一就会有倒数第一，:last-child 选择器就用于匹配最后一个子元素，如代码清单 15-4 所示。

代码清单 15-4　匹配最后一个子元素

```
1    ...
2        <style type="text/css">
3            p:last-child {
4                border: 2px solid green;
5            }
6        </style>
7    ...
```

代码实现的效果如图 15-5 所示。

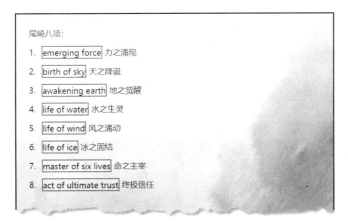

图 15-5 代码实现的效果

:only-child 选择器用于匹配唯一的子元素，如代码清单 15-5 所示。

代码清单 15-5 匹配唯一的子元素

```
1  ...
2      <style type="text/css">
3          span:only-child {
4              border: 2px solid green;
5          }
6      </style>
7  ...
```

也就是说，如果某元素是其父元素的唯一子元素，它就会被选中，代码实现的效果如图 15-6 所示。

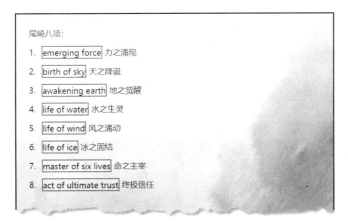

图 15-6 代码实现的效果

关于:only-child 这个匹配唯一子元素的结构伪类选择器，还有一个极易与之混淆的选择器——:only-of-type，后者匹配的是其父元素下唯一指定类型的子元素。

这读起来有点绕，我们举个例子，请看代码清单 15-6。

代码清单 15-6 匹配唯一指定类型的子元素

```
1  <!DOCTYPE html>
2  <html>
3  <head>
4      <meta charset="utf-8">
5      <title>匹配唯一指定类型的子元素</title>
6      <style type="text/css">
7          strong:only-of-type {
8              border: 2px solid green;
```

```
 9            }
10        </style>
11    </head>
12    <body>
13        <p>I <strong>love</strong> <span>Python</span>.</p>
14        <p>I love FishC.</p>
15        <p>I love you.</p>
16    </body>
17    </html>
```

代码实现的效果如图 15-7 所示。

```
I love Python.

I love FishC.

I love you.
```

图 15-7　代码实现的效果

尽管 strong 元素并非其父元素 p 的唯一子元素，但从类型上看，它是唯一的 strong 元素，所以能够被匹配到。如果将 strong:only-of-type 改成 strong:only-child 就不行了，因为 strong 元素并非 p 元素的唯一子元素。也就是说，:only-child 只看子元素的数量是否唯一，而:only-of-type 则只需要明确是唯一的元素类型就可以了。

同理，:first-of-type 和:last-of-type 这两个结构伪类选择器匹配的是第一个指定类型的子元素和最后一个指定类型的子元素，如代码清单 15-7 所示。

代码清单 15-7　匹配第一个和最后一个指定类型的子元素

```
 1    <!DOCTYPE html>
 2    <html>
 3    <head>
 4        <meta charset="utf-8">
 5        <title>匹配第一个和最后一个指定类型的子元素</title>
 6        <style type="text/css">
 7            p:first-of-type {
 8                border: 2px solid green;
 9            }
10            p:last-of-type {
11                border: 2px solid red;
12            }
13        </style>
14    </head>
15    <body>
16        <span>DEMO</span>
17        <p>I <strong>love</strong> <span>Python</span>.</p>
18        <p>I love FishC.</p>
19        <p>I love you.</p>
20    </body>
21    </html>
```

代码实现的效果如图 15-8 所示。

图 15-8　代码实现的效果

 提示

对于上面的代码，如果将 p:first-of-type 替换成 p:first-child，不会匹配到任何元素，因为 p 元素并不是 body 的第一个子元素。

接下来，我们介绍以下 4 个结构伪类选择器：

❑ :nth-child 选择器；

❑ :nth-last-child 选择器；

❑ :nth-of-type 选择器；

❑ :nth-last-of-type 选择器。

这几个选择器都有一个参数（元素索引值，从 1 开始），用于指定需要匹配的第几个元素。

例如，:nth-child(n)选择器匹配的是第 *n* 个子元素，而:nth-last-child(n)选择器匹配的是倒数第 *n* 个子元素，如代码清单 15-8 所示。

代码清单 15-8　匹配第三个和倒数第三个子元素

```
1   <!DOCTYPE html>
2   <html>
3   <head>
4       <meta charset="utf-8">
5       <title>匹配第三个和倒数第三个子元素</title>
6       <style type="text/css">
7           html {
8               background: url('bg.jpg') no-repeat;
9               padding: 20px;
10          }
11          p:nth-child(3) {
12              border: 2px solid green;
13          }
14          p:nth-last-child(3) {
15              border: 2px solid red;
16          }
17      </style>
18  </head>
19  <body>
20      <span>尾崎八项：</span>
21      <p>1.<span>emerging force</span> 力之涌现</p>
22      <p>2.<span>birth of sky</span> 天之降诞</p>
23      <p>3.<span>awakening earth</span> 地之觉醒</p>
24      <p>4.<span>life of water</span> 水之生灵</p>
25      <p>5.<span>life of wind</span> 风之涌动</p>
26      <p>6.<span>life of ice</span> 冰之固结</p>
27      <p>7.<span>master of six lives</span> 命之主宰</p>
28      <p>8.<span>act of ultimate trust</span> 终极信任</p>
29  </body>
30  </html>
```

代码实现的效果如图 15-9 所示。

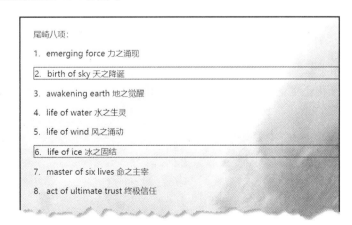

图 15-9　代码实现的效果

同样的道理，:nth-of-type(n)和:nth-last-of-type(n)选择器分别匹配的是指定类型的第 *n* 个子

元素和倒数第 *n* 个子元素，如代码清单 15-9 所示。

代码清单 15-9　匹配第三个和倒数第三个指定类型的子元素

```
1    ...
2        p:nth-of-type(3) {
3            border: 2px solid green;
4        }
5        p:nth-last-of-type(3) {
6            border: 2px solid red;
7        }
8    ...
```

代码实现的效果如图 15-10 所示。

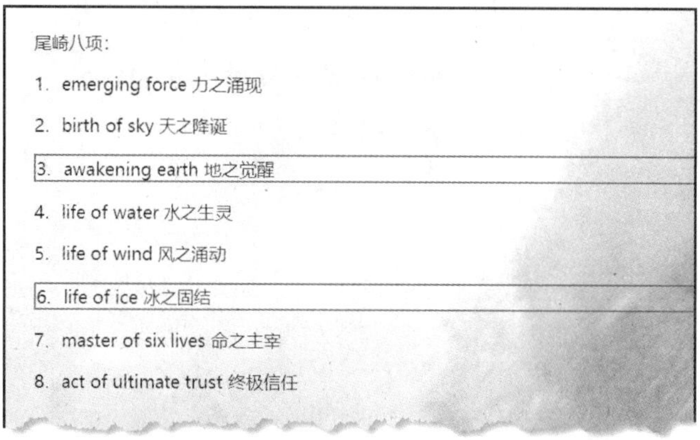

图 15-10　代码实现的效果

　　单纯的文字描述比较苍白，但只要稍微对比一下图 15-9 和图 15-10 的实现效果，我们很容易就可以看出区别：p:nth-child(n) 和 p:nth-last-child(n) 选择器匹配的是第 *n* 个子元素，即第 *n* 个子元素只要是 p 元素即可；而 p:nth-of-type(n) 和 p:nth-last-of-type(n) 选择器匹配的是第 *n* 个作为子元素的 p 元素（前面必须有 *n*−1 个 p 元素）。

15.2　其他伪类选择器

　　以下 3 个伪类选择器不好归类，我们将其称为其他伪类选择器。
- :target 选择器。
- :lang 选择器。
- :not 选择器。

:target 选择器用于匹配页面内锚点。

　　页面内锚点主要用于实现页面内跳转，这需要用到 id 属性。先为某个元素设置 id 属性值，然后只需要将 a 元素的 href 指定为"井号（#）加上需要跳转的页面元素的 id 值"就可以实现页面内跳转，如代码清单 15-10 所示。

代码清单 15-10　匹配页面内锚点

```
1    <!DOCTYPE html>
2    <html>
3    <head>
4        <meta charset="utf-8">
5        <title>匹配页面内锚点</title>
6        <style type="text/css">
7            :target {
8                border: 2px solid red;
9            }
```

```
10        </style>
11    </head>
12    <body>
13        <p><a href="#target1">Jump to the target1</a></p>
14        <p>Lorem ipsum dolor sit amet consectetur adipisicing elit. Voluptatibus cumque
          saepe eaque quasi tempore officia nemo natus minima inventore consectetur? Dolores
          commodi, sequi fugit ipsam inventore aliquam saepe consequuntur expedita?</p>
15        ...
16        <p id="target1">Target1 Test.</p>
17        <p><a href="#target2">Jump to the target2</a></p>
18        <p>Lorem ipsum dolor sit, amet consectetur adipisicing elit. Illo quas, consectetur
          hic, at aliquid aperiam iusto vitae in quisquam aut nihil excepturi quidem architecto
          ducimus incidunt nostrum repellat quia velit!</p>
19        ...
20        <p id="target2">Target2 Test.</p>
21        <p><a href="#target1">Back to the target1/a></p>
22    </body>
23    </html>
```

当用户通过单击页面内锚点实现页面内跳转的时候，在目标位置会显示一个红色的边框，如图 15-11 所示。

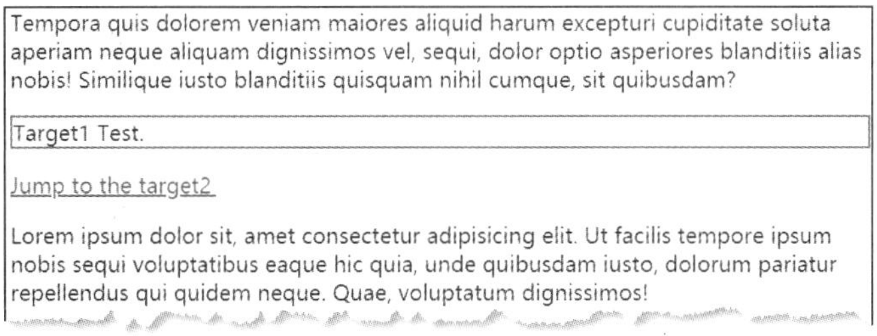

Tempora quis dolorem veniam maiores aliquid harum excepturi cupiditate soluta
aperiam neque aliquam dignissimos vel, sequi, dolor optio asperiores blanditiis alias
nobis! Similique iusto blanditiis quisquam nihil cumque, sit quibusdam?

Target1 Test.

Jump to the target2

Lorem ipsum dolor sit, amet consectetur adipisicing elit. Ut facilis tempore ipsum
nobis sequi voluptatibus eaque hic quia, unde quibusdam iusto, dolorum pariatur
repellendus qui quidem neque. Quae, voluptatum dignissimos!

图 15-11 匹配页面内锚点

:lang 选择器用于匹配设置了 lang 全局属性的元素，如代码清单 15-11 所示。

代码清单 15-11 匹配设置了 lang 全局属性的元素

```
1    <!DOCTYPE html>
2    <html>
3    <head>
4        <meta charset="utf-8">
5        <title>为不同语言设置不同样式</title>
6        <style type="text/css">
7            :lang(zh) {
8                background-color: red;
9            }
10           :lang(en) {
11               background-color: green;
12           }
13       </style>
14   </head>
15   <body>
16       <p lang="zh">我爱中国！</p>
17       <p lang="en">I love China.</p>
18   </body>
19   </html>
```

代码实现的效果如图 15-12 所示。

图 15-12 代码实现的效果

:not 选择器也叫反向匹配选择器，它可以对任意选择器进行反向匹配，如代码清单 15-12 所示。

代码清单 15-12　反向匹配选择器

```
1   <!DOCTYPE html>
2   <html>
3   <head>
4       <meta charset="utf-8">
5       <title>反向匹配选择器</title>
6       <style type="text/css">
7           span {
8               color: green;
9           }
10          :not(span) {
11              color: red;
12          }
13      </style>
14  </head>
15  <body>
16      <span>DEMO</span>
17      <p lang="zh">我爱中国！</p>
18      <p lang="en">I love China.</p>
19  </body>
20  </html>
```

代码实现的效果如图 15-13 所示。

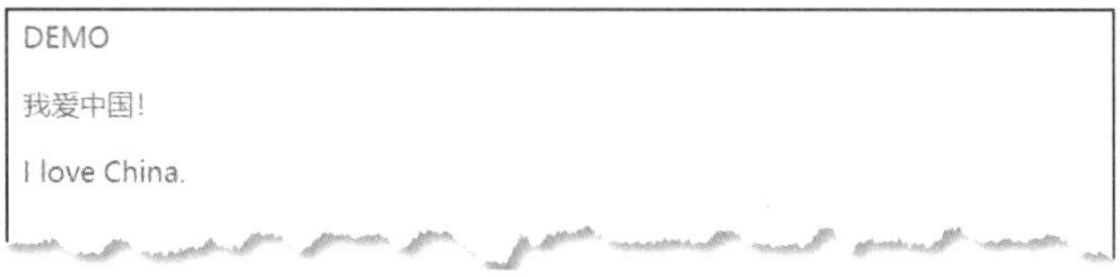

DEMO

我爱中国！

I love China.

图 15-13　代码实现的效果

15.3　如何区分伪类选择器和伪元素选择器

伪类选择器和伪元素选择器的含义有什么不同，为什么 CSS 要将两者的定义区分开？

其实，CSS 引入伪类和伪元素的概念是为了格式化文档树以外的信息。其中，伪类选择器用于在已有元素处于某个状态时，为其添加样式；而伪元素选择器用于创建一些不在文档树中的元素，并为其添加样式。

举个例子，请看代码清单 15-13。

代码清单 15-13　理解伪类选择器

```
1   <!DOCTYPE html>
2   <html>
3   <head>
4       <meta charset="utf-8">
5       <title>理解伪类选择器</title>
6       <style type="text/css">
7           p:first-of-type {
8               background-color: red;
9           }
10      </style>
11  </head>
12  <body>
13      <span>DEMO</span>
14      <p>I love Python.</p>
15      <p>I love FishC.</p>
16      <p>I love you.</p>
17  </body>
18  </html>
```

代码实现的效果如图 15-14 所示。

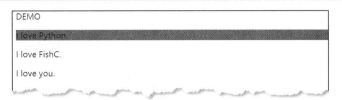

图 15-14 代码实现的效果

通过伪类选择器，在"不动一兵一卒"的情况下就选中了第一个 p 元素。

如果现在不让你使用伪类选择器了，那么你应该怎么做？

较简单的做法就是定义一个类，如代码清单 15-14 所示。

代码清单 15-14 定义一个类

```
1    <!DOCTYPE html>
2    <html>
3    <head>
4        <meta charset="utf-8">
5        <title>定义一个类</title>
6        <style type="text/css">
7            .first-of-p {
8                background-color: red;
9            }
10       </style>
11   </head>
12   <body>
13       <span>DEMO</span>
14       <p class="first-of-p">I love Python.</p>
15       <p>I love FishC.</p>
16       <p>I love you.</p>
17   </body>
18   </html>
```

通过给第一个 p 元素添加一个类，然后定义这个类的样式，我们也可以实现同样的效果。不过这么做，就会真的创建一个类。

所以，伪类其实就是指在不创建类的前提下实现相同的功能。简而言之，伪类选择器假设某个地方有个类。

同样的道理，伪元素选择器也假设某个地方有个元素。

举个例子，假设我要给 p 元素的第一个字符添加样式。这很简单，直接使用 p::first-letter即可实现目标匹配，如代码清单 15-15 所示。

代码清单 15-15 理解伪元素选择器

```
1    <!DOCTYPE html>
2    <html>
3    <head>
4        <meta charset="utf-8">
5        <title>理解伪元素选择器</title>
6        <style type="text/css">
7            p::first-letter {
8                background-color: red;
9            }
10       </style>
11   </head>
12   <body>
13       <span>DEMO</span>
14       <p>I love Python.</p>
15       <p>I love FishC.</p>
16       <p>I love you.</p>
17   </body>
18   </html>
```

代码实现的效果如图 15-15 所示。

图 15-15　代码实现的效果

但是，如果没学过::first-letter 这个伪元素选择器，我们就需要先使用 span 这个行内元素对
p 元素的第一个字符进行标识，才能实现一样的效果，如代码清单 15-16 所示。

```
代码清单 15-16　使用 span
 1    <!DOCTYPE html>
 2    <html>
 3    <head>
 4        <meta charset="utf-8">
 5        <title>使用span</title>
 6        <style type="text/css">
 7            p span {
 8                background-color: red;
 9            }
10        </style>
11    </head>
12    <body>
13        <span>DEMO</span>
14        <p><span>I</span> love Python.</p>
15        <p><span>I</span> love FishC.</p>
16        <p><span>I</span> love you.</p>
17    </body>
18    </html>
```

第 16 章

属性选择器

16.1　使用属性选择器精确匹配

属性选择器通过已经存在的属性名或属性值来匹配元素，其语法如表 16-1 所示。

表 16-1	属性选择器的语法
语法	说明
[attr]	匹配定义了 attr 属性的元素，不需要考虑属性值
[attr="val"]	匹配定义了 attr 属性且属性值为 val 字符串的元素
[attr^="val"]	匹配定义了 attr 属性且属性值以 val 字符串开头的元素
[attr$="val"]	匹配定义了 attr 属性且属性值以 val 字符串结尾的元素
[attr*="val"]	匹配定义了 attr 属性且属性值包含 val 字符串的元素
[attr~="val"]	匹配定义了 attr 属性且属性值为 val 字符串的元素（若有多个属性值，则只需要其中一个属性值匹配即可）
[attr|="val"]	匹配定义了 attr 属性且属性值由连字符进行分割（如 lang="en-uk"），其中第一个字符串是 val 的元素

金、木、水、火、土合称五行，是指 5 种构成物质的基本元素。中国古代哲学家试图用五行理论来说明世界万物的形成及其相互关系。我们借用这个例子展示一下属性选择器的用法，请看代码清单 16-1。

代码清单 16-1　匹配定义了 class 属性且值为 Wood 的元素

```
1   <!DOCTYPE html>
2   <html>
3   <head>
4       <meta charset="utf-8">
5       <title>属性选择器</title>
6       <style type="text/css">
7           [class="Wood"] {
8               background-color: red;
9           }
10      </style>
11  </head>
12  <body>
13      <p>五行的说法强调了整体概念，描绘了事物的结构关系和运动形式。</p>
14      <p>五行相生：金生水，水生<span class="Wood">木</span>，<span
        class="Wood">木</span>生火，火生土，土生金</p>
15      <ul>
16          <li class="Wood-Fire"><span class="Wood">木</span>生火：因为火以<span class=
            "Wood">木</span>作为燃料的材料，<span class="Wood">木</span>烧尽，火会自动熄灭</li>
17          <li class="Fire-Earth">火生土：因为火将木烧为灰烬，而灰烬便是土</li>
18          <li class="Earth-Metal">土生金：因为金蕴藏于泥土石块之中，经冶炼后才能提取黄金</li>
19          <li class="Metal-Water">金生水：因为金若被烈火燃烧，便熔为液体，液体属水</li>
```

```
20          <li class="Water-Wood">水生<span class="Wood">木</span>：因为水灌溉树<span
            class="Wood">木</span>，树<span class="Wood">木</span>便能欣欣向荣</li>
21        </ul>
22        <p>五行相克：金克<span class="Wood">木</span>，<span class="Wood">木</span>克土，
          土克水，水克火，火克金</p>
23        <ul>
24          <li class="Water-Fire">水克火：因为火遇水便熄灭</li>
25          <li class="Fire-Metal">火克金：因为烈火能熔化金属</li>
26          <li class="Metal-Wood">金克<span class="Wood">木</span>：因为金属铸造的切割
            工具可锯毁树<span class="Wood">木</span></li>
27          <li class="Wood-Earth"><span class="Wood">木</span>克土：因为木的力量强大，
            能突破土的障碍</li>
28          <li class="Earth-Water">土克水：因为土能防水</li>
29        </ul>
30      </body>
31    </html>
```

代码实现的效果如图 16-1 所示。

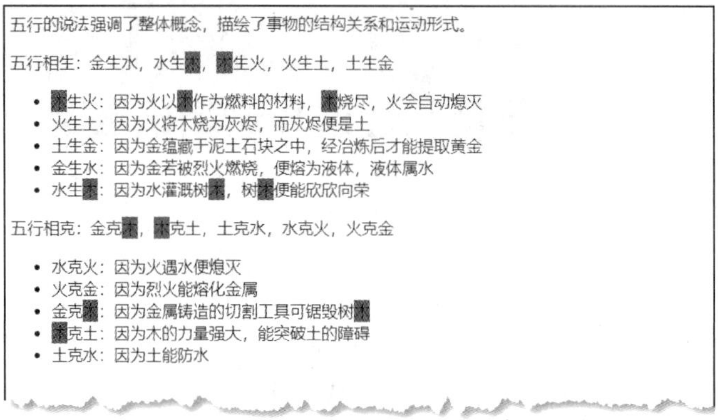

图 16-1　代码实现的效果

这里使用了[class="Wood"]属性选择器，因此匹配了所有定义了 class 属性且值为 Wood 的元素。

如果希望匹配所有定义了 class 属性且值以 Wood 字符串开头的元素，则可以使用
[class^="Wood"]属性选择器，如代码清单 16-2 所示。

代码清单 16-2　匹配定义了 class 属性且值以 Wood 开头的元素

```
1    ...
2      <style type="text/css">
3        [class^="Wood"] {
4            background-color: red;
5        }
6      </style>
7    ...
```

修改后的代码实现的效果如图 16-2 所示。

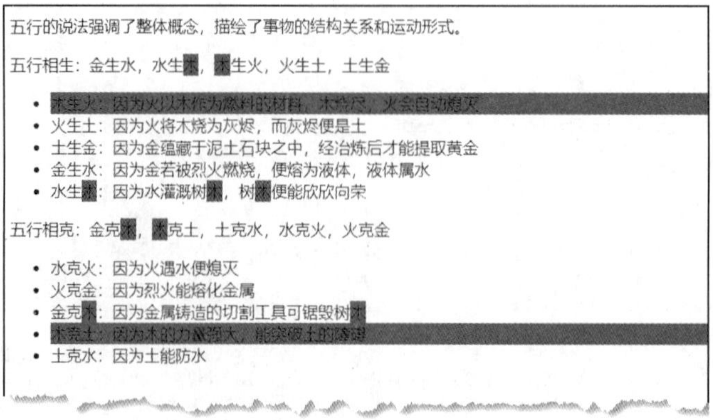

图 16-2　修改后的代码实现的效果

在此基础上，如果只需要匹配 li 元素，那么可以在属性选择器的前面加上 li 关键字，如代码清单 16-3 所示。

代码清单 16-3　匹配 li 元素中定义了 class 属性且值以 Wood 开头的元素
```
1    ...
2        <style type="text/css">
3            li[class^="Wood"] {
4                background-color: red;
5            }
6        </style>
7    ...
```

修改后的代码实现的效果如图 16-3 所示。

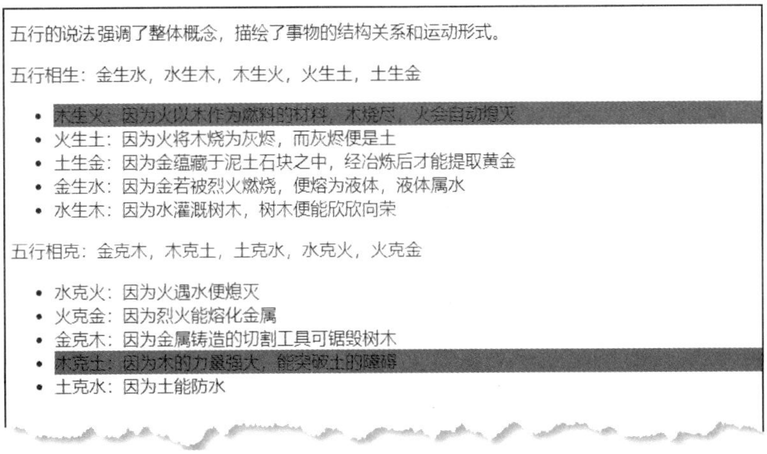

图 16-3　修改后的代码实现的效果

同样的道理，如果希望匹配定义了 class 属性且值以 Wood 字符串结尾的元素，只需要使用 [class$="Wood"]属性选择器即可，如代码清单 16-4 所示。

代码清单 16-4　匹配定义了 class 属性且值以 Wood 结尾的元素
```
1    ...
2        <style type="text/css">
3            [class$="Wood"] {
4                background-color: red;
5            }
6        </style>
7    ...
```

修改后的代码实现的效果如图 16-4 所示。

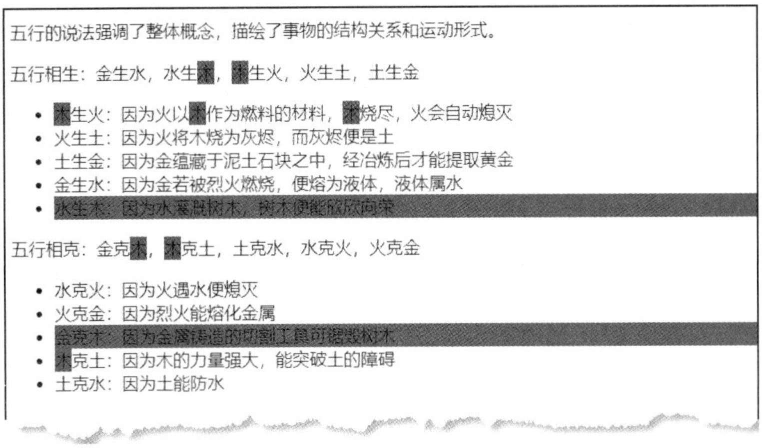

图 16-4　修改后的代码实现的效果

16.2　使用属性选择器模糊匹配

如果需要模糊匹配定义了 class 属性且值包含 Wood 的元素，你可以使用[class*="Wood"]和
[class~="Wood"]。[class*="Wood"]匹配那些属性值字符串中存在 Wood 子字符串的元素；而
[class~="Wood"]则匹配那些拥有多个属性值且其中一个属性值为 Wood 的元素。

使用[class*="Wood"]和[class~="Wood"]在这个案例中实现的效果是一样的。但是，如果将
Wood 改为 Woo，则实现的效果不一样，如代码清单 16-5 和代码清单 16-6 所示。

代码清单 16-5　[class*="Woo"]

```
1    ...
2        <style type="text/css">
3            [class*="Woo"] {
4                background-color: red;
5            }
6        </style>
7    ...
```

修改后的代码实现的效果如图 16-5 所示。

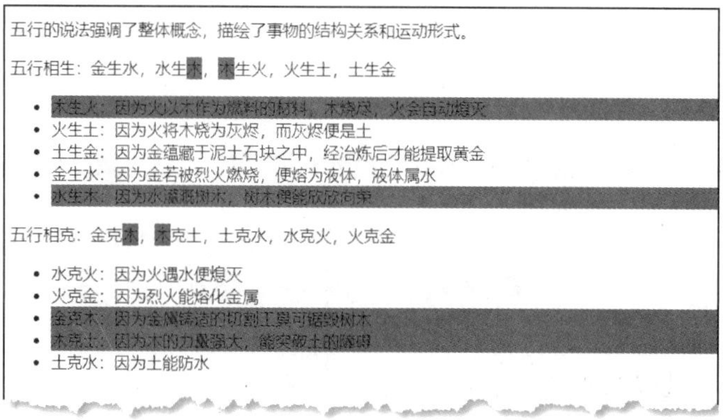

图 16-5　修改后的代码实现的效果

代码清单 16-6　[class~="Woo"]

```
1    ...
2        <style type="text/css">
3            [class~="Woo"] {
4                background-color: red;
5            }
6        </style>
7    ...
```

修改后的代码实现的效果如图 16-6 所示。

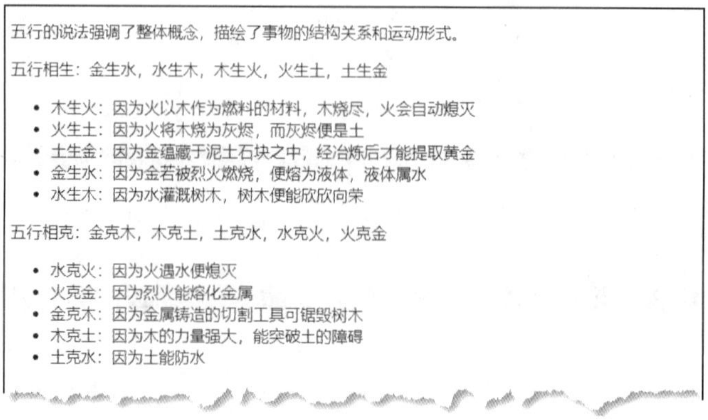

图 16-6　修改后的代码实现的效果

可见，[class*="Woo"]仍然可以匹配到相应的元素，但如果替换成[class~="Woo"]，事情就没有那么顺利了—— 一个元素都没匹配到。这是因为[class~="Woo"]要求的是至少一个完整的属性值为 Woo。Wood 与 Woo 长得很像，但是不一样!

[class|="Wood"]属性选择器用于匹配定义了 class 属性且值为 Wood 或是以 Wood-为前缀的元素，如代码清单 16-7 所示。

代码清单 16-7　匹配定义了 class 属性且值为 Wood 或是以 Wood-为前缀的元素

```
1    ...
2        <style type="text/css">
3            [class|="Wood"] {
4                background-color: red;
5            }
6        </style>
7    ...
```

修改后的代码实现的效果与图 16-2 相同。

第 17 章

颜色和背景

17.1 颜色

人们通常喜欢用五彩缤纷来形容色彩繁多而艳丽；用姹紫嫣红来形容娇艳美丽的花朵；用万紫千红来比喻事物的丰富多彩……

是的，色彩带给我们的几乎都是美好的东西。本节介绍 CSS 中的颜色表达。

17.1.1 前景色

前景色一般指的是文本颜色，通过 color 属性来设置，如代码清单 17-1 所示。

代码清单 17-1　设置前景色

```
1    <!DOCTYPE html>
2    <html>
3    <head>
4        <meta charset="utf-8">
5        <title>设置前景色</title>
6        <style type="text/css">
7            h1 {
8                color: Tomato;
9            }
10           p {
11               color: DodgerBlue;
12           }
13       </style>
14   </head>
15   <body>
16       <h1>《洛神赋》（节选）</h1>
17       <p>其形也，翩若惊鸿，婉若游龙，荣曜秋菊，华茂春松。仿佛兮若轻云之蔽月，飘摇兮若流风之回雪。
         远而望之，皎若太阳升朝霞。迫而察之，灼若芙蕖出渌波。秾纤得衷，修短合度。肩若削成，腰如约素。
         延颈秀项，皓质呈露，芳泽无加，铅华弗御。云髻峨峨，修眉联娟，丹唇外朗，皓齿内鲜。明眸善睐，靥
         辅承权，瑰姿艳逸，仪静体闲。柔情绰态，媚于语言。奇服旷世，骨象应图。披罗衣之璀璨兮，珥瑶碧之
         华琚。戴金翠之首饰，缀明珠以耀躯。践远游之文履，曳雾绡之轻裾。微幽兰之芳蔼兮，步踟蹰于山隅。
         于是忽焉纵体，以遨以嬉。左倚采旄，右荫桂旗。攘皓腕于神浒兮，采湍濑之玄芝。</p>
18   </body>
19   </html>
```

代码实现的效果如图 17-1 所示。

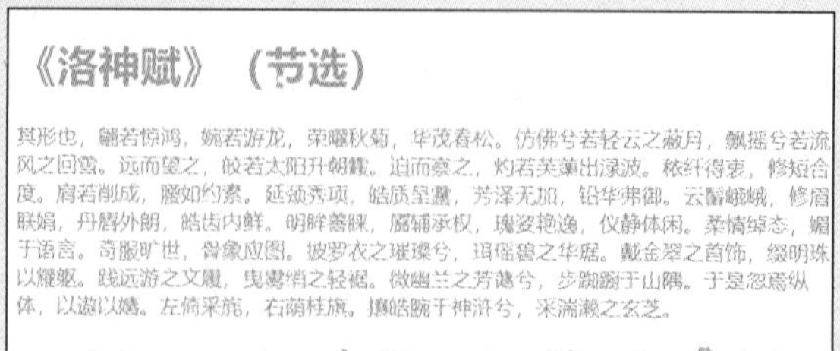

图 17-1　代码实现的效果

上面的代码使用了两种新的颜色——Tomato（西红柿色）和 DodgerBlue（道奇蓝）。它们都是浏览器预先定义好的颜色，所以我们可以直接使用。

浏览器已经定义好的颜色如图 17-2 所示。

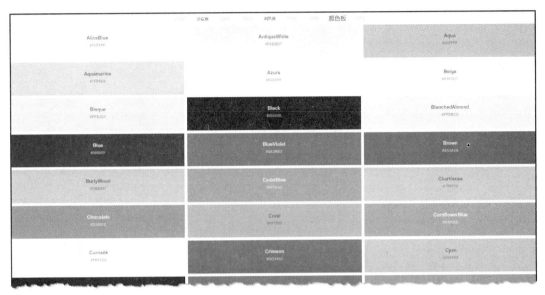

图 17-2　浏览器已经定义好的颜色

除采用浏览器已经定义好的颜色之外，我们也可以自己创造想要的颜色。CSS3 支持用 RGB、HEX、HSL、RGBA 以及 HSLA 这 5 种方式来表现颜色。

例如，Tomato 对应的 RGB 值是 rgb(255, 99, 71)，而对应的 HEX 值是十六进制的#ff6347，对应的 HSL 值是 hsl(9, 100%, 64%)，使用它们中的任意一个，都可以实现与西红柿一样的颜色。

17.1.2　RGB

RGB 即红（red）、绿（green）和蓝（blue）三原色，它们的取值范围都是 0～255。

因此，rgb(255, 0, 0)表示的是纯红的颜色，而 rgb(255, 255, 255)则表示 100%红色+100%绿色+100%蓝色，结果为白色。相反，黑色对应的是 rgb(0, 0, 0)。

这里我们制作了一个在线调色器，如图 17-3 所示。

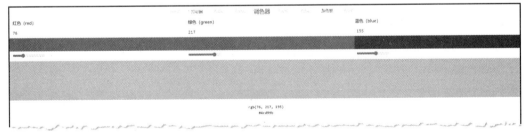

图 17-3　在线调色器

17.1.3　HEX 和 HSL

HEX 就是指十六进制，它实际上就是将 RGB 三原色的值都转换为两位的十六进制数，并在前面加上一个井号（#）。如将 rgb(255, 0, 0)转换成 HEX 值就是#ff0000，而将 rgb(255, 255, 255)转换成 HEX 值就是#ffffff。

区别于 RGB 的三原色，HSL 值是由色相（hue）、饱和度（saturation）和亮度（lightness）构成的。

其中，色相是色彩的基本属性，就是指人们平常所说的颜色名称，它的取值范围是 0～360，0 表示红色，120 表示绿色，240 表示蓝色。饱和度是一个百分值，指的是色彩的纯度，0 表示灰色，100%表示全彩色。亮度也是一个百分值，指的是色彩的明暗程度，亮度越高，色彩越亮；亮度越低，色彩越暗。

17.1.4 RGBA 和 HSLA

RGBA 和 HSLA 比 RGB 和 HSL 多出来的"A"，其实表示的是 Alpha 通道，也就是表示透明度的值，0 表示完全透明，1 则表示完全不透明。

下面通过例子进行演示，请看代码清单 17-2。

代码清单 17-2　设置透明度

```
1   ...
2       <style type="text/css">
3           h1:hover {
4               color: rgba(255, 99, 71, 0.5)
5           }
6       </style>
7   ...
```

作为对比，上面的代码中为 h1 元素添加了:hover 伪类选择器，也就是当鼠标指针悬停在其对应内容的上方时，内容具有 50%的透明度，如图 17-4 所示。

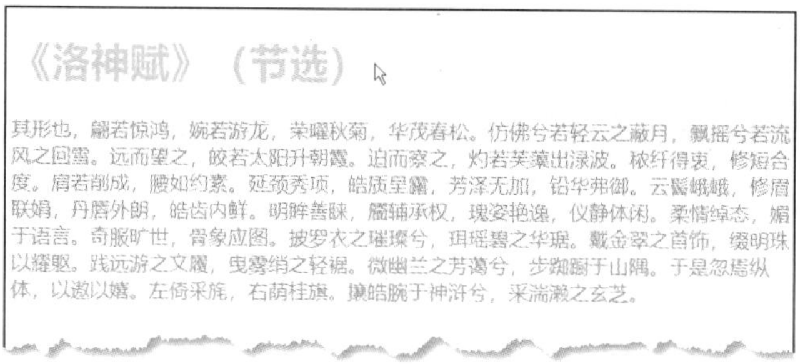

图 17-4　设置透明度

17.2　背景

17.2.1　背景色

为元素设置背景色的方法和设置前景色的方法相差无几，只需要给 background-color 属性指定具体的颜色值就可以了，如代码清单 17-3 所示。

代码清单 17-3　设置背景色

```
1   <!DOCTYPE html>
2   <html>
3   <head>
4       <meta charset="utf-8">
5       <title>设置背景色</title>
6   </head>
7   <body>
8       <p style="background-color:DodgerBlue;">I love HTML5.</p>
9       <p style="background-color:Tomato;">I love FishC.</p>
10  </body>
11  </html>
```

代码实现的效果如图 17-5 所示。

图 17-5　代码实现的效果

💡 提示

这里使用内嵌的方式设置其 CSS 属性。在需要单独为每一个段落指定不同背景色的情况下，使用内嵌的方式非常方便。

17.2.2　背景图像

除设置背景色之外，我们还可以指定图像作为元素的背景图。其做法是给 background-image 属性指定一幅图像的路径，路径字符串使用 url()进行标识，如代码清单 17-4 所示。

代码清单 17-4　设置背景图像

```
1    <!DOCTYPE html>
2    <html>
3    <head>
4        <meta charset="utf-8">
5        <title>设置背景图像</title>
6        <style type="text/css">
7            body {
8                background-image: url('bg.jpg');
9                padding: 80px 0px 50px 360px;
10           }
11       </style>
12   </head>
13   <body>
14       <h1>《道德经》</h1>
15       <p>道可道，非常道；名可名，非常名。</p>
16       <p>无名，天地之始，有名，万物之母。</p>
17       <p>故常无欲，以观其妙，常有欲，以观其徼。</p>
18       <p>此两者，同出而异名，同谓之玄，玄之又玄，众妙之门。</p>
19   </body>
20   </html>
```

代码实现的效果如图 17-6 所示。

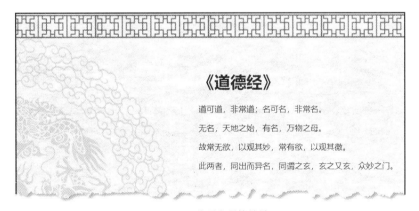

图 17-6　代码实现的效果

我们还可以指定多幅背景图像，将对应代码用逗号分隔开即可，如代码清单 17-5 所示。

代码清单 17-5　设置多幅背景图像

```
1    ...
2        <style type="text/css">
3            body {
4                background-image: url('cover.png'), url('bg.jpg');
5                padding: 80px 0px 50px 360px;
```

```
6              }
7          </style>
8      ...
```

修改后的代码实现的效果如图 17-7 所示。其中，背景图片中的文字与显示的文字有重叠。

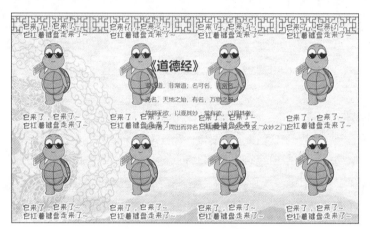

图 17-7　修改后的代码实现的效果

✤ 注意

如果指定了多幅背景图像，那么位置在前面的图像会覆盖后面的图像，如在上面的代码中，交换两幅图像对应代码的位置，在代码实现的效果图中小乌龟就会被覆盖。

17.2.3　重复背景图像

默认情况下，添加的背景图像会重复自身以达到"覆盖整个元素"的目的。

为了避免图像重复，要将 background-repeat 属性设置为 no-repeat，如代码清单 17-6 所示。

代码清单 17-6　禁止重复背景图像

```
1      ...
2      <style type="text/css">
3          body {
4              background: url('bg.jpg');
5              background-repeat: no-repeat;
6              padding: 80px 0px 50px 360px;
7          }
8      </style>
9      ...
```

修改后的代码实现的效果如图 17-8 所示。

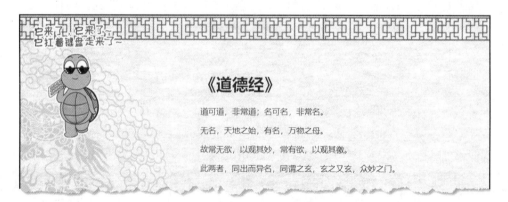

图 17-8　修改后的代码实现的效果

除 no-repeat 之外，background-repeat 属性还可以设置的值如表 17-1 所示。

表 17-1   **background-repeat 属性其他的值**

值	说明
repeat	沿水平和垂直方向同时重复图像，图像可能被裁剪（默认值）
repeat-x	沿水平方向重复图像，图像可能被裁剪
repeat-y	沿垂直方向重复图像，图像可能被裁剪
space	沿水平或垂直方向重复图像，通过调整图像之间的间距，确保图像不被裁剪
round	沿水平或垂直方向重复图像，通过调整图像的大小，确保图像不被裁剪

17.2.4 背景图像的位置

有时候，我们可能需要调整背景图像的位置，这可以使用 background-position 属性来实现。

background-position 属性有两个值可供设置：第一个值用于控制图像相对于元素的水平位置；第二个值用于控制图像相对于元素的垂直位置。

例如，"background-position: 10px 50px;"是告诉浏览器让图像与元素的左侧保持 10 像素的距离，与元素的顶部保持 50 像素的距离，如代码清单 17-7 所示。

代码清单 17-7　调整背景图像的位置

```
1   <!DOCTYPE html>
2   <html>
3   <head>
4       <meta charset="utf-8">
5       <title>调整背景图像的位置</title>
6       <style type="text/css">
7           body {
8               background-image: url('banana.png');
9               background-repeat: space;
10              background-position: 10px 50px;
11          }
12      </style>
13  </head>
14  <body>
15      <p>小黄人最爱吃BANANA!!!</p>
16  </body>
17  </html>
```

代码实现的效果如图 17-9 所示。

图 17-9　代码实现的效果

除指定具体的相对距离之外，background-position 属性还可以设置为表 17-2 所示的值。

表 17-2   **background-position 属性的值**

值	说明
left top	控制图像对齐元素的左上角
left center	控制图像对齐元素的左侧
left bottom	控制图像对齐元素的左下角
right top	控制图像对齐元素的右上角
right center	控制图像对齐元素的右侧

续表

值	说明
right bottom	控制图像对齐元素的右下角
center top	控制图像对齐元素的顶部
center center	控制图像对齐元素的中间
center bottom	控制图像对齐元素的底部
x% y%	第一个值用于控制图像相对于元素的水平位置；第二个值用于控制图像相对于元素的垂直位置；左上角是（0% 0%）
x y	第一个值用于控制图像相对于元素的水平位置；第二个值用于控制图像相对于元素的垂直位置；左上角是（0 0）

17.2.5　背景图像的尺寸

有时候，如果图像对于元素来说太大了，那么我们可以使用 background-size 属性来调整图像的尺寸，如代码清单 17-8 所示。

代码清单 17-8　调整背景图像的尺寸

```
1    <!DOCTYPE html>
2    <html>
3    <head>
4        <meta charset="utf-8">
5        <title>调整背景图像的尺寸</title>
6        <style type="text/css">
7            body {
8                background-image: url('banana.png');
9                background-repeat: space;
10               background-position: 10px 50px;
11               background-size: 10%;
12           }
13       </style>
14   </head>
15   <body>
16       <p>小黄人最爱吃BANANA!!!</p>
17   </body>
18   </html>
```

代码实现的效果如图 17-10 所示。

图 17-10　代码实现的效果

"background-size: 10%;"表示图像占其父元素 10%的宽度，在代码中表示图像的宽度为 body 元素宽度的 1/10。除此之外，background-size 属性还可以设置为表 17-3 所示的值。

表 17-3　　　　　　　　　　　　　　**background-size 属性的值**

值	说明
auto	图像将按原始尺寸显示（默认值）
x y	设置图像的宽度和高度
x% y%	设置图像的宽度和高度分别占父元素的百分比
cover	调整图像的尺寸以覆盖整个容器，有时候会导致图像被拉伸或者被裁剪
contain	调整图像以确保图像能够完整显示

17.2.6 背景图像的附着方式

除基本的位置、尺寸调整之外，我们还可以调整背景图像的附着方式，也就是决定背景图像是随内容滚动而滚动还是固定不动。

要实现这个功能，需要设置的是 background-attachment 属性，如代码清单 17-9 所示。

代码清单 17-9 设置背景图像的附着方式

```
1   <!DOCTYPE html>
2   <html>
3   <head>
4       <meta charset="utf-8">
5       <title>设置背景图像的附着方式</title>
6       <style type="text/css">
7           textarea {
8               background-image: url('banana.png');
9               background-repeat: no-repeat;
10              background-size: 50%;
11              background-attachment: local;
12          }
13      </style>
14  </head>
15  <body>
16      <textarea>Lorem ipsum dolor sit amet consectetur adipisicing elit. Alias, soluta?
        Ullam commodi ipsum voluptas praesentium minima, tempora quibusdam dolore rerum
        nesciunt distinctio deleniti magnam ex possimus natus cum, nemo labore?</textarea>
17  </body>
18  </html>
```

将 background-attachment 的属性值设置为 local，表明背景图像是附着在内容上的。也就是说，背景图像会随着内容的滚动而滚动。

除 local 之外，background-attachment 属性还可以设置为表 17-4 所示的值。

表 17-4 　　　　　　　　　　　　**background-attachment 属性的值**

值	说明
scroll	背景图像随页面的滚动而滚动（默认值）
fixed	背景图像固定在页面上
local	背景图像随元素中内容的滚动而滚动

值为 fixed 表示是将背景图像固定在页面上，它不会随着页面或者元素中的内容的滚动而滚动。background-attachment 的值为 scroll 表示当页面滚动时，元素以及其背景图像跟着一起滚动；而值为 local 表示当元素中的内容滚动时，其背景图像跟着一起滚动。

17.2.7 背景图像的起始位置和显示区域

其实，所有的 HTML 元素都可以被看成盒子模型。盒子模型如图 17-11 所示。

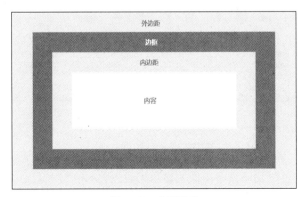

图 17-11　盒子模型

一个元素盒子通常由 4 个部分构成。

❑ 内容（content）：元素的内容，通常是文本或者图片。

❑ 边框（border）：可以将其看成将元素内容包裹起来的"保护罩"。

❑ 内边距（padding）：内容和边框之间的空白区域。

❑ 外边距（margin）：边框外部的空白区域。

background-origin 属性和 background-clip 属性是建立在元素盒子的基础上的。

其中，background-origin 属性指定了元素背景图像开始绘制的位置。background-origin 属性的值如表 17-5 所示。

表 17-5   **background-origin** 属性的值

值	说明
padding-box	背景图像从内边距区域的左上角开始绘制（默认值）
border-box	背景图像从边框区域的左上角开始绘制
content-box	背景图像从内容区域的左上角开始绘制

请看代码清单 17-10。

代码清单 17-10   调整背景图像的起始位置

```
1   <!DOCTYPE html>
2   <html>
3   <head>
4       <meta charset="utf-8">
5       <title>设置图片的起始位置</title>
6       <style type="text/css">
7           div {
8               border: 25px dotted #429296;
9               padding: 25px;
10              background-image: url('banana.png');
11              background-repeat: no-repeat;
12              background-size: 50px 50px;
13              background-origin: padding-box;
14          }
15      </style>
16  </head>
17  <body>
18      <div>Lorem ipsum dolor sit amet consectetur adipisicing elit. Alias, soluta? Ullam
        commodi ipsum voluptas praesentium minima, tempora quibusdam dolore rerum nesciunt
        distinctio deleniti magnam ex possimus natus cum, nemo labore?</div>
19  </body>
20  </html>
```

代码实现的效果如图 17-12 所示。

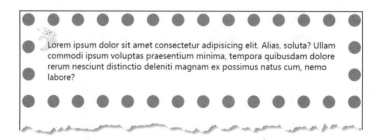

图 17-12 代码实现的效果

background-clip 属性则用于指定图像的显示区域，它的值与 background-origin 的值是一样的，如表 17-6 所示。

| 表 17-6 | background-clip 属性的值 |
值	说明
border-box	背景图像显示的范围包含边框区域、内边距区域和内容区域（默认值）
padding-box	背景图像显示的范围包含内边距区域和内容区域
content-box	背景图像仅在内容区域显示

如果我们在代码清单 17-10 中添加一条"background-clip: content-box;"语句，那么图像就不能够完全显示了，如图 17-13 所示。

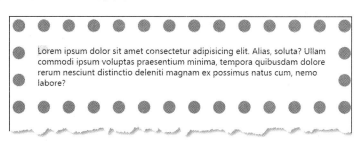

图 17-13　调整背景图像的显示区域的实现效果

17.2.8　background 属性的简写形式

使用 background 简写属性，可以在一条声明语句中设置所有的背景属性值。

background 的属性包括 background-color、background-image、background-position、background-size、background-repeat、background-origin、background-clip、background-attachment 等。

用不着担心少写了或者写的顺序不对，因为这是允许的，如代码清单 17-11 所示。

代码清单 17-11　使用 background 简写属性

```
 1  <!DOCTYPE html>
 2  <html>
 3  <head>
 4      <meta charset="utf-8">
 5      <title>使用 background 简写属性</title>
 6      <style type="text/css">
 7          body {
 8              background: gray url('bg.jpg') no-repeat;
 9              padding: 80px 0px 50px 360px;
10          }
11      </style>
12  </head>
13  <body>
14      <h1>《道德经》</h1>
15      <p>道可道，非常道；名可名，非常名。</p>
16      <p>无名，天地之始，有名，万物之母。</p>
17      <p>故常无欲，以观其妙，常有欲，以观其徼。</p>
18      <p>此两者，同出而异名，同谓之玄，玄之又玄，众妙之门。</p>
19  </body>
20  </html>
```

第 18 章

盒子模型

18.1 边框

18.1.1 边框样式

网页元素除内容以外，还有边框、内边距和外边距，它们共同构成了盒子模型，详细内容见 17.2.7 节。

我们先来谈一谈边框。通过 border-style 属性，我们可以设置边框的显示样式，该属性的值如表 18-1 所示。

表 18-1   border-style 属性的值

值	说明
none	没有边框
solid	实线边框
dashed	虚线边框
dotted	圆点边框
double	双线边框
groove	3D 槽线边框，效果取决于 border-color 指定的颜色值
ridge	3D 脊线边框，效果取决于 border-color 指定的颜色值
inset	3D 内凹边框，效果取决于 border-color 指定的颜色值
outset	3D 外凸边框，效果取决于 border-color 指定的颜色值
hidden	隐藏边框

请看代码清单 18-1。

代码清单 18-1 边框样式演示

```
 1   <!DOCTYPE html>
 2   <html>
 3   <head>
 4       <meta charset="utf-8">
 5       <title>边框的各种样式</title>
 6       <style type="text/css">
 7           p.none {border-style: none;}
 8           p.solid {border-style: solid;}
 9           p.dashed {border-style: dashed;}
10           p.dotted {border-style: dotted;}
11           p.double {border-style: double;}
```

```
12        p.groove {border-style: groove;}
13        p.ridge {border-style: ridge;}
14        p.inset {border-style: inset;}
15        p.outset {border-style: outset;}
16        p.hidden {border-style: hidden;}
17    </style>
18 </head>
19 <body>
20    <p class="none">没有边框</p>
21    <p class="solid">实线边框</p>
22    <p class="dashed">虚线边框</p>
23    <p class="dotted">圆点边框</p>
24    <p class="double">双线边框</p>
25    <p class="groove">3D 槽线边框</p>
26    <p class="ridge">3D 脊线边框</p>
27    <p class="inset">3D 内凹边框</p>
28    <p class="outset">3D 外凸边框</p>
29    <p class="hidden">隐藏边框</p>
30 </body>
31 </html>
```

代码实现的效果如图 18-1 所示。

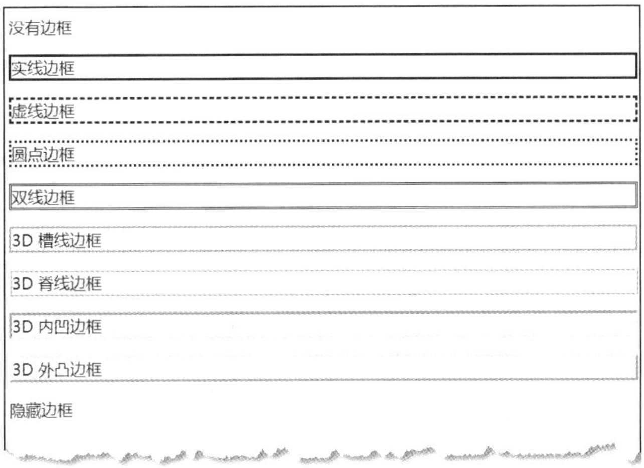

图 18-1　代码实现的效果

18.1.2　边框宽度

设置边框宽度用的是 border-width 属性。你可以给它指定一个具体的长度值，也可以使用预定义好的值——thin、medium 或 thick。

请看代码清单 18-2。

代码清单 18-2　边框宽度

```
1  <!DOCTYPE html>
2  <html>
3  <head>
4     <meta charset="utf-8">
5     <title>边框的宽度</title>
6     <style type="text/css">
7        p {
8           border-style: solid;
9           border-width: thick;
10       }
11    </style>
12 </head>
13 <body>
```

```
14        <p>我们是优雅生活的践行者，卓越生活的缔造者，和美生活的捍卫者。</p>
15   </body>
16   </html>
```

代码实现的效果如图 18-2 所示。

```
我们是优雅生活的践行者，卓越生活的缔造者，和美生活的捍卫者。
```

图 18-2　代码实现的效果

如果觉得设置为 thick 实现的边框的宽度还不够，那么我们可以自己定义长度值，如代码清单 18-3 所示。

代码清单 18-3　自定义边框宽度

```
1   ...
2       <style type="text/css">
3           p {
4               border-style: solid;
5               border-width: 30px;
6               font-size: 45px;
7           }
8       </style>
9   ...
```

❀ 注意

当指定具体长度值时，应该同时指定单位，如 1px、2em、3rem、4pt 等。

18.1.3　边框颜色

border-color 属性可用于修改边框的颜色，如代码清单 18-4 所示。

代码清单 18-4　修改边框的颜色

```
1   ...
2       <style type="text/css">
3           p {
4               border-style: solid;
5               border-color: lime;
6               border-width: 30px;
7               font-size: 45px;
8           }
9       </style>
10  ...
```

❀ 注意

在设置边框的宽度和颜色之前，需要指定样式，否则这两个设置不会生效。

18.1.4　border 属性的简写形式

直接使用 border 属性的简写形式，可以一次性实现边框样式、边框宽度以及边框颜色的设置，如代码清单 18-5 所示。

代码清单 18-5　使用 border 属性的简写形式

```
1   ...
2       <style type="text/css">
3           p {
4               border: solid lime 30px;
5               font-size: 45px;
6           }
7       </style>
8   ...
```

代码实现的效果如图 18-3 所示。

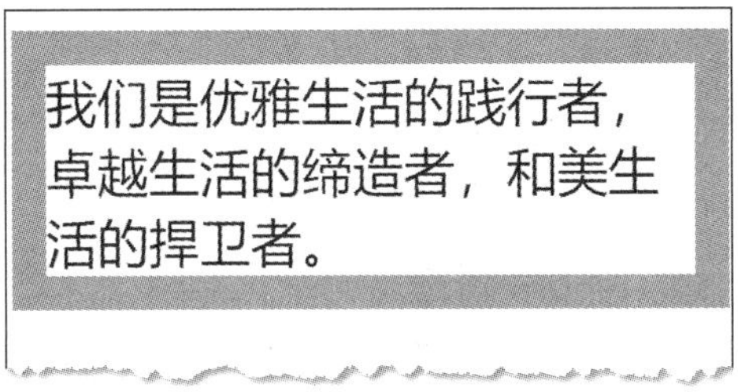

图 18-3 代码实现的效果

18.1.5 为边框设置样式、宽度、颜色

CSS 支持单独为边框设置不同的样式、宽度、颜色，具体如下。

- border-top：定义上边框的样式、宽度、颜色。
- border-bottom：定义下边框的样式、宽度、颜色。
- border-left：定义左边框的样式、宽度、颜色。
- border-right：定义右边框的样式、宽度、颜色。
- border-top-style：定义上边框的样式。
- border-bottom-style：定义下边框的样式。
- border-left-style：定义左边框的样式。
- border-right-style：定义右边框的样式。
- border-top-width：定义上边框的宽度。
- border-bottom-width：定义下边框的宽度。
- border-left-width：定义左边框的宽度。
- border-right-width：定义右边框的宽度。
- border-top-color：定义上边框的颜色。
- border-bottom-color：定义下边框的颜色。
- border-left-color：定义左边框的颜色。
- border-right-color：定义右边框的颜色。

请看代码清单 18-6。

代码清单 18-6　单独设置边框的样式

```
1   <!DOCTYPE html>
2   <html>
3   <head>
4       <meta charset="utf-8">
5       <title>单独设置边框的样式</title>
6       <style type="text/css">
7           p {
8               border-top-style: dotted;
9               border-right-style: solid;
10              border-bottom-style: dotted;
11              border-left-style: solid;
12          }
13      </style>
14  </head>
15  <body>
16      <p>我们是优雅生活的践行者，卓越生活的缔造者，和美生活的捍卫者。</p>
17  </body>
18  </html>
```

代码实现的效果如图 18-4 所示。

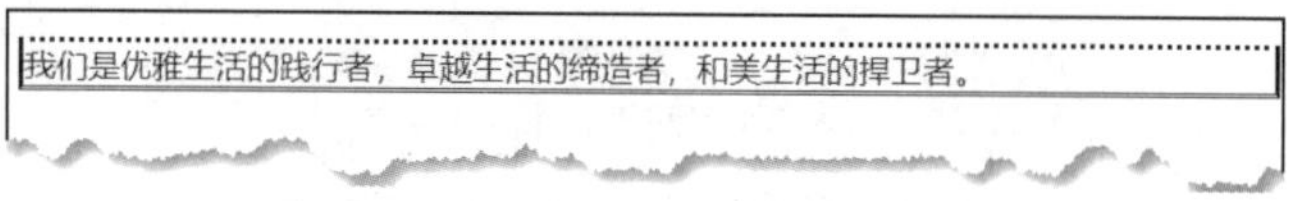

图 18-4 代码实现的效果

进一步简写代码，如代码清单 18-7 所示。

代码清单 18-7 单独设置边框的样式（简写代码）

```
1    ...
2        <style type="text/css">
3            p {
4                border-style: dotted solid dotted solid;
5            }
6        </style>
7    ...
```

上面的代码为 border-style 指定了 4 个值，依次设置的是边框的顶边（dotted）、右边（solid）、底边（dotted）、左边（solid）的样式（顺时针方向）。边框宽度和边框颜色的设置也是一样的道理。

如果指定的是两个值（border-style: dotted solid;），则上下两边为一组，左右两边为一组，即将顶边和底边的样式设置为 dotted，将左边和右边的样式设置为 solid。

如果指定的是 3 个值（border-style: dotted solid double;），则依次设置的是顶边、左右两边和底边的样式。

18.1.6 圆角边框

通常我们看到的边框都是方的，其实 CSS 还允许定义圆角的边框。

通过以下 5 个属性，我们可以实现圆角边框。

❑ border-top-left-radius。

❑ border-top-right-radius。

❑ border-bottom-left-radius。

❑ border-bottom-right-radius。

❑ border-radius。

前 4 个属性分别用于设置边框左上角、右上角、左下角和右下角的形状，如代码清单 18-8 所示。

代码清单 18-8 设置圆角边框

```
1    <!DOCTYPE html>
2    <html>
3    <head>
4        <meta charset="utf-8">
5        <title>圆角边框</title>
6        <style type="text/css">
7            p {
8                border: 2px solid red;
9                border-top-left-radius: 15px 15px;
10           }
11       </style>
12   </head>
13   <body>
14       <p>我们是优雅生活的践行者，卓越生活的缔造者，和美生活的捍卫者。</p>
15   </body>
16   </html>
```

代码实现的效果如图 18-5 所示。

图 18-5 代码实现的效果

这是极简单的操作，可是上面的代码中的两个 15px 是什么意思呢？
请看图 18-6 所示的圆角剖析。

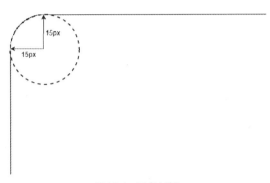

图 18-6　圆角剖析

第一个 15px 用于指定圆角边框在水平方向的半径，第二个 15px 用于指定圆角边框在垂直方向的半径。如果两个值一样，那么只写一个也是可以的，如代码清单 18-9 所示。

代码清单 18-9　同时设置圆角边框的半径

```
1    ...
2        <style type="text/css">
3            p {
4                border: 2px solid red;
5                border-top-left-radius: 15px;
6            }
7        </style>
8    ...
```

如果指定的是不一样的值，则需都写出来，如代码清单 18-10 所示。

代码清单 18-10　分别设置圆角边框的半径

```
1    ...
2        <style type="text/css">
3            p {
4                border: 2px solid red;
5                border-top-left-radius: 30px 15px;
6            }
7        </style>
8    ...
```

上面的代码实现的边框的圆角就稍微"扁"一些，如图 18-7 所示。

> 我们是优雅生活的践行者，卓越生活的缔造者，和美生活的捍卫者。

图 18-7　圆角边框

其他 3 个角的设置也是同样的道理，这里我们不赘述。
border-radius 是圆角边框属性的简写形式，如代码清单 18-11 所示。

代码清单 18-11　使用圆角边框属性的简写形式

```
1    ...
2        <style type="text/css">
3            p {
4                border: 2px solid red;
5                border-radius: 30px 15px;
6            }
7        </style>
8    ...
```

代码实现的效果如图 18-8 所示。

我们是优雅生活的践行者，卓越生活的缔造者，和美生活的捍卫者。

图 18-8　代码实现的效果

细心的读者可能已经发现了：4 个圆角有差异。

这是怎么回事呢？

事实上，如果给 border-radius 指定两个数值，浏览器会将 4 个角拆为两对来"绘制"：左上角和右下角是一对，它们的圆角值是 30px、30px；右上角和左下角是另一对，它们的圆角值是 15px、15px。

如果要设置不同的水平曲线半径和垂直曲线半径，需要在中间添加一个斜线（/），如代码清单 18-12 所示。

代码清单 18-12　为圆角边框设置水平曲线半径和垂直曲线半径

```
1    ...
2        <style type="text/css">
3            p {
4                border: 2px solid red;
5                border-radius: 30px / 15px;
6            }
7        </style>
8    ...
```

代码实现的效果如图 18-9 所示。

我们是优雅生活的践行者，卓越生活的缔造者，和美生活的捍卫者。

图 18-9　代码实现的效果

border-radius 也支持一次性指定 4 不同的圆角值，如代码清单 18-13 所示。

代码清单 18-13　一次性指定 4 个不同的圆角值

```
1    ...
2        <style type="text/css">
3            p {
4                border: 2px solid red;
5                border-radius: 30px 50% 3em 15px / 15px 20% 3em 30px;
6            }
7        </style>
8    ...
```

这样的话，左上方的圆角的 border-radius 是（30px 15px），右上方的圆角的 border-radius 是（50% 20%），左下方的圆角的 border-radius 是（3em 3em），右下方的圆角的 border-radius 是（15px 30px），代码实现的效果如图 18-10 所示。

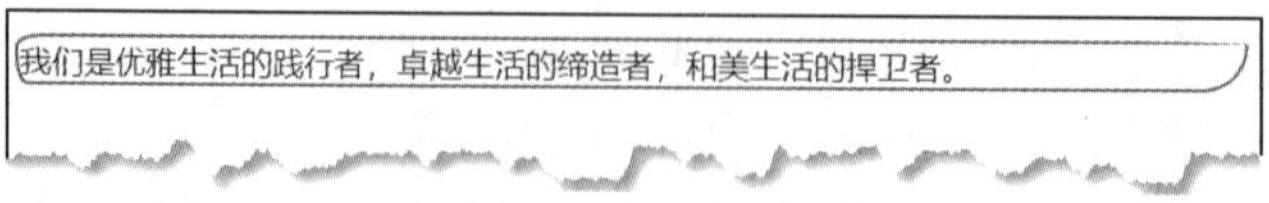

我们是优雅生活的践行者，卓越生活的缔造者，和美生活的捍卫者。

图 18-10　代码实现的效果

18.1.7　图像边框

CSS 支持以图像作为边框，实现这一特性需要用到以下 6 个属性。

❑ border-image-source。

❑ border-image-slice。

❑ border-image-width。

❑ border-image-outset。

❑ border-image-repeat。

❑ border-image。

border-image-source 属性指定的是图像的来源，如代码清单 18-14 所示。

代码清单 18-14 指定图像来源

```
1   <!DOCTYPE html>
2   <html>
3   <head>
4       <meta charset="utf-8">
5       <title>指定图像来源</title>
6       <style type="text/css">
7           p {
8               border: 30px solid transparent;
9               padding: 15px;
10              border-image-source: url(border.png);
11          }
12      </style>
13  </head>
14  <body>
15      <p>我们是优雅生活的践行者，卓越生活的缔造者，和美生活的捍卫者。</p>
16  </body>
17  </html>
```

代码实现的效果如图 18-11 所示。

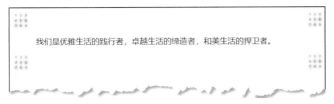

图 18-11 代码实现的效果

默认情况下，图像只出现在 4 个角，这显然不符合大部分读者的审美需求。所以，我们可以使用 border-image-slice 属性对图像进行切分，如代码清单 18-15 所示。

代码清单 18-15 切分图像

```
1   ...
2       <style type="text/css">
3           p {
4               border: 30px solid transparent;
5               padding: 15px;
6               border-image-source: url(border.png);
7               border-image-slice: 30;
8           }
9       </style>
10  ...
```

代码实现的效果如图 18-12 所示。

图 18-12 代码实现的效果

由于这幅图像（border.png）的尺寸是 90×90，图像中每个数字的大小相当于 30×30，所以切分尺寸设置为 30（这里不能加"px"，直接写 30 即可）。

这样，一幅完整的图像就会被切分成 9 块，中间那块不使用，其余的 8 块分别构成了边框的 4 个角和 4 条边。

可能你对图 18-12 所示的效果不是特别满意，因为"2"和"8"被拉得很长，严重影响观感。不过没关系，我们可以通过设置 border-image-repeat 属性来指定图像的填充方式，该属性的值如表 18-2 所示。

表 18-2　　　　　　　　　　　　　　border-image-repeat 属性的值

值	说明
stretch	拉伸切分图像（默认值）
repeat	重复切分图像（可能导致图像被截断）
round	在不截断图像的前提下，重复切分图像并拉伸图像以填满整个区域
space	在不截断图像的前提下，重复切分图像并在图像之间保留一定的间距以填满整个区域

请看代码清单 18-16。

代码清单 18-16　指定图像的填充方式

```
 1    ...
 2    <style type="text/css">
 3        p {
 4            border: 30px solid transparent;
 5            padding: 15px;
 6            border-image-source: url(border.png);
 7            border-image-slice: 30;
 8            border-image-repeat: round;
 9        }
10    </style>
11    ...
```

代码实现的效果如图 18-13 所示。

图 18-13　代码实现的效果

border-image-width 属性用于设置图像边框的宽度，border-image-outset 则用于设置图像边框绘制的起始偏移位置。如果设置 border-image-outset 属性的值为 10px，就会在向外扩展 10px 的位置开始绘制图像边框。

18.2　内边距

网页元素除内容和边框以外，还有内边距和外边距。内边距就是指在内容与边框之间的空白区域；外边距是指在边框之外，与其他元素之间的空白区域。

我们可使用 padding-top、padding-right、padding-bottom 和 padding-left 这 4 个属性来分别设置上、右、下、左 4 个位置的内边距（顺时针方向），它们的值可以为具体的长度值，也可以为百分比数值（如果指定为百分比数值，则表示占其父元素宽度的百分比），如代码清单 18-17 所示。

代码清单 18-17　内边距演示

```
 1    <!DOCTYPE html>
 2    <html>
 3    <head>
```

```
4          <meta charset="utf-8">
5          <title>内边距演示</title>
6          <style type="text/css">
7              p {
8                  border: 2px solid red;
9                  background: lightblue;
10                 background-clip: content-box;
11                 padding-top: 50px;
12                 padding-right: 20em;
13                 padding-bottom: 20%;
14                 padding-left: 20%;
15             }
16         </style>
17     </head>
18     <body>
19         <p>天行健，君子以自强不息！</p>
20     </body>
21     </html>
```

代码实现的效果如图 18-14 所示（为了方便读者理解，图中虚线是后期加入的辅助线）。

图 18-14　代码实现的效果

由于 p 元素的父元素是 body，因此底部和左侧的内边距为 20%即表示它占 body 元素宽度的 20%，并且该宽度会随着浏览器大小的改变而改变。

padding 是内边距属性的简写形式，与边框的 border 属性一样，它同样可以有 4 个值、3 个值、两个值和一个值。

其中，4 个值分别表示上内边距、右内边距、下内边距、左内边距；3 个值分别表示上内边距、左右内边距、下内边距；两个值分别表示上下内边距、左右内边距；一个值表示上、下、左、右的内边距相同。

因此，修改后的代码如代码清单 18-18 所示。

代码清单 18-18　修改后的代码

```
1     ...
2          <style type="text/css">
3              p {
4                  border: 2px solid red;
5                  background: lightblue;
6                  background-clip: content-box;
7                  padding: 50px 20em 20% 20%;
8              }
9          </style>
10    ...
```

18.3　外边距

同样，我们可以使用 margin-top、margin-right、margin-bottom 和 margin-left 4 个属性来分别设置上、右、下、左 4 个位置的外边距（顺时针方向），它们的值可以使用具体的长度值，也可以使用百分比数值（如果指定为百分比数值，则表示占其父元素宽度的百分比）。

margin 是外边距属性的简写形式，与内边距的 padding 属性和边框的 border 属性一样，它同样可以有 4 个值、3 个值、2 个值和 1 个值。

其中，4 个值分别表示上外边距、右外边距、下外边距、左外边距；3 个值分别表示上外边距、左右外边距、下外边距；两个值分别表示上下外边距、左右外边距；一个值表示上下左右外边距。

请看代码清单 18-19。

代码清单 18-19　外边距演示

```
1   <!DOCTYPE html>
2   <html>
3   <head>
4       <meta charset="utf-8">
5       <title>外边距演示</title>
6       <style type="text/css">
7           img {
8               border: 2px solid red;
9               background: lightblue;
10              margin: 120px;
11          }
12      </style>
13  </head>
14  <body>
15      <img src="SailorMoon.gif" alt="sailor moon">
16      <img src="SailorMoon.gif" alt="sailor moon">
17      <img src="SailorMoon.gif" alt="sailor moon">
18      <img src="SailorMoon.gif" alt="sailor moon">
19      <img src="SailorMoon.gif" alt="sailor moon">
20      <img src="SailorMoon.gif" alt="sailor moon">
21  </body>
22  </html>
```

代码实现的效果如图 18-15 所示。

图 18-15　代码实现的效果

18.4　水平居中

将 margin 属性的值直接设置为 0 auto 就可以在其父元素中实现水平居中的效果了，如代码清单 18-20 所示。

```
1   <!DOCTYPE html>
2   <html>
3   <head>
4       <meta charset="utf-8">
5       <title>水平居中演示</title>
6       <style type="text/css">
7           p {
8               border: 2px solid lightblue;
9               padding: 10px;
10              margin: 0 auto;
11              width: 12em;
12          }
13      </style>
14  </head>
15  <body>
16      <p>天行健，君子以自强不息！</p>
17  </body>
18  </html>
```

代码实现的效果如图 18-16 所示。

图 18-16　代码实现的效果

❀ 注意

居中的对象必须是块级元素，并且需要指定元素的宽度，这样才会有效果。

18.5　外边距塌陷

当使用外边距时，有一个问题常常让初学者"摸不着头脑"，那就是外边距塌陷。

接下来，我们演示两个违背"正常逻辑"的操作，以解释什么是外边距塌陷。请先看代码清单 18-21。

```
1   <!DOCTYPE html>
2   <html>
3   <head>
4       <meta charset="utf-8">
5       <title>外边距塌陷演示</title>
6       <style type="text/css">
7           div.box1 {
8               width: 200px;
9               height: 200px;
10              background: pink;
11              margin-bottom: 100px;
12          }
13          div.box2 {
14              width: 200px;
15              height: 200px;
16              background: lightblue;
17              margin-top: 100px;
18          }
19      </style>
20  </head>
21  <body>
22      <div class="box1"></div>
23      <div class="box2"></div>
24  </body>
25  </html>
```

两个 div 之间的间隙应该是多少呢？

200px 恰好与方框的高度值一致，对吗？

我们来看一下浏览器给出的"答案"，外边距塌陷的演示效果如图 18-17 所示。

为什么会这样呢？

官方给出的解释是：如果为纵向相邻的两个块级元素同时设置了外边距，外边距会发生"塌陷"（这种行为也称为边界折叠）；当两个相邻的块级元素的外边距不一样时，将以最大的外边距为准。

另外一种情况也会导致外边距塌陷的发生，那就是嵌套两个块级元素，请看代码清单 18-22。

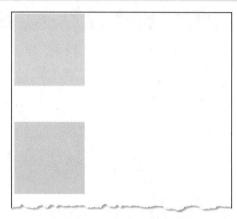

图 18-17　外边距塌陷的演示效果

代码清单 18-22　外边距塌陷演示

```
1   <!DOCTYPE html>
2   <html>
3   <head>
4       <meta charset="utf-8">
5       <title>外边距塌陷演示</title>
6       <style type="text/css">
7           div.box1 {
8               width: 200px;
9               height: 200px;
10              background: pink;
11          }
12          div.box2 {
13              width: 100px;
14              height: 100px;
15              background: lightblue;
16              margin-top: 50px;
17          }
18      </style>
19  </head>
20  <body>
21      <div class="box1">
22          <div class="box2"></div>
23      </div>
24  </body>
25  </html>
```

从理论上来说，实现效果应该是内部的蓝色方框显示的位置在粉色方框的内部，并且距离粉色方框顶部有 50 像素的距离。但是，实际上实现的效果并非如此，如图 18-18 所示。

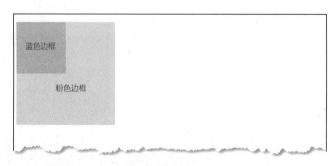

图 18-18　外边距塌陷的演示效果

这些问题其实大家以后在开发中都会遇到，至于如何解决，请参考本书后面的内容。

18.6　设置元素的尺寸

通常我们会使用 width 和 height 两个属性来设置元素的尺寸，如代码清单 18-23 所示。

代码清单 18-23　设置元素的尺寸

```
1   <!DOCTYPE html>
2   <html>
3   <head>
4       <meta charset="utf-8">
5       <title></title>
6       <style type="text/css">
7           img {
8               width: 240px;
9               height: 240px;
10              padding: 20px;
11              border: 20px double pink;
12          }
13      </style>
14  </head>
15  <body>
16      <img src="turtle.gif" alt="turtle">
17  </body>
18  </html>
```

原始图片（turtle.gif）的宽度和高度都是 240 像素，这里我们又设置了 img 元素的内边距和边框的厚度都是 20 像素，那整个元素最终的尺寸应该是多少呢？

我们来看一下浏览器给出的"答案"（将鼠标指针移动到 img 元素的位置，右击，在弹出的菜单中选择"检查"），设置元素尺寸的效果如图 18-19 所示。

图 18-19　设置元素尺寸的效果

显然，这个元素的宽度与高度均为 240 像素 + 2 × 20 像素 + 2 × 20 像素，即 320 像素。

如果现在有一个要求，使整个元素的最终宽度与高度均为 240 像素，那应该怎么做？

240 像素 − 2 × 20 像素 − 2 × 20 像素 = 160 像素，也就是说，只需要将 width 和 height 的值设置为 160 像素即可。

我们来尝试修改一下代码，如代码清单 18-24 所示。

代码清单 18-24　根据要求设置元素的尺寸

```
1   ...
2       <style type="text/css">
3           img {
4               width: 160px;
5               height: 160px;
```

```
6              padding: 20px;
7              border: 20px double pink;
8          }
9      </style>
10  ...
```

修改后的代码实现的效果如图 18-20 所示。

图 18-20　修改后的代码实现的效果

但是，如果每一次调整边框或者内边距的尺寸，就要重新进行一轮计算，这是非常烦琐的。

作为一名程序员，我们应该想办法把这些计算问题交给计算机去解决。这里介绍一个新的属性——box-sizing，该属性定义了浏览器应该如何计算一个元素的总宽度和总高度，该属性的值如表 18-3 所示。

表 18-3　box-sizing 属性的值

值	说明
content-box	width 和 height 属性指定的是元素内容的宽度和高度（默认值）
padding-box	width 和 height 属性指定的是包含元素内容和内边距的宽度和高度
border-box	width 和 height 属性指定的是包含元素内容、内边距和边框的宽度和高度
margin-box	width 和 height 属性指定的是包含元素内容、内边距、边框和外边距的宽度和高度

因此，只要设置"box-sizing: border-box;"，width 和 height 属性就是包含元素内容、内边距和边框的总尺寸，如代码清单 18-25 所示。

代码清单 18-25　使用 box-sizing 属性设置元素的尺寸

```
1  ...
2      <style type="text/css">
3          img {
4              width: 160px;
5              height: 160px;
6              padding: 20px;
7              border: 20px double pink;
8              box-sizing: border-box;
9          }
10     </style>
11  ...
```

18.7　设置元素的最小尺寸和最大尺寸

通常，图像或者视频会有一个尺寸上的局限。如果低于多少像素，就没办法看清楚细节；如果高于多少像素，分辨率方面的问题便会导致观看体验不佳。

因此，我们需要通过 min-width 和 max-width 属性设置元素的最小宽度和最大宽度，如代码清单 18-26 所示。

代码清单 18-26　设置元素的最小宽度和最大宽度

```
1   <!DOCTYPE html>
2   <html>
3   <head>
4       <meta charset="utf-8">
5       <title></title>
6       <style type="text/css">
7           img {
8               width: 50%;
9               min-width: 250px;
10              max-width: 500px;
11          }
12      </style>
13  </head>
14  <body>
15      <img src="turtle.gif" alt="turtle">
16  </body>
17  </html>
```

这样，随着浏览器大小的改变，图像的尺寸也会自动进行调整。不过，根据设定，其最小宽度不能小于 250 像素，最大宽度不能大于 500 像素。

18.8　处理溢出问题

如果我们尝试限制元素的尺寸，那么有可能会发生"溢出"问题，如代码清单 18-27 所示。

代码清单 18-27　溢出问题

```
1   <!DOCTYPE html>
2   <html>
3   <head>
4       <meta charset="utf-8">
5       <title>溢出问题</title>
6       <style type="text/css">
7           p {
8               width: 300px;
9               height: 100px;
10              border: 2px solid green;
11          }
12      </style>
13  </head>
14  <body>
15      <p>Lorem ipsum, dolor sit amet consectetur adipisicing elit. Temporibus et, est
        minus excepturi libero, rem saepe inventore cumque nostrum omnis enim soluta praesentium
        minima molestias fuga doloremque? Sequi, blanditiis reprehenderit?</p>
16  <p>Hi.</p>
17  </body>
18  </html>
```

代码实现的效果如图 18-21 所示。

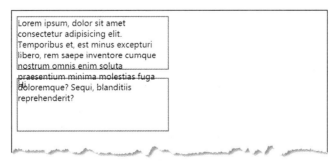

图 18-21　代码实现的效果

只需要设置好 overflow 属性，即可解决溢出问题，该属性的值如表 18-4 所示。

表 18-4　　　　　　　　　　　　　　　　overflow 属性的值

值	说明
auto	如果发生溢出，则让浏览器自行决定如何处理溢出的内容（通常的做法是自动在溢出的时候添加滚动条）
hidden	如果发生溢出，则裁掉溢出的内容
scroll	如果发生溢出，则添加滚动条
visible	不管是否溢出，都显示所有内容（默认值）

因此，我们可以修改代码，如代码清单 18-28 所示。

代码清单 18-28　裁掉溢出的内容

```
19    ...
20        <style type="text/css">
21            p {
22                width: 300px;
23                height: 100px;
24                border: 2px solid green;
25                overflow: hidden;
26            }
27        </style>
28    ...
```

修改后的代码实现的效果如图 18-22 所示。

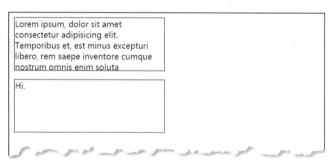

图 18-22　修改后的代码实现的效果

此外，CSS 还允许单独控制水平方向或者垂直方向的溢出处理方式，只需要对应地设置 overflow-x 和 overflow-y 属性即可。

最后，当 overflow 属性被设置为 scroll、auto 或者 hidden 的时候，其实我们还可以设置一个 resize 属性，以决定是否允许用户调整元素的尺寸。resize 属性的值如表 18-5 所示。

表 18-5　　　　　　　　　　　　　　　　resize 属性的值

值	说明
none	不允许用户调整元素的尺寸（默认值）
both	允许用户调整元素的宽和高
horizontal	仅允许用户调整元素的宽
vertical	仅允许用户调整元素的高

修改后的代码如代码清单 18-29 所示。

代码清单 18-29　允许用户调整元素的宽和高

```
1    ...
2        <style type="text/css">
3            p {
```

```
4              width: 300px;
5              height: 100px;
6              border: 2px solid green;
7              overflow: hidden;
8              resize: both;
9          }
10      </style>
11  ...
```

现在在浏览器中打开实现的网页，单击和拖动输入框的右下角，即可调整输入框的宽和高，如图 18-23 所示。

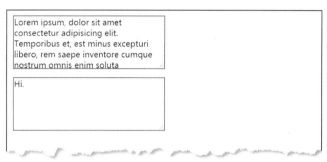

图 18-23　调整输入框的宽和高

<img> 注意

只有当 overflow 属性被设置为 scroll、auto 或者 hidden 的时候，resize 属性才能生效。

18.9　轮廓

通过 outline-style、outline-color 和 outline-width 3 个属性，我们可以分别设置元素轮廓的样式、颜色和宽度。

其中，outline-style 属性用于设置轮廓样式，其值与 border-style 的是一样的。outline-style 属性的值如表 18-6 所示。

表 18-6　　　　　　　　　　　　　　**outline-style** 属性的值

值	说明
none	没有轮廓
solid	实线轮廓
dashed	虚线轮廓
dotted	圆点轮廓
double	双线轮廓
groove	3D 槽线轮廓
ridge	3D 脊线轮廓
inset	3D 内凹轮廓
outset	3D 外凸轮廓
hidden	隐藏轮廓

outline 是上述 3 个属性的简写形式，如代码清单 18-30 所示。

代码清单 18-30　使用 outline 设置元素轮廓的样式
```
1  <!DOCTYPE html>
2  <html>
3  <head>
4      <meta charset="utf-8">
5      <title>设置元素轮廓的样式</title>
6      <style type="text/css">
```

```
7              p {
8                  width: 10em;
9                  margin: 20px auto;
10                 padding: 20px;
11                 border: 5px solid lightblue;
12                 outline: 20px solid pink;
13             }
14         </style>
15     </head>
16     <body>
17         <p>世界这么大还是遇见你</p>
18     </body>
19     </html>
```

代码实现的效果如图 18-24 所示。

图 18-24　代码实现的效果

可以看到，轮廓在边框的外面，紧贴着边框。不过，我们还可以通过 outline-offset 属性，设置轮廓与边框之间的偏移量，如代码清单 18-31 所示。

代码清单 18-31　设置轮廓与边框之间的偏移量

```
1  ...
2      <style type="text/css">
3          p {
4              width: 10em;
5              margin: 20px auto;
6              padding: 20px;
7              border: 5px solid lightblue;
8              outline: 20px solid pink;
9              outline-offset: 5px;
10         }
11     </style>
12 ...
```

修改后的代码实现的效果如图 18-25 所示。

图 18-25　修改后的代码实现的效果

有些读者看到这里可能会有疑惑：既然有了边框，为什么还要定义轮廓的概念呢？这不是多此一举的设计吗？

非也！轮廓这个属性的添加，还真不是多此一举的设计。因为轮廓与边框最大的区别是，轮廓并不属于元素尺寸的一部分，它不会影响到原有的页面布局。举个例子，请看代码清单 18-32。

代码清单 18-32　轮廓和边框的区别

```
1  <!DOCTYPE html>
2  <html>
3  <head>
4      <meta charset="utf-8">
5      <title>轮廓和边框的区别</title>
6      <style type="text/css">
7          p {
8              width: 10em;
```

```
9               margin: 20px auto;
10              padding: 20px;
11              border: 5px solid lightblue;
12              outline: 20px solid pink;
13              outline-offset: 5px;
14          }
15      </style>
16  </head>
17  <body>
18      <p>世界这么大还是遇见你</p>
19      <p>一起走过许多个四季</p>
20      <p>天南地北</p>
21      <p>别忘记我们之间的友谊</p>
22  </body>
23  </html>
```

代码实现的效果如图 18-26 所示。

在添加了几个 p 元素之后，元素之间的轮廓出现了相互覆盖的现象。因为轮廓不是元素尺寸的一部分，所以它并不会将元素的"领地"扩大。

那轮廓有什么作用呢？

其实轮廓主要用于交互。如果用户提交表单的时候，忘了填写某些项，那么我们可以给相应的元素添加一个醒目的轮廓，使用户一目了然。

图 18-26　代码实现的效果

如果使用边框实现，那么整个页面的布局就会发生变化。很明显，这种变化会给用户带来不良的体验。

最后，注意，轮廓始终是方的，请看代码清单 18-33。

代码清单 18-33　轮廓和边框的区别

```
1   <!DOCTYPE html>
2   <html>
3   <head>
4       <meta charset="utf-8">
5       <title>轮廓和边框的区别</title>
6       <style type="text/css">
7           img {
8               margin: 5px;
9               border: 5px solid lightblue;
10              border-top-left-radius: 5px 30px;
11              border-top-right-radius: 30px 60px;
12              border-bottom-left-radius: 80px 40px;
13              border-bottom-right-radius: 60px 100px;
14              outline: 5px solid pink;
15          }
16      </style>
17  </head>
18  <body>
19      <img src="conan.gif" alt="conan">
20  </body>
21  </html>
```

代码实现的效果如图 18-27 所示。

图 18-27　代码实现的效果

18.10　阴影

通过 box-shadow 属性，我们可以为元素添加阴影，请看代码清单 18-34。

代码清单 18-34　为元素添加阴影

```
1  <!DOCTYPE html>
2  <html>
3  <head>
4      <meta charset="utf-8">
5      <title>为元素添加阴影</title>
6      <style type="text/css">
7          div {
8              width: 200px;
9              height: 200px;
10             margin: 50px;
11             box-shadow: 0 4px 8px #bcbcbc;
12         }
13     </style>
14 </head>
15 <body>
16     <div></div>
17 </body>
18 </html>
```

代码实现的效果如图 18-28 所示。

图 18-28　代码实现的效果

box-shadow 属性的值如表 18-7 所示。

表 18-7　box-shadow 属性的值

值	说明
hoffset	阴影的水平偏移量：正数代表向右偏移量；负数代表向左偏移量
voffset	阴影的垂直偏移量：正数代表向下偏移量；负数代表向上偏移量
blur	模糊值：值越大边界越模糊（可选）
spread	阴影的延伸半径（可选）
color	阴影的颜色（可选）
inset	如果设置该值，表示使用内部阴影（可选）

CSS 还允许为同一个元素添加多个阴影效果，不同效果对应的代码使用逗号分隔即可，如代码清单 18-35 所示。

代码清单 18-35　为同一个元素添加多个阴影

```
1  <!DOCTYPE html>
2  <html>
3  <head>
4      <meta charset="utf-8">
5      <title>为同一个元素添加多个阴影</title>
6      <style type="text/css">
```

```
7              div {
8                  width: 200px;
9                  height: 200px;
10                 margin: 50px;
11                 box-shadow: 0 0 8px 8px lightblue, 0 0 8px 8px pink inset;
12             }
13       </style>
14   </head>
15   <body>
16       <div></div>
17   </body>
18   </html>
```

代码实现的效果如图 18-29 所示。

图 18-29　代码实现的效果

另外，不同于轮廓，阴影的形状会与边框的形状保持一致，请看代码清单 18-36。

代码清单 18-36　阴影与边框的形状保持一致

```
1    <!DOCTYPE html>
2    <html>
3    <head>
4        <meta charset="utf-8">
5        <title>阴影与边框的形状保持一致</title>
6        <style type="text/css">
7            img {
8                margin: 50px;
9                border: 5px solid lightblue;
10               border-top-left-radius: 5px 30px;
11               border-top-right-radius: 30px 60px;
12               border-bottom-left-radius: 80px 40px;
13               border-bottom-right-radius: 60px 100px;
14               box-shadow: 0 0 0 10px #248f8f,
15                           0 0 0 20px #2eb8b8,
16                           0 0 0 30px #47d1d1,
17                           0 0 0 40px #70dbdb;
18           }
19       </style>
20   </head>
21   <body>
22       <img src="conan.gif" alt="conan">
23   </body>
24   </html>
```

代码实现的效果如图 18-30 所示。

图 18-30　代码实现的效果

第 19 章

经典网页布局（上）

19.1 设置元素的显示类型

我们先从浏览器的工作原理说起。

浏览器的 WebKit 内核渲染 HTML 和 CSS 的工作流程如图 19-1 所示。

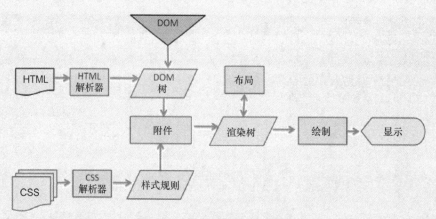

图 19-1 浏览器的 WebKit 内核渲染 HTML 和 CSS 的工作流程

浏览器将 HTML 和 CSS 分开处理：HTML 解析器把 HTML 部分解析成 DOM 树，此时 HTML 元素是没有任何样式的，因为样式是由 CSS 来决定的；CSS 解析器把 CSS 部分解析成样式规则，然后将 HTML 元素和样式规则合并起来，最终绘制出我们看到的网页效果。

事实上，CSS 是由 5 个样式表叠加在一起组成的，它们的优先级由高到低如图 19-2 所示。

每一个 HTML 元素都有一个默认的 display 属性值，它决定了这个元素的显示类型。

最底层的浏览器默认样式表记录所有元素的默认 display 属性值。当更高级的样式表中不存在某个元素的样式时，浏览器就会从最底层的默认样式表里面查找样式。因此，我们只需要在程序中进行自定义，就可以覆盖默认的样式。

一般来讲，相比边框样式、字体尺寸、背景色这些属性，display 属性的功能更加强大，它能够直接决定元素的显示角色，它也会相应地改变该元素在页面上的布局方式。在 CSS 布局中，display 是最重要的属性之一。

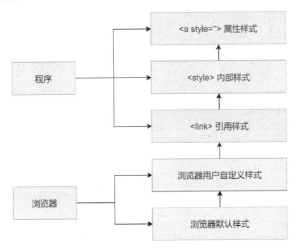

图 19-2 组成 CSS 的 5 个样式表

19.1.1 块级元素

HTML 中的大多数元素是块级元素或行内元素。块级元素占据其父元素（容器）的整个空间，因此会创建一个"块"。

块级元素的特点如下。

❑ 每个块级元素独占一行。

❑ 它支持元素高度、宽度、行高以及内外边距等的设置。

❑ 宽度默认占其父元素的 100%。

❑ 块级元素中可以内嵌其他元素。

常见的块级元素有 address、article、aside、audio、blockquote、canvas、dd、div、dl、fieldset、figcaption、figure、footer、form、h1、h2、h3、h4、h5、h6、header、hgroup、hr、noscript、ol、output、p、pre、section、table、tfoot、ul、video 等。

如果将一个元素的 display 属性设置为 block，那么无论它原来是块级元素还是行内元素，它都将拥有块级元素的显示特征，如代码清单 19-1 所示。

代码清单 19-1　为元素设置 display 属性

```
1  <!DOCTYPE html>
2  <html>
3  <head>
4      <meta charset="utf-8">
5      <title>看山不是山</title>
6      <style type="text/css">
7          span {
8              display: block;
9          }
10     </style>
11 </head>
12 <body>
13     <span>看山是山，看水是水。</span>
14     <span>看山不是山，看水不是水。</span>
15     <span>看山还是山，看水还是水。</span>
16 </body>
17 </html>
```

代码实现的效果如图 19-3 所示。

图 19-3 代码实现的效果

span 元素默认是一个典型的行内元素，不过在上面的代码中，我们为 span 元素设置了 display:
block，便修改了它的显示角色，使其拥有块级元素的显示特征（每个块级元素独占一行，除此之外，对于块级元素，我们还可自由地指定元素的宽、高，以及元素的内边距、外边距和边框等）。

现在要实现一个横向的导航栏，其实现代码如代码清单 19-2 所示。

代码清单 19-2　实现横向的导航栏

```
1   <!DOCTYPE html>
2   <html>
3   <head>
4       <meta charset="utf-8">
5       <title>导航栏</title>
6   </head>
7   <body>
8       <div id="nav">
9           <a href="https://ilovefishc.com">首页</a>
10          <a href="https://fishc.com.cn">论坛</a>
11          <a href="https://man.ilovefishc.com">宝典</a>
12      </div>
13  </body>
14  </html>
```

代码实现的导航栏如图 19-4 所示。

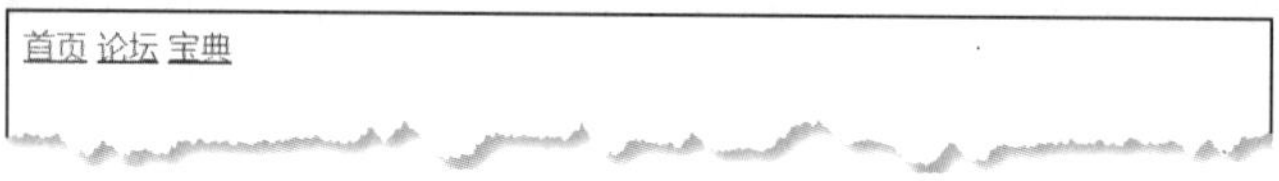

图 19-4　代码实现的导航栏

假如要把导航栏的方向变成纵向的，我们只需要简单地设置一下 display 属性即可，如代码清单 19-3 所示。

代码清单 19-3　纵向显示导航栏

```
1   ...
2       <style type="text/css">
3           #nav a {
4               display: block;
5           }
6       </style>
7   ...
```

纵向显示的导航栏如图 19-5 所示。

首页
论坛
宝典

图 19-5　纵向显示的导航栏

❀　注意

这里不只是将横向的导航栏变成纵向的那么简单，将 a 元素变成块级元素的显示角色之后，一整行都被它"霸占"了，所以当用户在某行的任意位置单击的时候，就会打开相应的链接。

19.1.2　行内元素

行内元素也叫内联元素，它一般是语义级的基本元素。

行内元素的特点如下。

❑　行内元素和其他元素（行内元素）显示在同一行上。

❑　为行内元素设置的宽度无效。

❑　为行内元素设置的高度无效，不过我们可以通过 line-height 属性设置行高。

❑ 为行内元素设置的左右内边距有效，设置的上下内边距无效。

❑ 为行内元素设置的左右外边距有效，设置的上下外边距无效。

❑ 行内元素的宽度默认是其内容的宽度。

❑ 行内元素中只能内嵌行内元素。

常见的行内元素有 a、abbr、b、bdo、big、br、button、cite、code、dfn、em、i、img、input、kbd、label、map、object、q、samp、script、select、small、span、strong、sub、sup、textarea、time、tt、var 等。

span 是一个典型的行内元素，它用于为行内元素设置宽度，如代码清单 19-4 所示。

代码清单 19-4　为行内元素设置宽度

```
1   <!DOCTYPE html>
2   <html>
3   <head>
4       <meta charset="utf-8">
5       <title>看山是山</title>
6       <style type="text/css">
7           span {
8               width: 1024px;
9           }
10      </style>
11  </head>
12  <body>
13      <span>看山是山，看水是水。</span>
14      <span>看山不是山，看水不是水。</span>
15      <span>看山还是山，看水还是水。</span>
16  </body>
17  </html>
```

这里我们试图设置 span 元素的宽度，但是未实现对应的效果，最终的效果如图 19-6 所示。

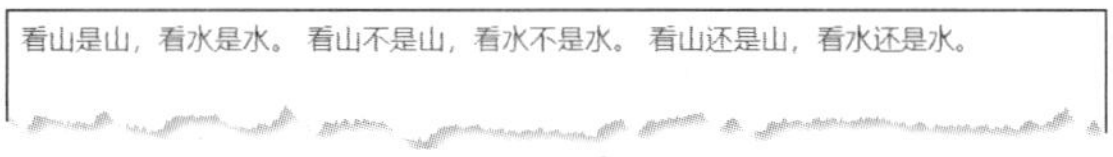

图 19-6　最终的效果

如果将一个元素的 display 属性设置为 inline，那么无论它原来是块级元素还是行内元素，它都将拥有行内元素的显示特征，如代码清单 19-5 所示。

代码清单 19-5　设置 display 属性为 inline

```
1   <!DOCTYPE html>
2   <html>
3   <head>
4       <meta charset="utf-8">
5       <title>看山不是山</title>
6       <style type="text/css">
7           p {
8               display: inline;
9           }
10      </style>
11  </head>
12  <body>
13      <p>看山是山，看水是水。</p>
14      <p>看山不是山，看水不是水。</p>
15      <p>看山还是山，看水还是水。</p>
16  </body>
17  </html>
```

display 属性的效果如图 19-7 所示。

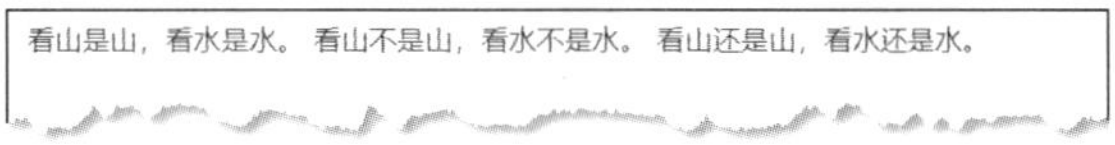

图 19-7　display 属性的效果

19.1.3　行内块元素

行内块元素综合了块级元素和行内元素的特性，但是各有取舍。

行内块元素的特点如下。

❏　行内块元素和其他元素（行内元素或行内块元素）显示在同一行上。

❏　行内块元素支持高度、宽度、行高以及内外边距的设置。

❏　行内块元素的宽度默认是其内容的宽度。

❏　行内块元素中可以内嵌其他元素。

如果将一个元素的 display 属性设置为 inline-block，那么无论它原来是块级元素还是行内元素，它都将拥有行内元素的显示特征，如代码清单 19-6 所示。

代码清单 19-6　设置 display 属性为 inline-block

```
 1  <!DOCTYPE html>
 2  <html>
 3  <head>
 4      <meta charset="utf-8">
 5      <title>看山不是山</title>
 6      <style type="text/css">
 7          div {
 8              border: 2px solid lightblue;
 9              margin: 1em;
10          }
11
12          p {
13              border: 2px dotted pink;
14          }
15
16          #block p {
17              width: 6em;
18              display: block;
19          }
20
21          #inline p {
22              display: inline;
23          }
24
25          #inline-block p {
26              width: 6em;
27              display: inline-block;
28          }
29      </style>
30  </head>
31  <body>
32      <div id="block">Lorem ipsum, dolor sit amet consectetur adipisicing elit. <p>
        看山不是山，看水不是水。</p>Quis dolores asperiores quidem ipsa exercitationem nulla,
        hic nisi blanditiis voluptatum velit debitis accusamus magnam. Laboriosam tenetur
        illo cupiditate, dolorem harum sint.</div>
33      <div id="inline">Lorem ipsum, dolor sit amet consectetur adipisicing elit. <p>
        看山不是山，看水不是水。</p>Quis dolores asperiores quidem ipsa exercitationem nulla,
        hic nisi blanditiis voluptatum velit debitis accusamus magnam. Laboriosam tenetur
        illo cupiditate, dolorem harum sint.</div>
34      <div id="inline-block">Lorem ipsum, dolor sit amet consectetur adipisicing elit.
        <p>看山不是山，看水不是水。</p>Quis dolores asperiores quidem ipsa exercitationem nulla,
        hic nisi blanditiis voluptatum velit debitis accusamus magnam. Laboriosam
        tenetur illo cupiditate, dolorem harum sint.</div>
35  </body>
36  </html>
```

代码实现的效果如图 19-8 所示。

HTML 的内容是完全一样的，区别就在于 3 个 div 中的 p 元素分别被设置为块级元素（block）、行内元素（inline）和行内块元素（inline-block）的显示类型。

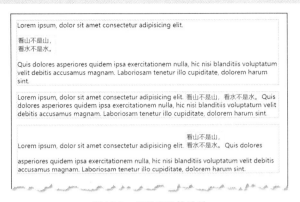

图 19-8　代码实现的效果

举个例子，假设现在有 4 个超链接，要求它们在一个横向导航栏中的宽度和高度分别设置为 200 像素和 50 像素，如代码清单 19-7 所示。

代码清单 19-7　指定导航栏中超链接的宽度和高度

```
1   <!DOCTYPE html>
2   <html>
3   <head>
4       <meta charset="utf-8">
5       <title>简约而不简单的导航栏</title>
6       <style>
7           #nav a {
8               display: inline-block;
9               width: 200px;
10              height: 50px;
11              color: white;
12              background: #429296;
13              text-align: center;
14              line-height: 50px;
15          }
16      </style>
17  </head>
18  <body>
19      <div id="nav">
20          <a href="https://ilovefishc.com" target="_blank">首页</a>
21          <a href="https://fishc.com.cn" target="_blank">论坛</a>
22          <a href="https://man.ilovefishc.com" target="_blank">宝典</a>
23          <a href="https://fishc.taobao.com" target="_blank">起飞</a>
24      </div>
25  </body>
26  </html>
```

导航栏的效果如图 19-9 所示。

图 19-9　导航栏的效果

📎 提示

我们通过设置 text-align: center 来实现文本的水平居中；我们通过将 line-height 属性的值设置为与 height 属性的值一致来实现文本的垂直居中。

19.1.4　隐藏元素

魔术师上台表演的过程中，通常不会缺少的一个魔术就是"大变活人"。CSS 也会表演这个"魔术"，这是通过 display:none 来实现的。

如果将 display 属性设置为 none，那么原来好端端的元素就会"凭空消失"，如代码清单 19-8 所示。

代码清单 19-8　隐藏元素

```
1   <!DOCTYPE html>
2   <html>
3   <head>
4       <meta charset="utf-8">
5       <title>隐藏元素</title>
6       <style type="text/css">
7           #oho {
8               display: none;
9           }
10      </style>
11  </head>
12  <body>
13      <p>看山是山，看水是水。</p>
14      <p id="oho">看山不是山，看水不是水。</p>
15      <p>看山还是山，看水还是水。</p>
16  </body>
17  </html>
```

隐藏元素的效果如图 19-10 所示。

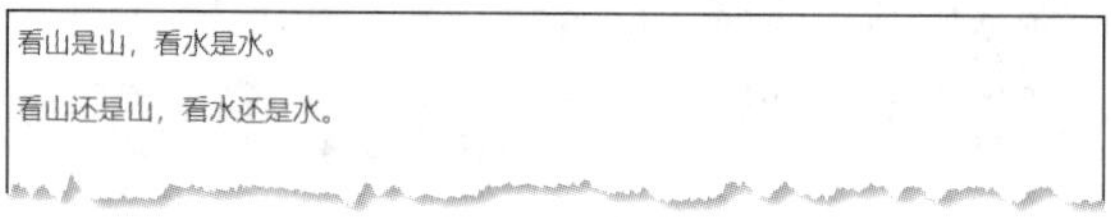

```
看山是山，看水是水。

看山还是山，看水还是水。
```

图 19-10　隐藏元素的效果

由于设置了 display:none，因此 id="oho" 的 p 元素对应的内容在网页上就看不到了（因为它直接在页面的布局中被移除了）。

19.1.5　控制元素的可见性

能不能让一个元素"既存在又不存在"？

这看上去好像是量子力学才能解决的问题……不过我们这里不需要用到"猫"，我们只需要使用另一个属性——visibility，就可以实现了。

visibility 属性有 3 个值，如表 19-1 所示。

表 19-1　**visibility** 属性的值

值	说明
visible	元素对应的内容在页面上可见（默认值）
hidden	元素对应的内容不可见，且在页面布局中占据空间
collapse	元素对应的内容不可见，且在页面布局中不占据空间（仅适用于表格元素，不是所有浏览器都支持）

只需要将 visibility 属性设置为 hidden，就可以实现所谓的"既存在又不存在"的效果，如代码清单 19-9 所示。

代码清单 19-9　控制元素的可见性

```
1   <!DOCTYPE html>
2   <html>
3   <head>
4       <meta charset="utf-8">
5       <title>控制元素的可见性</title>
6       <style type="text/css">
7           #oho {
8               visibility: hidden;
9           }
10      </style>
11  </head>
12  <body>
13      <p>看山是山，看水是水。</p>
14      <p id="oho">看山不是山，看水不是水。</p>
15      <p>看山还是山，看水还是水。</p>
```

```
16   </body>
17   </html>
```

代码实现的效果如图 19-11 所示。

看山是山，看水是水。

看山还是山，看水还是水。

图 19-11　代码实现的效果

我们回到 display 属性，事实上，它还有很多值，如表 19-2 所示。

表 19-2　　　　　　　　　　　**display 属性的值**

值	说明
inline	显示为行内元素（默认值）
block	显示为块级元素
inline-block	显示为行内块元素
run-in	根据上下文作为行内元素或块级元素显示
list-item	显示为列表项
table	显示为 table 元素的样式
table-caption	显示为 caption 元素的样式
table-column-group	显示为 colgroup 元素的样式
table-header-group	显示为 thead 元素的样式
table-footer-group	显示为 tfoot 元素的样式
table-row-group	显示为 tbody 元素的样式
table-cell	显示为 td 元素的样式
table-column	显示为 col 元素的样式
table-row	显示为 tr 元素的样式
inline-table	显示为行内表格
inline-flex	显示为行内弹性容器
inline-grid	显示为行内栅格容器
flex	显示为块级弹性容器
grid	显示为块级栅格容器
contents	将其子元素提升到父元素的层级（父元素消失）
none	隐藏元素

你是不是看得眼花缭乱了呢？

不用担心，其实这些都是可以举一反三的。举个例子，只要我们将一个元素的 display 属性设置为 list-item，这个元素就会显示为列表项，如代码清单 19-10 所示。

代码清单 19-10　设置 display 属性为 list-item
```
1   <!DOCTYPE html>
2   <html>
3   <head>
4       <meta charset="utf-8">
5       <title>奇怪的知识又增加了</title>
6       <style type="text/css">
7           span {
8               display: list-item;
```

```
9                }
10       </style>
11    </head>
12    <body>
13       <ul>
14          <span>看山是山，看水是水。</span>
15          <span>看山不是山，看水不是水。</span>
16          <span>看山还是山，看水还是水。</span>
17       </ul>
18    </body>
19    </html>
```

代码实现的效果如图 19-12 所示。

- 看山是山，看水是水。
- 看山不是山，看水不是水。
- 看山还是山，看水还是水。

图 19-12　代码实现的效果

19.2　浮动

什么是浮动？我们可以参考一下报纸或书刊的版式设计。

在常见的版式设计中，图像常常会被文本所环绕，如图 19-13 所示。

在网页布局的设计中，应用了浮动功能的页面元素就像版式设计中的图像一样，文本会将其环绕住，如图 19-14 所示。

图 19-13　版式设计

图 19-14　网页布局

在 CSS 中，我们可通过 float 属性实现元素的浮动。float 属性的值如表 19-3 所示。

表 19-3　float 属性的值

值	说明
none	不浮动（默认值）
left	浮动到其父元素内部的左侧
right	浮动到其父元素内部的右侧

请看代码清单 19-11。

代码清单 19-11　图像左浮动

```
1    <!DOCTYPE html>
2    <html>
3    <head>
4       <meta charset="utf-8">
5       <title>图像左浮动</title>
6       <style type="text/css">
7          img {
```

```
8                width: 200px;
9                float: left;
10           }
11       </style>
12   </head>
13   <body>
14       <img src="conan.gif" alt="conan">
15       <div>Lorem ipsum dolor sit amet, consectetur adipisicing elit. Beatae distinctio
         deleniti officiis assumenda alias voluptatibus, modi eaque id molestias dicta
         aspernatur vitae ex? Inventore nulla dicta ab reprehenderit exercitationem magni
         veritatis odit. Earum consequuntur voluptatem culpa sequi aliquam quam? Consectetur
         dolorem in ullam nam nesciunt. Dicta, saepe dolore mollitia corrupti labore totam
         est vero id aliquid quasi vitae iste ipsa, dignissimos corporis doloremque quod
         rerum minus consequatur cupiditate.</div>
16   </body>
17   </html>
```

图像左浮动的效果如图 19-15 所示。

Lorem ipsum dolor sit amet, consectetur adipisicing elit. Beatae distinctio deleniti officiis assumenda alias voluptatibus, modi eaque id molestias dicta aspernatur vitae ex? Inventore nulla dicta ab reprehenderit exercitationem magni veritatis odit. Earum consequuntur voluptatem culpa sequi aliquam quam? Consectetur dolorem in ullam nam nesciunt. Dicta, saepe dolore mollitia corrupti labore totam est vero id aliquid quasi vitae iste ipsa, dignissimos corporis doloremque quod rerum minus consequatur cupiditate.

图 19-15　图像左浮动的效果

除图像之外，我们还可以为其他元素设置浮动效果。不过这里需要注意的是，浮动的元素会脱离正常的文档流，请看代码清单 19-12。

代码清单 19-12　浮动的元素会脱离正常的文档流

```
1    <!DOCTYPE html>
2    <html>
3    <head>
4        <meta charset="utf-8">
5        <title>浮动的元素会脱离正常的文档流</title>
6        <style type="text/css">
7            .pink {
8                background-color: pink;
9                width: 100px;
10               height: 100px;
11           }
12           .lightblue {
13               background-color: lightblue;
14               width: 200px;
15               height: 100px;
16               float: left;
17           }
18           .cornsilk {
19               background-color: cornsilk;
20               width: 300px;
21               height: 100px;
22           }
23           .seagreen {
24               background-color: seagreen;
25               width: 400px;
26               height: 100px;
27           }
28       </style>
29   </head>
```

```
30    <body>
31        <div class="pink"></div>
32        <div class="lightblue"></div>
33        <div class="cornsilk">I love FishC </div>
34        <div class="seagreen"></div>
35    </body>
36    </html>
```

浮动的元素脱离正常文档流的效果如图 19-16 所示。

在代码中，我们仅为 class="lightblue"的 div 元素设置浮动效果，可以看到它"覆盖"了本来应该显示在其下方的 class="cornsilk"的 div 元素，而后者中的文本（I love FishC）则自动环绕在浮动的元素右侧（并没有被覆盖）。

解决方案请见代码清单 19-17。

float 属性还有一项"特异功能"，它会修改元素的显示类型，修改前后的值如表 19-4 所示。

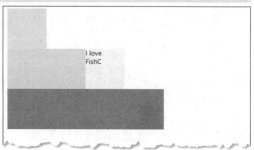

图 19-16　浮动的元素脱离正常文档流的效果

表 19-4　　　　　　　　float 属性修改元素的显示类型前后的值

修改前的值	修改后的值
inline	block
inline-block	block
inline-table	table
table-row	block
table-row-group	block
table-column	block
table-column-group	block
table-cell	block
table-caption	block
table-header-group	block
table-footer-group	block
inline-flex	flex
inline-grid	grid
other	other（不改变）

举个例子，请看代码清单 19-13。

代码清单 19-13　使用 float 属性改变元素的显示类型

```
1     <!DOCTYPE html>
2     <html>
3     <head>
4         <meta charset="utf-8">
5         <title>float属性会改变元素的显示类型</title>
6         <style type="text/css">
7             span {
8                 width: 200px;
9                 margin: 100px;
10                padding: 20px;
11                background-color: pink;
12                border: 5px solid lightblue;
13                float: left;
14            }
15        </style>
16    </head>
17    <body>
18        <span>Lorem ipsum dolor, sit amet consectetur adipisicing elit. Esse nulla
           molestiae eum, mollitia dolor repudiandae nobis ullam vero ipsum provident inventore
```

```
          reprehenderit. Molestiae cumque soluta tempore minus ad inventore dolore?</span>
19   </body>
20   </html>
```

改变元素的显示类型的效果如图 19-17 所示。

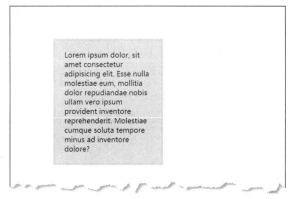

图 19-17　改变元素的显示类型的效果

span 元素是一个典型的行内元素。对于行内元素来说，设置宽度及上下的内、外边距都不会生效。不过，由于我们同时设置了 float 属性，该元素变成了块（block）级元素的显示类型，因此对于宽度及上下的内、外边距的设置有效。

19.3　利用 float 实现多列布局

虽然最开始的时候，浮动通常只用于图文排版，但后来大家发现，如果将浮动用于多列布局，也是非常方便的。

我们从简单的两列布局开始介绍，请看代码清单 19-14。

代码清单 19-14　利用 float 属性实现两列布局

```
1    <!DOCTYPE html>
2    <html>
3    <head>
4        <meta charset="utf-8">
5        <title>利用float属性实现两列布局</title>
6        <style type="text/css">
7            .left {
8                background-color: pink;
9                width: 50%;
10               float: left;
11               padding: 20px;
12               box-sizing: border-box;
13           }
14           .right {
15               background-color: lightblue;
16               width: 50%;
17               float: right;
18               padding: 20px;
19               box-sizing: border-box;
20           }
21       </style>
22   </head>
23   <body>
24       <h1>两列布局演示</h1>
25       <div class="left">
26           <h2>左侧列</h2>
27           <p>Lorem ipsum dolor sit, amet consectetur adipisicing elit. Est exercitationem
                 sint animi harum minima veritatis itaque asperiores numquam cupiditate, odio ad
                 nobis tempore doloribus facilis. Inventore itaque quis obcaecati adipisci?</p>
28       </div>
```

```
29        <div class="right">
30            <h2>右侧列</h2>
31            <p>Lorem ipsum dolor sit amet consectetur adipisicing elit. Atque natus
              ducimus, corporis veritatis obcaecati, illo ex nemo totam in nostrum.
              Accusamus fugit ut magnam facilis facere!</p>
32        </div>
33    </body>
34 </html>
```

利用 float 属性实现的两列布局的效果如图 19-18 所示。

图 19-18　利用 float 属性实现的两列布局的效果

左侧列设置为向左浮动，右侧列设置为向右浮动，这样两列布局就实现了。那么三列布局也不是什么难事儿，请看代码清单 19-15 所示。

代码清单 19-15　利用 float 属性实现三列布局

```
1  <!DOCTYPE html>
2  <html>
3  <head>
4      <meta charset="utf-8">
5      <title>利用float属性实现三列布局</title>
6      <style type="text/css">
7          .left {
8              background-color: pink;
9              width: 33.33%;
10             float: left;
11             padding: 20px;
12             box-sizing: border-box;
13         }
14         .middle {
15             background-color: cornsilk;
16             width: 33.33%;
17             float: left;
18             padding: 20px;
19             box-sizing: border-box;
20         }
21         .right {
22             background-color: lightblue;
23             width: 33.33%;
24             float: right;
25             padding: 20px;
26             box-sizing: border-box;
27         }
28     </style>
29 </head>
30 <body>
31     <h1>三列布局演示</h1>
32     <div class="left">
33         <h2>左侧列</h2>
34         <p>Lorem ipsum dolor sit, amet consectetur adipisicing elit. Est exercitationem
           sint animi harum minima veritatis itaque asperiores numquam cupiditate, odio
           ad nobis tempore doloribus facilis. Inventore itaque quis obcaecati adipisci?</p>
35     </div>
36     <div class="middle">
```

```
37              <h2>中间列</h2>
38              <p>Lorem ipsum dolor sit, amet consectetur adipisicing elit. Est exercitationem
                sint animi harum minima veritatis itaque asperiores numquam cupiditate, odio ad
                nobis tempore doloribus facilis. Inventore itaque quis obcaecati adipisci?</p>
39         </div>
40         <div class="right">
41              <h2>右侧列</h2>
42              <p>Lorem ipsum dolor sit amet consectetur adipisicing elit. Atque natus
                ducimus, illo ex nemo corrupti dicta a iusto totam in nostrum. Accusamus
                fugit ut magnam facilis facere!</p>
43         </div>
44    </body>
45    </html>
```

利用 float 属性实现的三列布局的效果如图 19-19 所示。

图 19-19　利用 float 属性实现的三列布局的效果

可以看到，我们在两列布局的基础上，添加了第三列（中间列），并将该列设置为 float:left。那可能有读者会问："是否可以将中间列的 float: left 修改为 float: right 呢？"

你尝试这么做以后，中间列变换到了网页的右侧，而右侧列变换到了网页的中间，如图 19-20 所示。

图 19-20　将中间列的 float: left 修改为 float: right 的效果

为什么会这样呢？这是因为受到了代码解析顺序的影响。

因为对于中间列和右侧列都设置了 float: right，而中间列的 div 元素在 HTML 代码中比右侧列的靠前，所以中间列先被解析，自然会变换到网页最右侧。而解析右侧列的时候，由于网页最右侧已经被中间列所占据，因此右侧列只能位于中间列的左侧。

19.4　清除浮动

有时候浮动可能会造成麻烦，例如，我们在三列布局的底部添加一个 footer 元素，如代码清单 19-16 所示。

代码清单 19-16　添加一个 footer 元素
```
1   ...
2       <footer>Copyright © 2020 FishC.***.** All rights reserved.</footer>
3   ...
```

添加 footer 元素的效果如图 19-21 所示。

图 19-21　添加 footer 元素的效果

由于中间列的文本内容比左侧列和右侧列的多，而 footer 元素的文本要实现环绕浮动元素的效果，因此 footer 元素的文本内容变换到了中间列的右侧。

那么遇到这种情况时，应该如何解决呢？

答案是使用 clear 属性来清除浮动。

当你将 clear 属性应用到一个元素上时，它的含义就是"浮动就到此为止吧"。也就是说，如果不希望这个元素被浮动所影响，那么可以使用该属性来清除浮动。

clear 属性的值如表 19-5 所示。

表 19-5　clear 属性的值

值	说明
both	清除元素左右两侧的浮动
left	仅清除元素左侧的浮动
right	仅清除元素右侧的浮动

因此，为 footer 元素指定 clear: left 表示清除该元素左侧的浮动，实现的效果如图 19-22 所示。

同样的道理，对于代码清单 19-12 中浮动的元素会脱离正常文档流的问题，我们也可以使用 clear 属性予以解决，如代码清单 19-17 所示。

三列布局演示

左侧列

Lorem ipsum dolor sit, amet consectetur adipisicing elit. Est exercitationem sint animi harum minima veritatis itaque asperiores numquam cupiditate, odio ad nobis tempore doloribus facilis. Inventore itaque quis obcaecati adipisci?

中间列

Lorem ipsum dolor sit, amet consectetur adipisicing elit. Laborum blanditiis consequatur repellendus itaque optio sequi, alias mollitia commodi reiciendis, vitae tempora? Sequi ipsam rem officia accusantium quam nostrum, fugiat eius. Inventore, deleniti incidunt accusamus tempore unde et quaerat nobis sunt. Provident, dolorum ea? Maxime, animi. Voluptates ipsam omnis nihil nobis.

右侧列

Lorem ipsum dolor sit, amet consectetur adipisicing elit. Est exercitationem sint animi harum minima veritatis itaque asperiores numquam cupiditate, odio ad nobis tempore doloribus facilis. Inventore itaque quis obcaecati adipisci?

图 19-22　清除浮动的效果

代码清单 19-17　解决浮动元素脱离正常文档流的问题

```
 1  <!DOCTYPE html>
 2  <html>
 3  <head>
 4      <meta charset="utf-8">
 5      <title>解决浮动元素脱离正常文档流的问题</title>
 6      <style type="text/css">
 7          .pink {
 8              background-color: pink;
 9              width: 100px;
10              height: 100px;
11          }
12          .lightblue {
13              background-color: lightblue;
14              width: 200px;
15              height: 100px;
16              float: left;
17          }
18          .cornsilk {
19              background-color: cornsilk;
20              width: 300px;
21              height: 100px;
22              clear: left;
23          }
24          .seagreen {
25              background-color: seagreen;
26              width: 400px;
27              height: 100px;
28          }
29      </style>
30  </head>
31  <body>
32      <div class="pink"></div>
33      <div class="lightblue"></div>
34      <div class="cornsilk">I love FishC.com!</div>
35      <div class="seagreen"></div>
36  </body>
37  </html>
```

代码实现的效果如图 19-23 所示。

图 19-23　代码实现的效果

19.5　定位

定位允许你从正常的文档流布局中取出元素，并使其具有不同的"行为"，例如，将其放在另一个元素的上面，或者使其始终保持在浏览器视窗内的同一位置。

几乎每个元素都可以使用 top、bottom、left 和 right 这 4 个属性来实现定位。然而，这些属性无法单独工作，除非先通过 position 属性设置好定位的工作方式。position 属性的值如表 19-6 所示。

表 19-6　position 属性的值

值	说明
static	正常布局，top、bottom、left、right 属性不会生效（默认值）
relative	相对于默认位置的重新定位
absolute	相对于最近一个设置了 position 属性的值的祖先元素的重新定位
fixed	相对于浏览器窗口的重新定位
sticky	黏滞定位（结合了 absolute 和 fixed 对应的两种定位方式）

因此，默认情况下，直接设置 top、bottom、left、right 这 4 个属性是没有效果的，除非先将 position 属性的值修改为非默认值（除 static 以外的值），如代码清单 19-18 所示。

代码清单 19-18　相对于默认位置的重新定位

```
1  <!DOCTYPE html>
2  <html>
3  <head>
4      <meta charset="utf-8">
5      <title>相对于默认位置的重新定位</title>
6      <style type="text/css">
7          img {
8              position: relative;
9              left: 80px;
10             bottom: 80px;
11             width: 100px;
12             border: 2px solid lightblue;
13         }
14     </style>
15 </head>
16 <body>
```

```
17        <p>Lorem ipsum dolor sit, amet consectetur adipisicing elit. Saepe voluptas totam
          quod ad voluptatibus, maiores perferendis, enim, commodi omnis ducimus porro nihil
          hic placeat consectetur velit ipsum quo voluptates accusantium.</p>
18        <img src="ikkyu.gif", alt="ikkyu">
19        <p>Lorem ipsum dolor sit amet, consectetur adipisicing elit. Odit error eius
          modi earum distinctio sunt beatae rerum facilis harum in voluptatibus incidunt
          magnam animi mollitia, soluta qui quas atque deserunt?</p>
20    </body>
21  </html>
```

相对于默认位置重新定位的效果如图 19-24 所示。

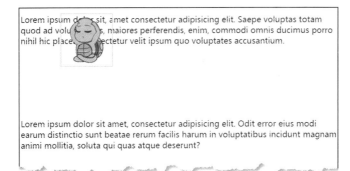

图 19-24　相对于默认位置重新定位的效果

不难发现图像发生了偏移，在 position 属性的值为 relative 的情况下，left: 80px 表示从原来位置向右偏移 80 像素，bottom: 80px 表示从原来位置向上偏移 80 像素。

如果将 position 属性的值设置为 absolute，则表示相对于最近一个设置了 position 属性的祖先元素的重新定位，如代码清单 19-19 所示。

代码清单 19-19　相对于最近一个设置了 position 属性值的祖先元素的重新定位

```
1   <!DOCTYPE html>
2   <html>
3   <head>
4       <meta charset="utf-8">
5       <title>相对于最近一个设置了position属性值的祖先元素的重新定位</title>
6       <style type="text/css">
7           img {
8               position: absolute;
9               right: 20px;
10              bottom: 20px;
11              width: 100px;
12              border: 2px solid lightblue;
13          }
14          div {
15              position: relative;
16              width: 500px;
17              height: 200px;
18              border: 2px solid pink;
19          }
20      </style>
21  </head>
22  <body>
23      <p>Lorem ipsum dolor sit, amet consectetur adipisicing elit. Saepe voluptas totam
          quod ad voluptatibus, maiores perferendis, enim, commodi omnis ducimus porro nihil
          hic placeat consectetur velit ipsum quo voluptates accusantium.</p>
24      <div><img src="ikkyu.gif", alt="ikkyu"></div>
25      <p>Lorem ipsum dolor sit amet, consectetur adipisicing elit. Odit error eius
          modi earum distinctio sunt beatae rerum facilis harum in voluptatibus incidunt
          magnam animi mollitia, soluta qui quas atque deserunt?</p>
26  </body>
27  </html>
```

相对于最近一个设置了 position 属性的祖先元素重新定位的效果如图 19-25 所示。

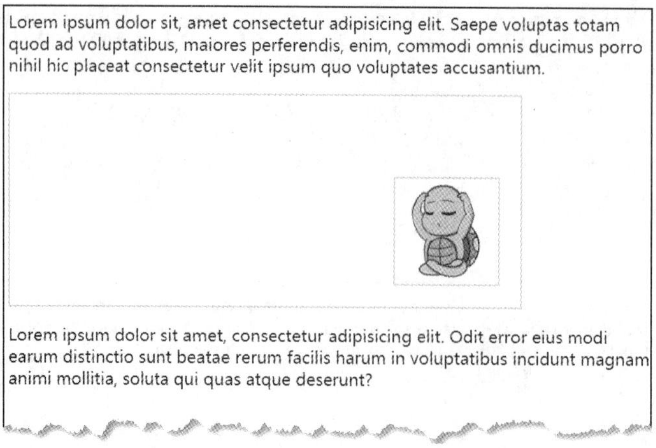

图 19-25 相对于最近一个设置了 position 属性的祖先元素重新定位的效果

在代码中，div 是 img 的父元素，并且将 position 属性的值设置为 relative（事实上，只要设置为非默认值即可，即非 static），因此 img 元素是基于 div 元素的范围进行重新定位的（right: 20px 表示距离 div 元素右侧 20 像素的偏移量；bottom: 20px 表示距离 div 元素底部 20 像素的偏移量）。

那可能有读者会问：“如果所有的祖先元素都没有设置 position 属性，该怎么办呢？”

如果是这样的话，浏览器就会默认选择最外层的可见元素作为参照对象（在上面的代码中，如果 div 元素没有设置 position 属性的值，就会以 body 元素作为参照对象进行重新定位）。

如果将 position 属性的值设置为 fixed，则表示相对于浏览器窗口进行重新定位。另外，由于 fixed 表示始终以浏览器窗口作为参照对象，因此无论你怎么来回滚动页面，元素都在固定的位置上，不会跟着网页滚动。

如果将 position 属性的值设置为 sticky，实现的是“黏滞定位”，它是 absolute 和 fixed 对应的两种定位方式的结合体，如代码清单 19-20 所示。

代码清单 19-20 黏滞定位演示

```
 1  <!DOCTYPE html>
 2  <html>
 3  <head>
 4      <meta charset="utf-8">
 5      <title>黏滞定位演示</title>
 6      <style type="text/css">
 7          #top {
 8              position: sticky;
 9              top: 0;
10          }
11          a{
12              display: block;
13              color: white;
14              background: #429296;
15              text-align: center;
16          }
17      </style>
18  </head>
19  <body>
20      <h1>黏滞定位演示</h1>
21      <div id="top">
22          <a href="https://ilovefishc.com" target="_blank">I love FishC.com</a>
23      </div>
24      <p>Lorem ipsum dolor sit, amet consectetur adipisicing elit. Saepe voluptas totam
         quod ad voluptatibus, maiores perferendis, enim, commodi omnis ducimus porro nihil
         hic placeat consectetur velit ipsum quo voluptates accusantium.</p>
25      <p>Lorem ipsum dolor sit amet, consectetur adipisicing elit. Odit error eius modi
         earum distinctio sunt beatae rerum facilis harum in voluptatibus incidunt magnam
         animi mollitia, soluta qui quas atque deserunt?</p>
26      <p>Lorem ipsum dolor, sit amet consectetur adipisicing elit. Laudantium in ea
```

```
          eum aperiam quis soluta sed quos expedita aliquid! Atque excepturi possimus non,
          nihil autem at nam sit mollitia ea!</p>
27  </body>
28  </html>
```

当浏览器出现滚动条的时候，如果拖动滚动条，你会发现设置了 position: sticky 的元素对应的内容最开始会跟着页面滚动，直到 top 值为 0 的时候停止滚动并固定在那里，如图 19-26 和图 19-27 所示。

图 19-26　黏滞定位固定前   图 19-27　黏滞定位固定后

19.6　z-index 属性

与 float 属性类似，设置了 position 属性的元素也会脱离正常的文档流，造成多个元素重叠的乱象，如代码清单 19-21 所示。

代码清单 19-21　重叠的乱象

```
1   <!DOCTYPE html>
2   <html>
3   <head>
4       <meta charset="utf-8">
5       <title>重叠的乱象</title>
6       <style type="text/css">
7           #sit {
8               position: absolute;
9               top: 20px;
10              left: 20px;
11              width: 200px;
12              background-color: pink;
13          }
14          #ikkyu {
15              position: absolute;
16              top: 30px;
17              left: 30px;
18              width: 200px;
19              background-color: lightblue;
20          }
21          #tennis {
22              position: absolute;
23              top: 40px;
24              left: 40px;
25              width: 200px;
26              background-color: cornsilk;
27          }
28      </style>
29  </head>
30  <body>
31      <img id="sit" src="sit.gif", alt="sit">
32      <img id="ikkyu" src="ikkyu.gif", alt="ikkyu">
33      <img id="tennis" src="tennis.gif", alt="tennis">
34  </body>
35  </html>
```

重叠的效果如图 19-28 所示。

图 19-28　重叠的效果

代码涉及 3 张图片，但是都将 position 属性的值设置成 absolute，重新定位后存在重叠的部分，所以实现效果就可想而知了。

这时候，利用 z-index 属性就可以自定义层叠顺序。z-index 属性的值是整数值，允许为负数，值越小，图片在层叠中的位置就越低，默认值是 0。

如果要求将第二张图片置顶，那么只需要将它的 z-index 属性的值设置为更大的整数值，如代码清单 19-22 所示。

代码清单 19-22　修改元素的 z-index 属性的值

```
1    ...
2        #ikkyu {
3            top: 30px;
4            left: 30px;
5            width: 200px;
6            position: absolute;
7            background-color: lightblue;
8            z-index: 1;
9        }
10   ...
```

修改元素的 z-index 属性的值后的效果如图 19-29 所示。

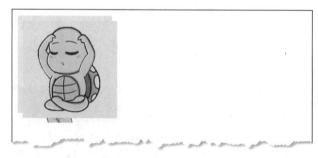

图 19-29　修改元素的 z-index 属性的值后的效果

同样的道理，如果我们希望将第一张图片置顶，那么只需要将其 z-index 属性的值设置得比 1 大即可。

19.7　利用 position 实现多列布局

利用 position 属性也可以实现多列布局，如代码清单 19-23 所示。

代码清单 19-23　利用 position 属性实现多列布局

```
1    <!DOCTYPE html>
2    <html>
3    <head>
4        <meta charset="utf-8">
5        <title>利用position属性实现多列布局</title>
```

```
6        <style type="text/css">
7            .main {
8                position: relative;
9            }
10           .left {
11               background-color: pink;
12               width: 33.33%;
13               position: absolute;
14               left: 0;
15               padding: 20px;
16               box-sizing: border-box;
17           }
18           .middle {
19               background-color: cornsilk;
20               width: 33.33%;
21               position: absolute;
22               left: 33.33%;
23               padding: 20px;
24               box-sizing: border-box;
25           }
26           .right {
27               background-color: lightblue;
28               width: 33.33%;
29               position: absolute;
30               left: 66.66%;
31               padding: 20px;
32               box-sizing: border-box;
33           }
34       </style>
35   </head>
36   <body>
37       <h1>三列布局演示</h1>
38       <div class="main">
39           <div class="left">
40               <h2>左侧列</h2>
41               <p>Lorem ipsum dolor sit, amet consectetur adipisicing elit. Est exercitationem
                 sint animi harum minima veritatis itaque asperiores numquam cupiditate,
                 odio ad nobis tempore doloribus facilis. Inventore itaque quis obcaecati
                 adipisci?</p>
42           </div>
43           <div class="middle">
44               <h2>中间列</h2>
45               <p>Lorem ipsum dolor sit, amet consectetur adipisicing elit. Est
                 exercitationem sint animi harum minima veritatis itaque asperiores
                 numquam cupiditate, odio ad nobis tempore doloribus facilis. Inventore
                 itaque quis obcaecati adipisci?</p>
46           </div>
47           <div class="right">
48               <h2>右侧列</h2>
49               <p>Lorem ipsum dolor sit amet consectetur adipisicing elit. Atque natus
                 ducimus, corporis veritatis obcaecati, illo ex nemo corrupti dicta a
                 iusto totam in nostrum. Accusamus fugit ut magnam facilis facere!</p>
50           </div>
51       </div>
52   </body>
53   </html>
```

19.8　BFC

　　一直以来，几乎每一位初学者都会被块级格式化上下文（Block Formatting Context，BFC）这个概念困扰许久。

　　BFC 是 Web 页面的可视 CSS 渲染的一部分，是块盒子（block box）的布局过程发生的区域，也是浮动元素与其他元素交互的区域。我们可以认为 BFC 是一个封闭的大箱子，无论箱子内部的元素如何变动，都不会影响到外部。

19.8.1　BFC 的对齐方式

　　由于 BFC 规范的是块级元素的渲染规则，因此根元素（html 元素）本身就是一个 BFC，

BFC 的对齐方式如代码清单 19-24 所示。

```
代码清单 19-24  BFC 的对齐方式
1   <!DOCTYPE html>
2   <html>
3   <head>
4       <meta charset="utf-8">
5       <title>BFC的对齐方式</title>
6       <style type="text/css">
7           .container {
8               width: 500px;
9               height: 300px;
10              border: 2px solid black;
11          }
12          #one {
13              width: 400px;
14              height: 100px;
15              background-color: pink;
16          }
17          #two {
18              width: 200px;
19              height: 50px;
20              background-color: lightblue;
21          }
22          #three {
23              width: 550px;
24              height: 100px;
25              background-color: cornsilk;
26          }
27      </style>
28  </head>
29  <body>
30      <div class="container">
31          <div id="one"></div>
32          <div id="two"></div>
33          <div id="three"></div>
34      </div>
35  </body>
36  </html>
```

代码实现的效果如图 19-30 所示。

图 19-30　代码实现的效果

BFC 规定了所有的块级元素都是左对齐的，并且它们的左边距紧挨着父元素的左侧。在同一个 BFC 内，每个块级元素均会独占一行。

19.8.2　创建一个新的 BFC

浮动定位和清除浮动只会应用于同一个 BFC 内的元素（浮动并不会影响到其他 BFC 元素的布局；清除浮动也只能清除同一个 BFC 中在 BFC 前面的浮动元素），而外边距折叠（margin collapsing）也只会发生在属于同一个 BFC 的块级元素之间。

所以，只要我们掌握并利用好 BFC 的规则，就可以有效地解决"外边距塌陷""容纳浮动元素""阻止文本环绕"等问题，而解决方案通常就是创建一个新的 BFC。

只要满足以下任意条件，就能够创建出一个新的 BFC。

- ❑ 设置 float 属性的值不为 none。
- ❑ 设置 position 属性的值为 absolute 或 fixed。
- ❑ 设置 overflow 属性的值不为 visible。

下一节通过案例，讲讲如何通过创建一个新的 BFC 来解决以上问题。

19.8.3 外边距塌陷

第 18 章提到过外边距塌陷问题——当纵向相邻的两个块级元素同时设置了外边距时，外边距会发生塌陷（这种行为也称为边界折叠或外边距折叠），如代码清单 19-25 所示。

代码清单 19-25　外边距塌陷

```
1   <!DOCTYPE html>
2   <html>
3   <head>
4       <meta charset="utf-8">
5       <title>外边距塌陷</title>
6       <style type="text/css">
7           .container {
8               background-color: pink;
9               overflow: hidden;
10          }
11          p {
12              background-color: lightblue;
13              margin: 10px 0;
14          }
15      </style>
16  </head>
17  <body>
18      <div class="container">
19          <p>I love FishC</p>
20          <p>I love FishC</p>
21      </div>
22  </body>
23  </html>
```

在理想的情况下，两个 p 元素的间距应该是它们外边距的和（20 像素）。但实际上，由于发生了外边距塌陷，因此它们的间距只有 10 像素，外边距塌陷的效果如图 19-31 所示。

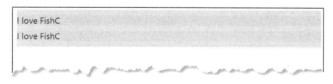

图 19-31　外边距塌陷的效果

我们通常不希望出现外边距塌陷，有没有解决的办法呢？

既然在同一个 BFC 里面，纵向的外边距会发生塌陷，那么把元素放在不同的 BFC 里面，问题就得以解决了。所以，这时候我们应该创建一个新的 BFC，如代码清单 19-26 所示。

代码清单 19-26　解决外边距塌陷

```
1   <!DOCTYPE html>
2   <html>
3   <head>
4       <meta charset="utf-8">
5       <title>解决外边距塌陷</title>
6       <style type="text/css">
7           .container {
8               background-color: pink;
```

```
9                overflow: hidden;
10            }
11        .newBFC {
12            overflow: hidden;
13        }
14        p {
15                background-color: lightblue;
16                margin: 10px 0;
17            }
18        </style>
19    </head>
20    <body>
21        <div class="container">
22            <p>I love FishC</p>
23            <div class="newBFC"><p>I love FishC</p></div>
24        </div>
25    </body>
26  </html>
```

代码实现的效果如图 19-32 所示。

图 19-32　代码实现的效果

第一个 p 元素位于外层 div 元素（class="container"）的 BFC 中，但对于第二个 p 元素，我们给它嵌套了一个 div 元素（class="newBFC"），并且通过触发条件（overflow: hidden）创建了一个新的 BFC，此时它们位于两个不同的 BFC 里面，所以外边距折叠的规则无效。

还有另外一种会导致外边距塌陷问题的情况，即两个 div 元素发生嵌套，如代码清单 19-27 所示。

代码清单 19-27　外边距塌陷的另外一种情况

```
1   <!DOCTYPE html>
2   <html>
3   <head>
4       <meta charset="utf-8">
5       <title>外边距塌陷</title>
6       <style type="text/css">
7           .box1 {
8               width: 200px;
9               height: 200px;
10              background: pink;
11          }
12          .box2 {
13              width: 100px;
14              height: 100px;
15              background: lightblue;
16              margin-top: 50px;
17          }
18      </style>
19  </head>
20  <body>
21      <div class="box1">
22          <div class="box2"></div>
23      </div>
24  </body>
25  </html>
```

代码实现的效果如图 19-33 所示。

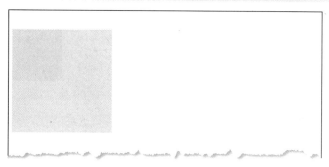

图 19-33 代码实现的效果

此时，解决的方案同样是创建一个新的 BFC，如代码清单 19-28 所示。

代码清单 19-28 解决外边距塌陷的另外一种情况

```
1   <!DOCTYPE html>
2   <html>
3   <head>
4       <meta charset="utf-8">
5       <title>解决外边距</title>
6       <style type="text/css">
7           .box1 {
8               width: 200px;
9               height: 200px;
10              background: pink;
11              overflow: hidden;
12          }
13          .box2 {
14              width: 100px;
15              height: 100px;
16              background: lightblue;
17              margin-top: 50px;
18          }
19      </style>
20  </head>
21  <body>
22      <div class="box1">
23          <div class="box2"></div>
24      </div>
25  </body>
26  </html>
```

代码实现的效果如图 19-34 所示。

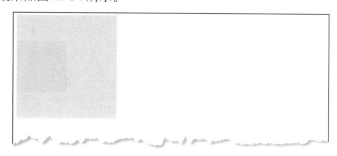

图 19-34 解决外边距塌陷的效果

19.8.4 容纳浮动元素

前文讲过，设置了浮动的元素会脱离正常的文档流，如果试图使用一个普通元素对其进行标识，则是没有效果的，如代码清单 19-29 所示。

代码清单 19-29 无法容纳浮动元素

```
1   <!DOCTYPE html>
2   <html>
```

```
 3    <head>
 4        <meta charset="utf-8">
 5        <title>无法容纳浮动元素</title>
 6        <style type="text/css">
 7            .container {
 8                background-color: pink;
 9            }
10            p {
11                float: left;
12                background-color: lightblue;
13                margin: 10px;
14            }
15        </style>
16    </head>
17    <body>
18        <div class="container">
19            <p>I love FishC</p>
20            <p>I love FishC</p>
21        </div>
22    </body>
23    </html>
```

代码实现的效果如图 19-35 所示。

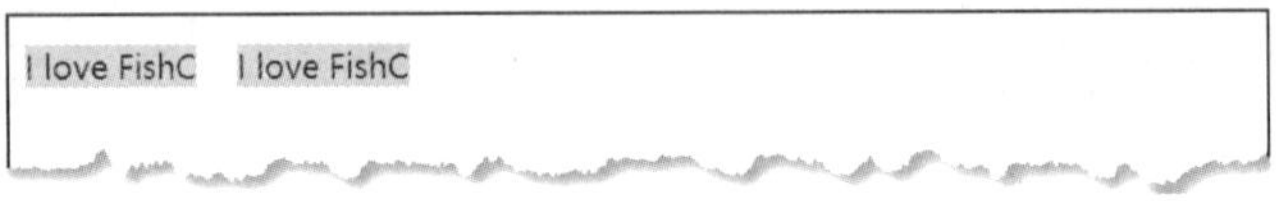

图 19-35　代码实现的效果

虽然 div 元素设置了 background-color 属性，但是它并没有被渲染出来。因为设置了浮动的 p 元素脱离了正常的文档流，所以 div 元素"包"不住它们。

对此，解决方案还是很多的，第一种就是给 div 元素也设置浮动，这样 div 及其中所有元素就都浮动起来了，如代码清单 19-30 所示。

代码清单 19-30　给 div 元素也设置浮动

```
 1    ...
 2        <style type="text/css">
 3            .container {
 4                float: left;
 5                background-color: pink;
 6            }
 7            p {
 8                float: left;
 9                background-color: lightblue;
10                margin: 10px;
11            }
12        </style>
13    ...
```

容纳浮动元素的效果如图 19-36 所示。

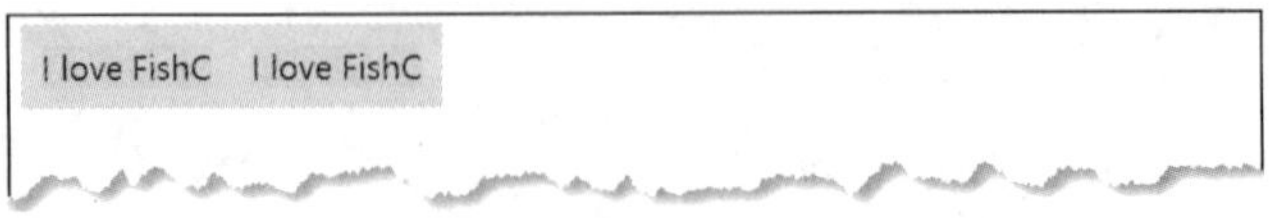

图 19-36　容纳浮动元素的效果

不过变成浮动元素之后，div 元素就不再占据一整行，而是恰如其分地标识着两个子元素。

还有一种方案是利用 clear 属性来清除浮动，但这需要添加一个空元素来实现，如代码清单 19-31 所示。

代码清单 19-31　利用 clear 属性清除浮动

```
 1    <!DOCTYPE html>
 2    <html>
```

```
3    <head>
4        <meta charset="utf-8">
5        <title>容纳浮动元素</title>
6        <style type="text/css">
7            .container {
8                background-color: pink;
9            }
10           .clear {
11               clear: both;
12           }
13           p {
14               float: left;
15               background-color: lightblue;
16               margin: 10px;
17           }
18       </style>
19   </head>
20   <body>
21       <div class="container">
22           <p>I love FishC</p>
23           <p>I love FishC</p>
24           <div class="clear"></div>
25       </div>
26   </body>
27   </html>
```

另一种容纳浮动元素的效果如图 19-37 所示。

图 19-37　另一种容纳浮动元素的效果

问题是解决了，但多了一个空元素，"如无必要，勿增实体"，所以这并非最佳方案。
更好的方案是创建一个新的 BFC 来突破"阻碍"，如代码清单 19-32 所示。

代码清单 19-32　容纳浮动元素的更好方案

```
1    <!DOCTYPE html>
2    <html>
3    <head>
4        <meta charset="utf-8">
5        <title>容纳浮动元素</title>
6        <style type="text/css">
7            .container {
8                background-color: pink;
9                overflow: hidden;
10           }
11           p {
12               float: left;
13               background-color: lightblue;
14               margin: 10px;
15           }
16       </style>
17   </head>
18   <body>
19       <div class="container">
20           <p>I love FishC</p>
21           <p>I love FishC</p>
22       </div>
23   </body>
24   </html>
```

使用 BFC 容纳浮动元素的效果如图 19-38 所示。

图 19-38　使用 BFC 容纳浮动元素的效果

203

19.8.5　阻止文本环绕

文本会自动环绕设置了浮动的元素，有时这并不是我们想要的结果。如果利用不同的 BFC 各自独立的特性，就可以阻止文本环绕，如代码清单 19-33 所示。

代码清单 19-33　阻止文本环绕

```
1   <!DOCTYPE html>
2   <html>
3   <head>
4       <meta charset="utf-8">
5       <title>阻止文本环绕</title>
6       <style type="text/css">
7           img {
8               width: 200px;
9               float: left;
10          }
11          div {
12              overflow: hidden;
13          }
14      </style>
15  </head>
16  <body>
17      <img src="conan.gif" alt="conan">
18      <div>Lorem ipsum dolor sit amet, consectetur adipisicing elit. Beatae distinctio
        deleniti officiis assumenda alias voluptatibus, modi eaque id molestias dicta
        aspernatur vitae ex? Inventore nulla dicta ab reprehenderit exercitationem magni
        veritatis odit. Earum consequuntur voluptatem culpa sequi aliquam quam? Consectetur
        dolorem in ullam nam nesciunt. Dicta, saepe dolore mollitia corrupti labore totam
        est vero id aliquid quasi vitae iste ipsa, dignissimos corporis doloremque quod
        rerum minus consequatur cupiditate.</div>
19  </body>
20  </html>
```

阻止文本环绕的效果如图 19-39 所示。

图 19-39　阻止文本环绕的效果

19.9　多列布局

前文介绍了利用浮动和定位来实现多列布局的方案，本节介绍另外一种实现多位布局的方案，需要用到的属性如表 19-7 所示。

表 19-7　实现多列布局的属性

属性	说明
column-count	指定列数
column-width	指定列宽
columns	column-count 和 column-width 的简写
column-gap	指定列间距

属性	说明
column-fill	指定内容在列与列之间的分布方式
column-span	指定元素横向能跨多少列
column-rule-color	指定列之间的颜色
column-rule-style	指定列之间的样式
column-rule-width	指定列之间的宽度
column-rule	column-rule-color、column-rule-style 和 column-rule-width 的简写

利用好表 19-7 中的这些属性，不仅能够轻易地实现多列布局，还能进行更多细节上的设置。下面我们配合案例进一步讲解。

两列布局的实现如代码清单 19-34 所示。

代码清单 19-34　实现两列布局

```
1   <!DOCTYPE html>
2   <html>
3   <head>
4       <meta charset="utf-8">
5       <title>实现两列布局</title>
6       <style type="text/css">
7           .two {
8               column-count: 2;
9           }
10          .left {
11              background-color: pink;
12              padding: 20px;
13              box-sizing: border-box;
14          }
15          .right {
16              background-color: lightblue;
17              padding: 20px;
18              box-sizing: border-box;
19          }
20      </style>
21  </head>
22  <body>
23      <h1>两列布局演示</h1>
24      <div class="two">
25          <div class="left">
26              <h2>左侧列</h2>
27              <p>Lorem ipsum dolor sit, amet consectetur adipisicing elit. Est
                exercitationem sint animi harum minima veritatis itaque asperiores numquam
                cupiditate, odio ad nobis tempore doloribus facilis. Inventore itaque
                quis obcaecati adipisci?</p>
28          </div>
29          <div class="right">
30              <h2>右侧列</h2>
31              <p>Lorem ipsum dolor sit amet consectetur adipisicing elit. Atque natus
                ducimus, corporis veritatis obcaecati, illo ex nemo corrupti dicta a
                iusto totam in nostrum. Accusamus fugit ut magnam facilis facere!</p>
32          </div>
33      </div>
34  </body>
35  </html>
```

两列布局的效果如图 19-40 所示。

column-count 属性指定的是列数，只需要设置 column-count: 2 就可以实现两列布局了。不过，这样默认会添加一定的列间距，使用 column-gap: 0 可以消除列间距，如代码清单 19-35 所示。

代码清单 19-35　消除列间距

```
1   ...
2       .two {
3           column-count: 2;
```

```
4              column-gap: 0;
5          }
6   ...
```

消除列间距的代码实现的效果如图 19-41 所示。

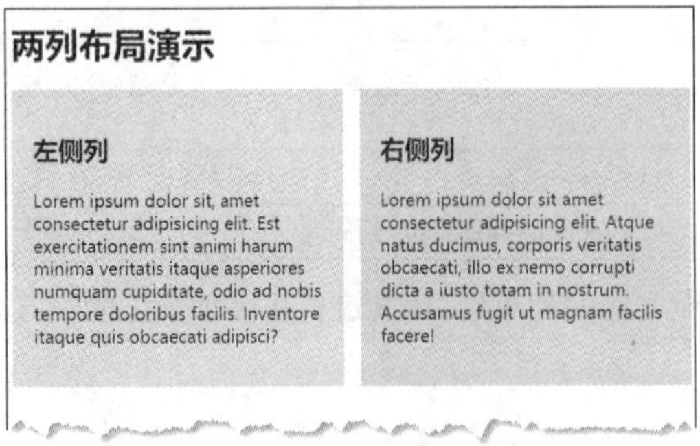

图 19-40　两列布局的效果

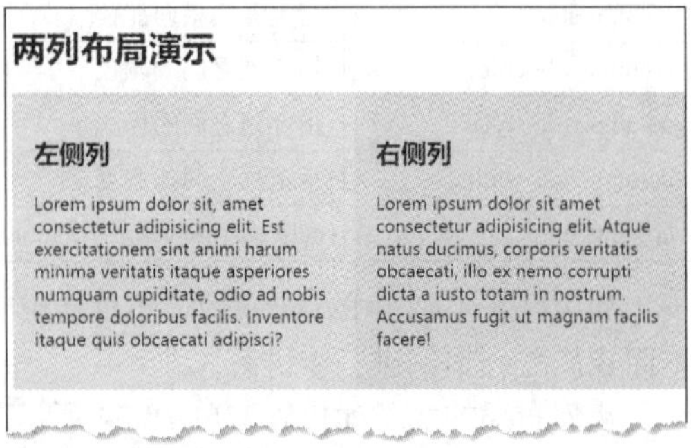

图 19-41　消除列间距的效果

其实，我们还可以为列间距设置样式，如代码清单 19-36 所示。

代码清单 19-36　设置间距的样式

```
1   ...
2       .two {
3           column-count: 2;
4           column-gap: 20px;
5           column-rule-style: solid;
6           column-rule-color: black;
7           column-rule-width: 5px;
8       }
9   ...
```

设置间距样式的效果如图 19-42 所示。

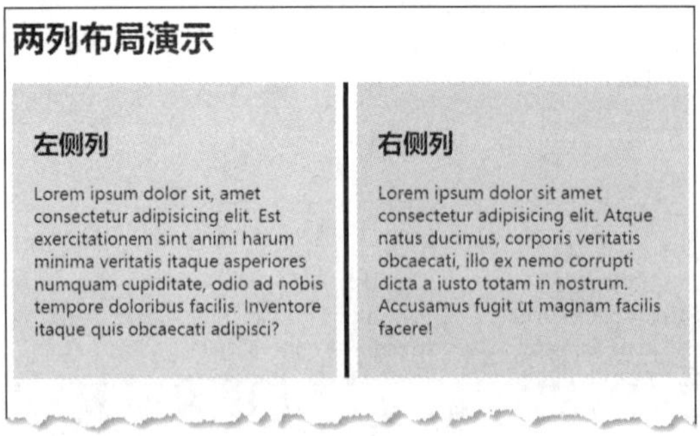

图 19-42　设置间距样式的效果

 提示

column-rule-style 属性的值与设置边框的 border-style 属性的值是相同的。另外，column-rule-style、column-rule-color 和 column-rule-width 3 个属性可以合并为 column-rule。

我们不仅可以将多个内容分配到多列，还可以将一大段文本自动拆分成多列。多列布局的实现如代码清单 19-37 所示。

代码清单 19-37　实现多列布局

```
1   <!DOCTYPE html>
2   <html>
3   <head>
4       <meta charset="utf-8">
5       <title>实现多列布局</title>
6       <style type="text/css">
```

```
 7              .columns {
 8                  column-count: 5;
 9              }
10      </style>
11   </head>
12   <body>
13      <div class="columns">
14          <p>Lorem ipsum dolor sit, amet consectetur adipisicing elit. Quibusdam
             temporibus voluptates laboriosam aut, corrupti magnam aperiam consequuntur
             totam earum rem reprehenderit ea officia nam natus necessitatibus nulla aliquam!
             Architecto in, porro soluta illo, ullam recusandae accusantium aliquam non
             inventore totam optio itaque eum, qui incidunt consectetur iusto? Repellat,
             natus sint?</p>
15      </div>
16   </body>
17   </html>
```

实现的多列布局效果如图 19-43 所示。

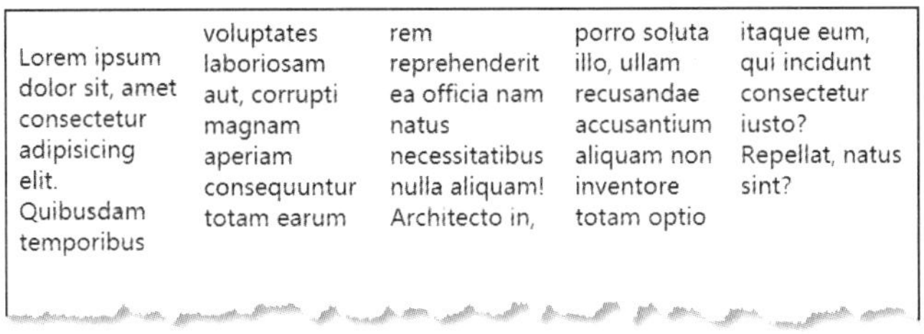

图 19-43　实现的多列布局效果

只需要通过 column-count 属性就可以直接指定列数，这非常方便。另外还需要注意的是
column-width 属性，这个属性设置的不是每列的宽度，它其实设置的是每列的最小宽度。也就
是说，如果浏览器的尺寸不足以"容纳"这个宽度，就会通过减少列数的形式来进行布局，如
代码清单 19-38 所示。

代码清单 19-38　设置每列的最小宽度

```
1   ...
2       <style type="text/css">
3           .columns {
4               column-count: 5;
5               column-width: 200px;
6           }
7       </style>
8   ...
```

设置每列的最小宽度的效果如图 19-44 所示。

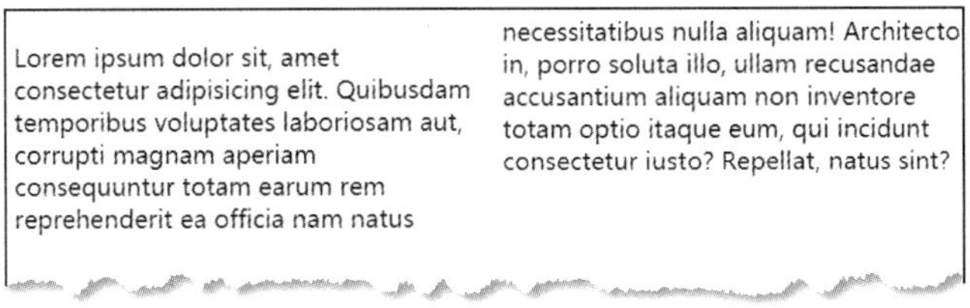

图 19-44　设置每列的最小宽度的效果

📙 提示

由于 column-count 和 column-width 这两个属性在日常开发中使用的频率比较高，因此 CSS 还专
门为它们指定了一个简写的属性——columns（例如前面的代码可以使用简写的形式表示为
columns: 5 200px）。

假设现在我们需在 div 元素里面加一个标题，并实现标题跨列显示，如代码清单 19-39 所示。

代码清单 19-39　实现标题跨列显示

```
1    <!DOCTYPE html>
2    <html>
3    <head>
4        <meta charset="utf-8">
5        <title>实现标题跨列显示</title>
6        <style type="text/css">
7            .columns {
8                columns: 5 200px;
9            }
10       </style>
11   </head>
12   <body>
13       <div class="columns">
14           <h2>对于下面这一大段文本，你想拆分成多少列，就能够拆分成多少列^o^</h2>
15           <p>Lorem ipsum dolor sit, amet consectetur adipisicing elit. Quibusdam
             temporibus voluptates laboriosam aut, corrupti magnam aperiam consequuntur totam
             earum rem reprehenderit ea officia nam natus necessitatibus nulla aliquam! Architecto
             in, porro soluta illo, ullam recusandae accusantium aliquam non inventore totam
             optio itaque eum, qui incidunt consectetur iusto? Repellat, natus sint?</p>
16       </div>
17   </body>
18   </html>
```

标题跨列显示的效果如图 19-45 所示。

图 19-45　标题跨列显示的效果

如果我们希望标题跨所有列显示，那么如何实现呢？

其实我们只需要使用 column-span 属性即可解决问题，如代码清单 19-40 所示。

代码清单 19-40　实现标题跨所有列显示

```
1    <!DOCTYPE html>
2    <html>
3    <head>
4        <meta charset="utf-8">
5        <title>实现标题跨所有列显示</title>
6        <style type="text/css">
7            .columns {
8                columns: 5 200px;
9            }
10           h2 {
11               column-span: all;
12           }
13       </style>
14   </head>
15   <body>
16       <div class="columns">
17           <h2>对于下面这一大段文本，你想拆分成多少列，就能够拆分成多少列^o^</h2>
18           <p>Lorem ipsum dolor sit, amet consectetur adipisicing elit. Quibusdam
             temporibus voluptates laboriosam aut, corrupti magnam aperiam consequuntur
             totam earum rem reprehenderit ea officia nam natus necessitatibus nulla aliquam!
             Architecto in, porro soluta illo, ullam recusandae accusantium aliquam non inventore
             totam optio itaque eum, qui incidunt consectetur iusto? Repellat, natus sint?</p>
19       </div>
20   </body>
21   </html>
```

实现标题跨所有列显示的效果如图 19-46 所示。

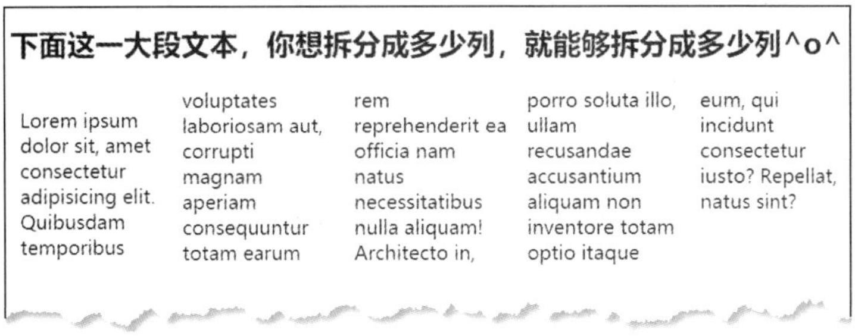

图 19-46　实现标题跨所有列显示的效果

另外，column-fill 属性的值可以设置为 balance 和 auto。我们通过一个例子来对比两种值的效果，请看代码清单 19-41。

代码清单 19-41　设置内容的分布方式

```
1   <!DOCTYPE html>
2   <html>
3   <head>
4       <meta charset="utf-8">
5       <title>设置内容的分布方式</title>
6       <style type="text/css">
7           .balance {
8               column-count: 3;
9               column-fill: balance;
10              background-color: pink;
11              height: 200px;
12          }
13          .auto {
14              column-count: 3;
15              column-fill: auto;
16              background-color: lightblue;
17              height: 200px;
18          }
19          h2 {
20              column-span: all;
21          }
22      </style>
23  </head>
24  <body>
25      <div class="balance">
26          <h2>下面是 column-fill: balance 的演示</h2>
27          <p>Lorem ipsum dolor sit amet consectetur adipisicing elit. Quasi labore
            optio cupiditate, voluptatibus beatae amet iure culpa voluptatem animi quos quo
            hic, consequuntur eaque aspernatur reprehenderit autem dolor rem. Provident
            iure sed animi pariatur quasi nemo, rerum mollitia numquam debitis, necessitatibus
            ducimus distinctio incidunt corrupti excepturi inventore blanditiis, nisi
            culpa!</p>
28      </div>
29      <div class="auto">
30          <h2>下面是 column-fill: auto 的演示</h2>
31          <p>Lorem ipsum dolor sit amet consectetur, adipisicing elit. Vitae, facere
            natus nisi iure magnam deleniti pariatur ad officia fugit, ut odit quas dolorem.
            Expedita, soluta. Voluptatibus optio delectus quo saepe consequuntur cumque
            vitae animi provident ex quod natus quis aspernatur consequatur mollitia nulla
            temporibus est sequi id ea, quia autem.</p>
32      </div>
33  </body>
34  </html>
```

设置内容的分布方式的效果如图 19-47 所示。

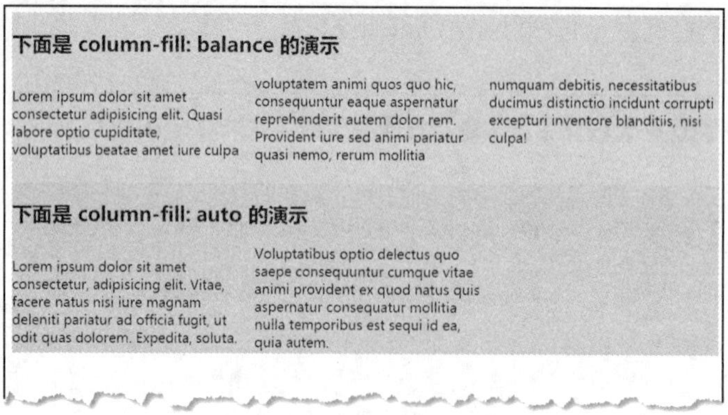

图 19-47　设置内容的分布方式的效果

如果将 column-fill 属性的值设置为 auto，文本内容是按顺序填充的——先填满第一列再填充第二列；而 balance 是 column-fill 属性默认的值，如果设置为 balance，则更倾向于均匀填充，使不同列之间保持尽可能小的差异。

第 20 章

经典网页布局（下）

虽然我们学习了大量的 HTML5 元素和 CSS 属性，也看了不少的例子，但是一到实际开发网页，许多问题就出来了。

原因很简单，前面我们只注重 HTML5 和 CSS3 的语法，而在一定程度上忽视了极重要的网页布局。本章将系统地讲解网页布局。

在传统的理念中，绝大部分页面的布局是通过浮动、定位、内外边距的有机结合来实现的。

20.1 居中

内容居中从审美的角度来说具有简单、稳定、保守的特点，因此本节介绍如何实现居中，请看代码清单 20-1。

代码清单 20-1 居中演示

```
1    <!DOCTYPE html>
2    <html>
3    <head>
4        <meta charset="utf-8">
5        <title>居中演示</title>
6        <style type="text/css">
7            div {
8                width: 200px;
9                height: 200px;
10               border-radius: 20px;
11               color: white;
12               background-color: #cb4042;
13           }
14           span {
15               font-size: 20px;
16           }
17       </style>
18   </head>
19   <body>
20       <div><span>中</span></div>
21   </body>
22   </html>
```

在 HTML 中，行内元素和块级元素的居中方法是不一样的。

先说行内元素。如果现在我们要将 span 元素居中，那么通过将其父元素的 text-align 属性设置为 center 即可实现水平居中；如果要实现垂直居中，则要将行内元素的 line-height 属性的值设置为其父元素的 height 属性的值。

因此，我们对代码进行修改，如代码清单 20-2 所示。

代码清单 20-2　使行内元素居中

```
1    ...
2        <style type="text/css">
3            div {
4                width: 200px;
5                height: 200px;
6                border-radius: 20px;
7                color: white;
8                background-color: #cb4042;
9                text-align: center;
10           }
11           span {
12               font-size: 20px;
13               line-height: 200px;
14           }
15       </style>
16   ...
```

行内元素居中的效果如图 20-1 所示。

图 20-1　行内元素居中的效果

接下来，我们探讨一下块级元素的水平居中和垂直居中。

对于块级元素来说，水平居中可以通过直接将其 margin 属性的左右边距设置为 auto 来实现。我们对代码进行修改，如代码清单 20-3 所示。

代码清单 20-3　使块级元素水平居中

```
1    ...
2        <style type="text/css">
3            div {
4                width: 200px;
5                height: 200px;
6                border-radius: 20px;
7                color: white;
8                background-color: #cb4042;
9                text-align: center;
10               margin: 0 auto;
11           }
12           span {
13               font-size: 20px;
14               line-height: 200px;
15           }
16       </style>
17   ...
```

块级元素水平居中的效果如图 20-2 所示。

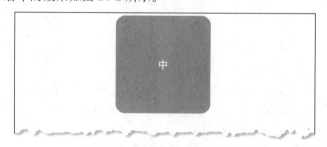

图 20-2　块级元素水平居中的效果

代码实现水平居中的原理是，块级元素默认是占据整行的宽度的，给其设置一个固定的宽度之后，该元素所在的这一行就拥有了可以分配的剩余空间。所以，若将其 margin 属性的左右边距设置为 auto，浏览器将自动平分剩余空间，也就实现了水平居中。块级元素水平居中的原理如图 20-3 所示。

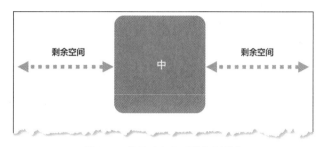

图 20-3　块级元素水平居中的原理

块级元素的垂直居中可以利用 position 属性来实现，若将其 position 属性的值设置为 absolute，将 top、right、bottom、left 这 4 个属性的值均设置为 0，将 margin 属性的 4 个值都设置为 auto，就可以同时实现水平居中和垂直居中。我们对代码进行修改，如代码清单 20-4 所示。

代码清单 20-4　使块级元素垂直居中和水平居中

```
 1    ...
 2    <style type="text/css">
 3        div {
 4            width: 200px;
 5            height: 200px;
 6            border-radius: 20px;
 7            color: white;
 8            background-color: #cb4042;
 9            text-align: center;
10            margin: auto;
11            position: absolute;
12            top: 0;
13            right: 0;
14            bottom: 0;
15            left: 0;
16        }
17        span {
18            font-size: 20px;
19            line-height: 200px;
20        }
21    </style>
22    ...
```

块级元素垂直居中和水平居中的效果如图 20-4 所示。

图 20-4　块级元素垂直居中和水平居中的效果

实现垂直居中和水平居中的原理是，先用绝对定位来使元素"跳出"正常文档流，并通过将 top、right、bottom、left 属性的值设置为 0 来使该元素的区域填充满整个浏览器窗口，进而指定元素的宽和高，于是在水平和垂直的方向上就拥有了可以分配的剩余空间。所以，如果将元素的 margin 属性的 4 个值均设置为 auto，浏览器就会自动平分剩余空间，即同时实现垂直居中和水平居中的效果。块级元素垂直居中和水平居中的原理如图 20-5 所示。

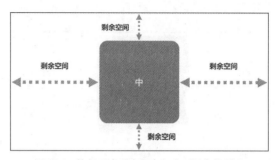

图 20-5　块级元素垂直居中和水平居中的原理

✵　注意

position: absolute 是相对于最近一个设置了 position 属性的值的祖先元素重新定位的，由于代码中对祖先元素都没有设置 position 属性，因此在这里它能够根据浏览器来实现居中。

如果我们在原有 div 元素的外层添加一个 div 元素，然后设置其 position 属性的值为 relative，就可以使块级元素居中，如代码清单 20-5 所示。

代码清单 20-5　使块级元素居中

```
1   <!DOCTYPE html>
2   <html>
3   <head>
4       <meta charset="utf-8">
5       <title>居中演示</title>
6       <style type="text/css">
7           div {
8               width: 200px;
9               height: 200px;
10              border-radius: 20px;
11              color: white;
12              background-color: #cb4042;
13              text-align: center;
14              margin: auto;
15              position: absolute;
16              top: 0;
17              left: 0;
18              right: 0;
19              bottom: 0;
20          }
21          span {
22              font-size: 20px;
23              line-height: 200px;
24          }
25          .container {
26              width: 500px;
27              height: 500px;
28              position: relative;
29              background-color: #40cbc9;
30          }
31      </style>
32  </head>
33  <body>
34      <div class="container"><div><span>中</span></div></div>
35  </body>
36  </html>
```

外层的 div 元素居中的效果如图 20-6 所示。

图 20-6　外层的 div 元素居中的效果

20.2　单列布局

单列布局通常就是指上、中、下结构，上、中、下结构的各部分依次称为头部、内容、尾部，如图 20-7 所示。

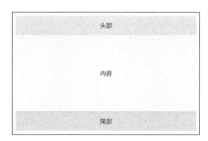

图 20-7　单列布局

单列布局的实现其实并不难，如代码清单 20-6 所示。

代码清单 20-6　单列布局的实现

```
1    <!DOCTYPE html>
2    <html>
3    <head>
4        <meta charset="utf-8">
5        <title>单列布局演示</title>
6        <style type="text/css">
7            header, main, footer {
8                max-width: 1024px;
9                margin: 0 auto;
10               text-align: center;
11           }
12           header {
13               height: 50px;
14               line-height: 50px;
15               background-color: pink;
16           }
17           main {
18               height: 200px;
19               line-height: 200px;
20               background-color: cornsilk;
21           }
22           footer {
23               height: 50px;
24               line-height: 50px;
25               background-color: lightblue;
```

```
26              }
27      </style>
28  </head>
29  <body>
30      <header>头部</header>
31      <main>内容</main>
32      <footer>尾部</footer>
33  </body>
34  </html>
```

✿ 注意

上面的代码使用的是 max-width，而不是 width 属性，这是为了实现"宽度自适应"的效果。

还有一种常见的情况就是当页面比设置的最大尺寸还大的时候，头部和尾部的宽度会增大，直到填充满整个浏览器，而内容则保持设置的最大宽度，如代码清单 20-7 所示。

代码清单 20-7　页面尺寸比设置的最大尺寸还大的情况下的单列布局演示

```
1   <!DOCTYPE html>
2   <html>
3   <head>
4       <meta charset="utf-8">
5       <title>单列布局演示</title>
6       <style type="text/css">
7           .content {
8               max-width: 1024px;
9               margin: 0 auto;
10              text-align: center;
11          }
12          header {
13              height: 50px;
14              line-height: 50px;
15              background-color: pink;
16          }
17          main {
18              height: 200px;
19              line-height: 200px;
20              background-color: cornsilk;
21          }
22          footer {
23              height: 50px;
24              line-height: 50px;
25              background-color: lightblue;
26          }
27      </style>
28  </head>
29  <body>
30      <header>
31          <div class="content">头部</div>
32      </header>
33      <main class="content">内容</main>
34      <footer>
35          <div class="content">尾部</div>
36      </footer>
37  </body>
38  </html>
```

代码运行结果如图 20-8 所示。

图 20-8　代码运行结果

20.3　两列布局

相对于单列布局来说，两列布局就显得更灵活一些，如代码清单 20-8 所示。

代码清单 20-8　两列布局演示

```
1   <!DOCTYPE html>
2   <html>
3   <head>
4       <meta charset="utf-8">
5       <title>两列布局演示</title>
6       <style type="text/css">
7           .box {
8               max-width: 1024px;
9               margin: 0 auto;
10          }
11          .left {
12              width: 50%;
13              padding: 20px;
14              box-sizing: border-box;
15              background-color: pink;
16              float: left;
17          }
18          .right {
19              width: 50%;
20              padding: 20px;
21              box-sizing: border-box;
22              background-color: lightblue;
23              float: left;
24          }
25      </style>
26  </head>
27  <body>
28      <div class="box">
29          <div class="left">
30              <p>Lorem ipsum dolor sit amet consectetur adipisicing elit. Consequatur,
                ipsam earum excepturi eos quod distinctio nihil modi blanditiis reprehenderit
                eligendi architecto error non magni dicta rerum suscipit qui repudiandae
                corporis?</p>
31          </div>
32          <div class="right">
33              <p>Lorem ipsum dolor, sit amet consectetur adipisicing elit. Dolore
                nihil odio nulla pariatur necessitatibus in cumque porro quaerat nemo aperiam
                vel praesentium corrupti ut, dolores reiciendis. Adipisci vero magnam
                optio.</p>
34          </div>
35      </div>
36  </body>
37  </html>
```

代码运行结果如图 20-9 所示。

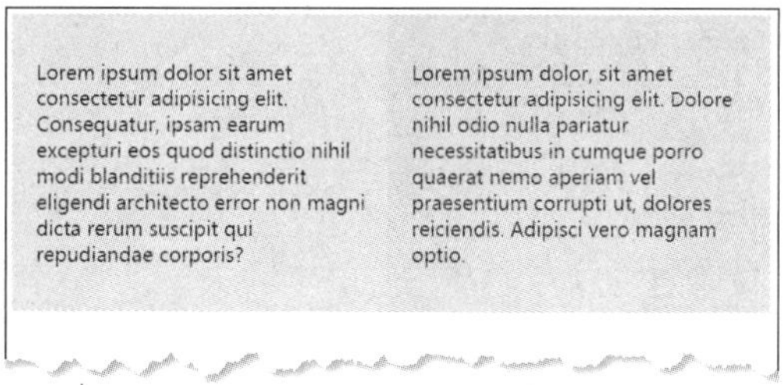

图 20-9　代码运行结果

✻　**注意**

上面的代码的外层 div 元素使用的是 max-width，而不是 width 属性，这是为了实现"宽度自适应"的效果。如果不这样做，一旦浏览器的宽度发生改变，内容就会显示不完整。

还有一种布局是边栏固定宽度、主要内容自适应，如代码清单 20-9 所示。

代码清单 20-9 边栏固定宽度、主要内容自适应情况下的两列布局演示

```
1   <!DOCTYPE html>
2   <html>
3   <head>
4       <meta charset="utf-8">
5       <title>两列布局演示</title>
6       <style type="text/css">
7           aside {
8               width: 200px;
9               height: 500px;
10              background-color: pink;
11              float: left;
12          }
13          main {
14              height: 500px;
15              margin-left: 200px;
16              background-color: lightblue;
17          }
18      </style>
19  </head>
20  <body>
21      <aside></aside>
22      <main></main>
23  </body>
24  </html>
```

代码运行结果如图 20-10 所示。

边栏浮动到左侧，并具有一个具体的宽度，主要内容则不需要指定宽度，因为这样浏览器就可以根据实际情况自行安排。

另外，由于边栏是浮动的，因此盖住了右侧没有使用浮动的主要内容。所以我们为主要内容设置 margin-left 属性，使其避开左侧内容的覆盖。

要实现同样的效果，如果不使用浮动，我们还可以通过 position 属性来实现，如代码清单 20-10 所示。

图 20-10 代码运行结果

代码清单 20-10 通过 position 属性实现两列布局

```
1   <!DOCTYPE html>
2   <html>
3   <head>
4       <meta charset="utf-8">
5       <title>两列布局演示</title>
6       <style type="text/css">
7           aside {
8               width: 200px;
9               height: 500px;
10              background-color: pink;
11              position: absolute;
12              top: 0;
13              left: 0;
14          }
15          main {
16              height: 500px;
17              margin-left: 200px;
18              background-color: lightblue;
19          }
20          .container {
21              position: relative;
22          }
23      </style>
24  </head>
25  <body>
26      <div class="container">
27          <aside></aside>
28          <main></main>
29      </div>
```

```
30    </body>
31    </html>
```

20.4 三列布局

相对于两列布局来说，三列布局的灵活性得到了进一步的提高。本节介绍 3 种实现三列布局的经典方法。

20.4.1 浮动法

浮动法极简单：左侧列向左浮动，右侧列向右浮动，中间列同样通过设置 margin 属性的左右边距来避开覆盖，如代码清单 20-11 所示。

代码清单 20-11 使用浮动法实现三列布局

```
1     <!DOCTYPE html>
2     <html>
3     <head>
4         <meta charset="utf-8">
5         <title>使用浮动法实现三列布局</title>
6         <style type="text/css">
7             .left {
8                 width: 200px;
9                 height: 500px;
10                float: left;
11                background-color: pink;
12            }
13            .right {
14                width: 200px;
15                height: 500px;
16                float: right;
17                background-color: lightblue;
18            }
19            .center {
20                height: 500px;
21                margin: 0 200px;
22                background-color: cornsilk;
23            }
24        </style>
25    </head>
26    <body>
27        <div class="left"></div>
28        <div class="right"></div>
29        <div class="center"></div>
30    </body>
31    </html>
```

使用浮动法实现的三列布局效果如图 20-11 所示。

图 20-11 使用浮动法实现的三列布局效果

这里有两点需要注意。

❑ 中间列的 HTML 代码必须放在左侧列和右侧列的 HTML 代码的后面。

❑ 中间的宽度不能指定，因为我们希望中间列的宽度实现自适应。

20.4.2　绝对定位法

与浮动法类似，绝对定位法使左侧列、右侧列脱离文档流，并将它们固定于左右两侧，中间列同样通过设置 margin 属性的左右边距来避开覆盖，如代码清单 20-12 所示。

代码清单 20-12　使用绝对定位法实现三列布局

```
1   <!DOCTYPE html>
2   <html>
3   <head>
4       <meta charset="utf-8">
5       <title>使用绝对定位法实现三列布局</title>
6       <style type="text/css">
7           .left {
8               width: 200px;
9               height: 500px;
10              position: absolute;
11              top: 0;
12              left: 0;
13              background-color: pink;
14          }
15          .right {
16              width: 200px;
17              height: 500px;
18              position: absolute;
19              top: 0;
20              right: 0;
21              background-color: lightblue;
22          }
23          .center {
24              height: 500px;
25              margin: 0 200px;
26              background-color: cornsilk;
27          }
28          .container {
29              position: relative;
30          }
31      </style>
32  </head>
33  <body>
34      <div class="container">
35          <div class="left"></div>
36          <div class="center"></div>
37          <div class="right"></div>
38      </div>
39  </body>
40  </html>
```

代码运行结果与浮动法的是一样的。

20.4.3　负外边距法

margin 属性用于设置外边距，它的值既可以是正数，也可以是负数，当它的值被设置为负数的时候，就会有奇妙的事情发生。

在网页开发中，对于使用负外边距这个技巧，开发人员的态度基本上是"两极分化"的：有人爱不释手，也有人深恶痛绝。

实现三列布局最后一个常见的方法是负外边距法，这个方法的实现代码虽然看上去很匪夷所思，也很不好理解，但是在实战中它应用得很广泛，后文要讲的双飞翼布局就是基于这个方法来实现的。

我们先来看一下该方法的实现代码，如代码清单 20-13 所示。

代码清单 20-13　使用负外边距法实现三列布局

```
1   <!DOCTYPE html>
2   <html>
3   <head>
```

```
4         <meta charset="utf-8">
5         <title>使用负外边距法实现三列布局</title>
6         <style type="text/css">
7             .container {
8                 width: 100%;
9                 float: left;
10            }
11            .center {
12                height: 500px;
13                margin: 0 200px;
14                background-color: cornsilk;
15            }
16            .left {
17                width: 200px;
18                height: 500px;
19                float: left;
20                margin-left: -100%;
21                background-color: pink;
22            }
23            .right {
24                width: 200px;
25                height: 500px;
26                float: left;
27                margin-left: -200px;
28                background-color: lightblue;
29            }
30        </style>
31    </head>
32    <body>
33        <div class="container">
34            <div class="center"></div>
35        </div>
36        <div class="left"></div>
37        <div class="right"></div>
38    </body>
39 </html>
```

代码运行结果与浮动法和绝对定位法的是一样的。

这种方法的布局的实现逻辑是先布局中间，再布局两边。

将中间分成内外两层来处理：外层的 div 元素宽度是以 100%填充满整个浏览器来显示的，并且设置了向左浮动；内层 div 是主体内容，基于其父元素有左右各 200 像素的外边距。显然，这是为了给左右两侧腾出空白的区域。

为了帮助大家理解，我们先将左右两侧的代码删除，剩下的代码如代码清单 20-14 所示。

代码清单 20-14　剩下的代码

```
1  <!DOCTYPE html>
2  <html>
3  <head>
4      <meta charset="utf-8">
5      <title>使用负外边距法实现三列布局</title>
6      <style type="text/css">
7          .container {
8              width: 100%;
9              float: left;
10         }
11         .center {
12             height: 500px;
13             margin: 0 200px;
14             background-color: cornsilk;
15         }
16     </style>
17 </head>
18 <body>
19     <div class="container">
20         <div class="center"></div>
21     </div>
22 </body>
23 </html>
```

现在，使用 margin 负值法实现的三列布局效果如图 20-12 所示。

图 20-12　使用 margin 负值法实现的三列布局效果

有些读者可能不理解中间的内容为什么要分为内外两层来处理。

我们不妨先对代码进行修改，如代码清单 20-15 所示。

代码清单 20-15　修改实现三列布局的代码

```
1   <!DOCTYPE html>
2   <html>
3   <head>
4       <meta charset="utf-8">
5       <title>使用负外边距法实现三列布局</title>
6       <style type="text/css">
7           .center {
8               width: 100%;
9               float: left;
10              height: 500px;
11              margin: 0 200px;
12              background-color: cornsilk;
13          }
14      </style>
15  </head>
16  <body>
17      <div class="center"></div>
18  </body>
19  </html>
```

现在，代码修改后的运行结果如图 20-13 所示。

我们要求 div 元素占据父元素宽度的 100%，这里它的父元素是 body，所以从视觉上来看它应该占满一整屏，但是还要给左右两侧加上 200 像素的外边距，这显然是矛盾的。所以浏览器只能"勉为其难"地为其加上一个水平滚动条作为最终的妥协。

正确的做法应该是用两层 div 元素来共同构成框架，外层 div 元素负责 100% 填充满父元素，而内层 div 元素负责为左右两侧腾出 200 像素的外边距。

添加左侧列，如代码清单 20-16 所示。

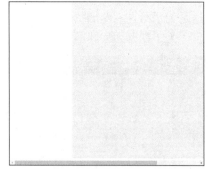

图 20-13　代码修改后的运行结果

代码清单 20-16　添加左侧列

```
1   ...
2       .left {
3           width: 200px;
4           height: 500px;
5           float: left;
6           margin-left: -100%;
7           background-color: pink;
8       }
9   ...
10      <div class="container">
11          <div class="center"></div>
```

```
12        </div>
13        <div class="left"></div>
14    ...
```

添加左侧列后代码的运行结果如图 20-14 所示。

由于前面的 class 属性值为 container 的 div 元素占据了父元素 100% 的宽度，跟在后面的 class 属性值为 left 的 div 元素无法放置在同一行中，只能另起一行，因此此时为它设置 margin-left: -100%，就相当于将其向上移动一行。

图 20-14　添加左侧列后代码的运行结果

> 提示

有关负外边距的更多灵活用法，请参考鱼 C 网站上的 thread-182247-1-1.html。

理解了 class 属性值为 left 的 div 元素之后，class 属性值为 right 的 div 元素就可以理解了。添加右侧列，如代码清单 20-17 所示。

代码清单 20-17　添加右侧列

```
1     ...
2         .right {
3             width: 200px;
4             height: 500px;
5             float: left;
6             margin-left: -200px;
7             background-color: lightblue;
8         }
9     ...
10    <div class="container">
11        <div class="center"></div>
12    </div>
13    <div class="left"></div>
14    <div class="right"></div>
15    ...
```

由于右侧列的宽度是 200 像素，因此使用 margin-left: -200px，刚好可将它向上移动两行。

20.5　双飞翼布局

双飞翼布局的完整实现如代码清单 20-18 所示。

代码清单 20-18　双飞翼布局的完整实现

```
1     <!DOCTYPE html>
2     <html>
3     <head>
4         <meta charset="utf-8">
5         <title>双飞翼布局演示</title>
6         <style type="text/css">
7             header {
8                 width: 100%;
9                 height: 30px;
10                background-color: red;
11            }
12            main {
13                overflow: hidden;
14            }
15            footer {
16                width: 100%;
17                height: 30px;
18                background-color: red;
19            }
20            .container {
21                width: 100%;
22                float: left;
23            }
```

```
24          .center {
25              height: 500px;
26              margin: 0 200px;
27              background-color: cornsilk;
28          }
29          .left {
30              width: 200px;
31              height: 500px;
32              float: left;
33              margin-left: -100%;
34              background-color: pink;
35          }
36          .right {
37              width: 200px;
38              height: 500px;
39              float: left;
40              margin-left: -200px;
41              background-color: lightblue;
42          }
43      </style>
44  </head>
45  <body>
46      <header></header>
47      <main>
48          <div class="container">
49              <div class="center"></div>
50          </div>
51          <div class="left"></div>
52          <div class="right"></div>
53      </main>
54      <footer></footer>
55  </body>
56  </html>
```

这个布局的实现思路是：先创建最重要的 Container 类，然后将 left 类与 right 类移动到适当的地方。实现原理其实就是前面讲解的负外边距法的实现原理（实现代码几乎也是一样的）。

20.6　杯状布局

杯状布局的完整实现如代码清单 20-19 所示。

代码清单 20-19　杯状布局的完整实现

```
1   <!DOCTYPE html>
2   <html>
3   <head>
4       <meta charset="utf-8">
5       <title>杯状布局演示</title>
6   <style type="text/css">
7           header {
8               height: 30px;
9               background: red;
10          }
11          body {
12              min-width: 600px;
13          }
14          main {
15              padding: 0 200px;
16          }
17          footer {
18              height: 30px;
19              background-color: red;
20              clear: both;
21          }
22          .column {
23              float: left;
24          }
25          #center {
26              width: 100%;
27              height: 500px;
28              background-color: cornsilk;
29          }
```

```
30          #left {
31              width: 200px;
32              height: 500px;
33              margin-left: -100%;
34              position: relative;
35              right: 200px;
36              background-color: pink;
37          }
38          #right {
39              width: 200px;
40              height: 500px;
41              margin-left: -200px;
42              position: relative;
43              left: 200px;
44              background-color: lightblue;
45          }
46      </style>
47  </head>
48  <body>
49      <header></header>
50      <main>
51          <div id="center" class="column"></div>
52          <div id="left" class="column"></div>
53          <div id="right" class="column"></div>
54      </main>
55      <footer></footer>
56  </body>
57  </html>
```

双飞翼布局与杯状布局主要的区别如下。

为了使中间列的内容不被遮挡，双飞翼布局在中间的 div 元素内部创建子 div 元素来放置内容，然后在内层子 div 元素中利用外边距为左右两列腾出空间。

为了使中间列的内容不被遮挡，杯状布局在中间的 div 元素中利用内边距为左右两列腾出空间，然后对左右两列使用相对定位（position: relative），再配合 left 和 right 属性，把左右两列挪到两侧。

20.7 瀑布流布局

通常，相对于枯燥的文字来说，丰富多彩的图片更能吸引人的注意力。电商导购页面、网络相册页面，甚至源代码分享的页面都钟爱使用瀑布流布局进行展示。

本节中我们要实现的瀑布流布局效果如图 20-15 所示。

图 20-15　瀑布流布局效果

首先，我们准备好 HTML 部分的代码，如代码清单 20-20 所示。

代码清单 20-20　瀑布流布局中 HTML 部分的代码

```
1    <!DOCTYPE html>
2    <head>
3        <meta charset="UTF-8">
4        <title>瀑布流布局</title>
5        <style type="text/css">
6            /* 没有CSS的代码是缺少灵魂的 */
7        </style>
8    </head>
9    <body>
10       <div id="page">
11           <div class="col">
12               <div class="pic">
13                   <img src="img/1.png">
14                   <p>北京故宫是中国明清两代的皇家宫殿，旧称紫禁城，被誉为世界五大宫之首。</p>
15               </div>
16               <div class="pic">
17                   <img src="img/2.png">
18                   <p>巴黎圣母院大教堂是一座位于法国巴黎市中心、西堤岛上的教堂建筑，也是天主教巴黎
                        总教区的主教座堂。</p>
19               </div>
20               <div class="pic">
21                   <img src="img/3.png">
22                   <p>意大利古罗马竞技场罗马斗兽场是古罗马帝国专供奴隶主、贵族和自由民观看斗兽或奴
                        隶角斗的地方。</p>
23               </div>
24               <div class="pic">
25                   <img src="img/4.png">
26                   <p>比萨斜塔是意大利比萨城大教堂的独立式钟楼，位于意大利托斯卡纳省比萨城北面的奇
                        迹广场上。</p>
27               </div>
28               <div class="pic">
29                   <img src="img/5.png">
30                   <p>古代金字塔是用石块堆叠而成的。金字塔越高，使用的材料越少。金字塔的质心接近基
                        座，可以有效抵挡自然灾害。世界上许多不同的文明古国有金字塔。在数千年的时间里，
                        金字塔是世界上最大的建筑物。</p>
31               </div>
32               <div class="pic">
33                   <img src="img/6.png">
34                   <p>日本城堡从公元前后到近代有着将近2000多年的历史，其主要建筑目的是防御敌人，因
                        此结构坚固，实战性强。</p>
35               </div>
36               <div class="pic">
37                   <img src="img/7.png">
38                   <p>巴黎凯旋门位于法国巴黎的戴高乐广场中央，香榭丽舍大街的西端，是拿破仑为纪念1805年
                        打败俄奥联军的胜利，于1806年下令修建而成的。拿破仑被推翻后，凯旋门工程中途辍止。
                        1830年波旁王朝被推翻后又重新开工，到1836年终于全部竣工。</p>
39               </div>
40               <div class="pic">
41                   <img src="img/8.png">
42                   <p>颐和园是中国清朝时期的皇家园林，前身为清漪园，与圆明园毗邻。它是以昆明湖、万
                        寿山为基址，以杭州西湖为蓝本，汲取江南园林的设计手法而建成的一座大型山水园林，也
                        是保存最完整的一座皇家行宫御苑，被誉为"皇家园林博物馆"。</p>
43               </div>
44               <div class="pic">
45                   <img src="img/9.png">
46                   <p>希腊神庙也称为希腊神殿，在古希腊宗教中的希腊圣所内，是为安座众神神像的神圣建
                        筑结构。</p>
47               </div>
48               <div class="pic">
49                   <img src="img/10.png">
50                   <p>长城是古代中国为抵御不同时期塞北游牧部落联盟的侵袭，修筑规模浩大的隔离墙或军
                        事工程的统称。长城东西绵延上万千米，因此又称作万里长城。</p>
```

```
51                </div>
52                <div class="pic">
53                    <img src="img/11.png">
54                    <p>泰姬陵位于印度北方邦阿格拉的一座用白色大理石建造的陵墓,是印度知名度最高的古
                      迹之一。它是莫卧儿王朝第5代皇帝沙贾汗为了纪念已故皇后姬蔓·芭奴而兴建的陵墓。</p>
55                </div>
56                <div class="pic">
57                    <img src="img/12.png">
58                    <p>悉尼歌剧院位于澳大利亚悉尼,是20世纪最具特色的建筑之一,也是世界著名的表演艺
                      术中心、悉尼市的标志性建筑。</p>
59                </div>
60                <div class="pic">
61                    <img src="img/13.png">
62                    <p>埃菲尔铁塔设计新颖独特,是世界建筑史上的技术杰作,因而成为法国和巴黎的一个重要
                      景点和突出标志。</p>
63                </div>
64                <div class="pic">
65                    <img src="img/14.png">
66                    <p>红场位于俄罗斯首都莫斯科中央行政区特维尔区的公众广场,为世界文化遗产之一。周
                      围有几处世界著名建筑,包括列宁墓、圣瓦西里大教堂和克里姆林宫。</p>
67                </div>
68                <div class="pic">
69                    <img src="img/15.png">
70                    <p>布达拉宫位于中国西藏自治区首府拉萨市区西北的玛布日山上,是一座宫堡式建筑群,
                      最初是吐蕃王朝赞普松赞干布为迎娶尺尊公主和文成公主而兴建的。</p>
71                </div>
72            </div>
73        </div>
74    </body>
75    </html>
```

一般来讲,没有 CSS 的 HTML 代码是不完整的。

先给 body 元素设置背景色和外边距。body 元素中首先是一个 id 为"page"的 div 元素。然后将宽度设置为 888px,将外边距设置为 0 auto,也就是做水平居中处理。具体设置如代码清单 20-21 所示。

代码清单 20-21　设置瀑布流布局中的背景色和外边距

```
1    ...
2    <style type="text/css">
3        body {
4            background: #AAFFEE;
5            margin: 10px;
6        }
7        #page {
8            width: 888px;
9            margin: 0 auto;
10       }
11   </style>
12   ...
```

我们可以看到在 HTML 代码中,下一层是 class="col"的 div 元素,它里面包含每一项的图片及说明文字。现在我们应该如何将它们划分为 3 列呢?

我们可以使用 column 系列属性来实现,如代码清单 20-22 所示。

代码清单 20-22　使用 column 系列属性把每一项划分为 3 列

```
1    ...
2    .col {
3        column-count: 3;
4        column-gap: 13px;
5        column-fill: balance;
6    }
7    ...
```

接下来,解决图片太大的问题,如代码清单 20-23 所示。

代码清单 20-23　瀑布流布局中的大图片调整

```
1   ...
2       .pic img {
3           width: 260px;
4       }
5   ...
```

此刻，离"终点"仅有一步了！

最后，我们为每一项加上白色的背景，调整适当的边距，并加上带有立体效果的阴影，如代码清单 20-24 所示。

代码清单 20-24　设置瀑布流布局中的背景、边距、阴影

```
1   ...
2       .pic {
3           background: #FFF;
4           padding: 20px;
5           margin-bottom: 20px;
6           box-shadow: 0 0 5px rgba(0, 0, 0, 0.5);
7       }
8   ...
```

至此，我们成功实现了瀑布流布局。

第 21 章

弹性盒布局

弹性盒（flex box）布局是 CSS3 的一种新的布局模式，这是一种当页面需要适应不同的屏幕大小以及设备类型时能确保元素拥有恰当行为的布局方式。

引入弹性盒布局模型的目的是提供一种更加有效的方式来对一个容器中的子元素进行排列、对齐和分配。

弹性盒布局由弹性容器（flex container）和弹性元素（flex item）组成。

弹性容器的子元素（弹性元素）可以在任何方向上进行排列，也可以"弹性增减"尺寸（既可以增加尺寸以填满未使用的空间，也可以缩小尺寸以避免溢出容器）。

21.1　弹性容器和弹性元素

当你想要使用弹性盒布局的时候，你需要先定义一个弹性容器，这一步我们使用 display: flex 来实现，如代码清单 21-1 所示。

代码清单 21-1　定义一个弹性容器

```
1    <!DOCTYPE html>
2    <html>
3    <head>
4        <meta charset="utf-8">
5        <title>弹性盒布局</title>
6        <style type="text/css">
7            .flex-container {
8                display: flex;
9            }
10       </style>
11   </head>
12   <body>
13       <div class="flex-container">
14       </div>
15   </body>
16   </html>
```

然后往弹性容器中放置弹性元素，如代码清单 21-2 所示。

代码清单 21-2　往弹性容器中放置弹性元素

```
1    <!DOCTYPE html>
2    <html>
3    <head>
4        <meta charset="utf-8">
5        <title>弹性盒布局</title>
6        <style type="text/css">
7            .flex-container {
8                display: flex;
9                background-color: pink;
10           }
```

```
11          .flex-container > div {
12              margin: 20px;
13              padding: 20px;
14              color: white;
15              background-color: lightblue;
16          }
17      </style>
18  </head>
19  <body>
20      <div class="flex-container">
21          <div>One</div>
22          <div>Two</div>
23          <div>Three</div>
24          <div>Four</div>
25          <div>Five</div>
26      </div>
27  </body>
28  </html>
```

往弹性容器中放置弹性元素的效果如图 21-1 所示。

图 21-1 往弹性容器中放置弹性元素的效果

如果将父元素的 display 属性的值设置为 flex，那么它的直接子元素就会变成弹性元素。div
默认是块级元素，但是变成弹性元素之后，它就会失去块级元素本该有的一些特性（如不再独
占一行，外边距也不会发生塌陷）。

除 display: flex 以外，还有 display: inline-flex。前者表示整个弹性容器以块级的样式存在，
而后者则表示弹性容器以行内块的样式存在。为了便于读者理解，我们通过例子进行比对，如
代码清单 21-3 所示。

代码清单 21-3 块级弹性容器和行内块弹性容器的对比

```
1   <!DOCTYPE html>
2   <html>
3   <head>
4       <meta charset="utf-8">
5       <title>弹性盒布局</title>
6       <style type="text/css">
7           .flex-container {
8               display: flex;
9               background-color: pink;
10          }
11          .inline-flex-container {
12              display: inline-flex;
13              background-color: pink;
14          }
15          .flex-container > div, .inline-flex-container > div {
16              margin: 20px;
17              padding: 20px;
18              color: white;
19              background-color: lightblue;
20          }
21      </style>
22  </head>
23  <body>
24      <div class="flex-container">
25          <div>One</div>
26          <div>Two</div>
27          <div>Three</div>
28          <div>Four</div>
29          <div>Five</div>
```

```
30        </div>
31        <br>
32        <div class="inline-flex-container">
33            <div>One</div>
34            <div>Two</div>
35            <div>Three</div>
36            <div>Four</div>
37            <div>Five</div>
38        </div>
39    </body>
40    </html>
```

块级弹性容器和行内块弹性容器的效果如图 21-2 所示。

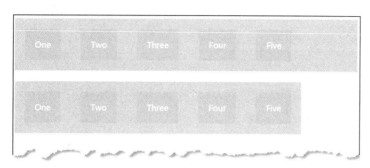

图 21-2　块级弹性容器和行内块弹性容器的效果

相比 display: flex，display: inline-flex 显得更灵活一些——行内块弹性容器的内容有多少，容器就自动分配多宽的区域。

当我们把浏览器窗口缩小到无法在一行中容纳所有弹性元素的时候，就会出现弹性元素溢出的现象，如图 21-3 所示。

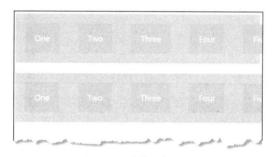

图 21-3　弹性元素溢出

我们可以通过 flex-wrap 属性来解决这个问题。flex-wrap 属性的值如表 21-1 所示。

表 21-1　　　　　　　　　　　　　flex-wrap 属性的值

值	说明
nowrap	指定弹性元素不会自动换行（默认值）
wrap	指定弹性元素自动换行
wrap-reverse	指定弹性元素自动反向换行

默认情况下弹性元素不自动换行，所以会出现上面所说的溢出现象。这里我们将 flex-wrap 属性的值设置为 wrap 即可解决问题，如代码清单 21-4 所示。

代码清单 21-4　设置自动换行

```
1    ...
2        .flex-container {
3            display: flex;
```

```
4            flex-wrap: wrap;
5            background-color: pink;
6        }
7        .inline-flex-container {
8            display: inline-flex;
9            flex-wrap: wrap;
10           background-color: pink;
11       }
12   ...
```

这样，当浏览器窗口缩小到无法在一行中容纳所有弹性元素的时候，弹性元素就会自动换行，如图 21-4 所示。

注意，flex-wrap 属性还有一个值为 wrap-reverse，它的作用是指定弹性元素自动反向换行，效果如图 21-5 所示。

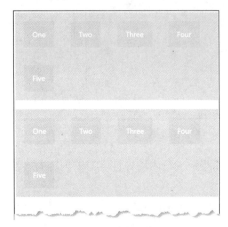

图 21-4　自动换行的效果

图 21-5　指定弹性元素自动反向换行的效果

默认情况下弹性元素是水平排列的，但是通过设置弹性容器的 flex-direction 属性，我们可以使其变为垂直排列。flex-direction 属性的值如表 21-2 所示。

表 21-2　flex-direction 属性的值

值	说明
row	弹性元素水平排列（默认值）
column	弹性元素垂直排列
row-reverse	弹性元素水平反向排列
column-reverse	弹性元素垂直反向排列

所以，如果我们要将弹性元素垂直排列，只需要将 flex-direction 属性的值设置为 column 即可，如代码清单 21-5 所示。

代码清单 21-5　设置弹性元素垂直排列

```
1    ...
2        .flex-container {
3            display: flex;
4            flex-direction: column;
5            background-color: pink;
6        }
7        .inline-flex-container {
8            display: inline-flex;
9            flex-direction: column;
10           background-color: pink;
11       }
12   ...
```

垂直排列的效果如图 21-6 所示。

不难发现，弹性元素垂直排列之后，display: flex 弹性容器中的元素显得十分"贪婪"，每一行都尽可能地填充满，对比之下，display: inline-flex 弹性容器中的元素显得非常"克制"。

flex-direction 属性的值还可以设置成 row-reverse 和 column-reverse，二者分别表示将弹性元素水平和垂直反向排列。例如，若我们现在想让弹性元素从右往左显示，可以对代码进行修改，如代码清单 21-6 所示。

代码清单 21-6　设置弹性元素反向排列

```
 1   ...
 2       .flex-container {
 3           display: flex;
 4           flex-direction: row-reverse;
 5           background-color: pink;
 6       }
 7       .inline-flex-container {
 8           display: inline-flex;
 9           flex-direction: column-reverse;
10           background-color: pink;
11       }
12   ...
```

反向排列的效果如图 21-7 所示。

图 21-6　垂直排列的效果　　　　　　　　　图 21-7　反向排列的效果

✿　注意

此时 display: flex 弹性容器中的弹性元素会从浏览器窗口的最右侧开始显示，并且其显示顺序是逆向的。而 display: inline-flex 弹性容器中的弹性元素的显示顺序虽然是逆向的，但弹性容器本身仍然是位于浏览器窗口左侧的。

掌握了以上知识，我们就可以很容易地制作一个纵向导航栏了，如代码清单 21-7 所示。

代码清单 21-7　纵向导航栏

```
 1   <!DOCTYPE html>
 2   <html>
 3   <head>
 4       <meta charset="utf-8">
 5       <title>纵向导航栏</title>
```

```
 6          <style type="text/css">
 7              .navigation {
 8                  display: inline-flex;
 9                  flex-direction: column;
10                  border-bottom: 1px solid pink;
11              }
12              a {
13                  margin: 5px;
14                  padding: 5px 15px;
15                  color: white;
16                  background-color: lightblue;
17              }
18              a:hover {
19                  color: lightblue;
20                  background-color: cornsilk;
21              }
22          </style>
23      </head>
24      <body>
25          <nav class="navigation">
26              <a href="https://ilovefishc.com" target="_blank">视频</a>
27              <a href="https://fishc.com.cn" target="_blank">论坛</a>
28              <a href="https://man.ilovefishc.com" target="_blank">宝典</a>
29              <a href="https://fishc.taobao.com" target="_blank">起飞</a>
30          </nav>
31      </body>
32  </html>
```

纵向导航栏的效果如图 21-8 所示。

值得一提的是，flex-direction 属性和 flex-wrap 属性可以合并为 flex-flow 属性。因此，设置 flex-flow: row wrap 就相当于同时设置 flex-direction: row 和 flex-wrap: wrap。

下面我们使用弹性盒布局来设计一个博客页面，如代码清单 21-8 所示。

图 21-8　纵向导航栏的效果

代码清单 21-8　博客页面演示

```
 1  <!DOCTYPE html>
 2  <html>
 3  <head>
 4      <meta charset="utf-8">
 5      <title>博客页面演示</title>
 6      <style type="text/css">
 7          * {
 8              outline: 1px dotted #ccc;
 9              margin: 10px;
10              padding: 10px;
11          }
12          body, nav, main, article {
13              display: flex;
14          }
15          body, article {
16              flex-direction: column;
17          }
18          img {
19              margin: 0 auto;
20              background-color: pink;
21              width: 200px;
22          }
23          a:hover {
24              color: lightblue;
25              background-color: cornsilk;
26          }
27      </style>
28  </head>
29  <body>
30      <header><h2>小甲鱼的部落格</h2></header>
31      <nav>
32          <a href="#">主页</a>
```

```
33              <a href="https://ilovefishc.com" target="_blank">视频</a>
34              <a href="https://fishc.com.cn" target="_blank">论坛</a>
35              <a href="https://man.ilovefishc.com" target="_blank">宝典</a>
36              <a href="https://fishc.taobao.com" target="_blank">起飞</a>
37          </nav>
38          <main>
39              <article>
40                  <img src="images/Doraemon.gif" alt="Doraemon">
41                  <p>Lorem ipsum dolor sit amet consectetur adipisicing elit. Dignissimos,
                    molestiae explicabo animi ullam necessitatibus nam. Nam veniam expedita
                    doloremque veritatis?</p>
42              </article>
43              <article>
44                  <img src="images/SailorMoon.gif" alt="SailorMoon">
45                  <p>Lorem ipsum dolor sit amet consectetur, adipisicing elit. Molestias
                    quisquam repellat fuga voluptates labore voluptas enim quia. Nemo, iste
                    praesentium.</p>
46              </article>
47              <article>
48                  <img src="images/Popeye.gif" alt="Popeye">
49                  <p>Lorem ipsum dolor sit amet consectetur adipisicing elit. Ad voluptate
                    illo provident repudiandae reprehenderit minima accusamus ratione iste,
                    commodi suscipit?</p>
50              </article>
51          </main>
52          <footer>Copyright &#169; 2020, FishC.</footer>
53      </body>
54  </html>
```

代码实现的博客页面如图 21-9 所示。

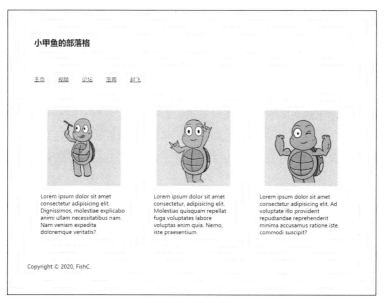

图 21-9 博客页面

这里先将外围的容器元素（body、nav、main、article）设置为弹性容器，然后把 body 和 article 内部的弹性元素设置为垂直排列的形式，页面布局就显得"有板有眼"了。

21.2 主轴和垂轴

对齐方式可是弹性盒布局的重点，也是难点。为了达到"入木三分"的学习效果，我们需要引入弹性盒布局的两个重要概念——主轴和垂轴。

主轴规定了弹性元素排列的顺序；而垂轴则决定了在发生换行之后，第二行元素的添加方向。

请看代码清单 21-9。

```
代码清单 21-9   主轴和垂轴演示
1    <!DOCTYPE html>
2    <html>
3    <head>
4        <meta charset="utf-8">
5        <title>主轴和垂轴</title>
6        <style type="text/css">
7            .flex-container {
8                display: flex;
9                flex-direction: row;
10               background-color: pink;
11           }
12           .flex-container > div {
13               margin: 20px;
14               padding: 20px;
15               color: white;
16               background-color: lightblue;
17           }
18       </style>
19   </head>
20   <body>
21       <div class="flex-container">
22           <div>one</div>
23           <div>two</div>
24           <div>three</div>
25           <div>four</div>
26           <div>fishc</div>
27       </div>
28   </body>
29   </html>
```

当 flex-direction 属性的值为 row 的时候，主轴是横向的，其方向与系统设置的语言书写方向相同，因此在这里，它的方向便是自左向右的。

垂轴则时刻保持与主轴相互垂直的状态，所以如果主轴是横向的，垂轴就是纵向的。

将 flex-direction 属性的值设置为 row 时的主轴和垂轴如图 21-10 所示。

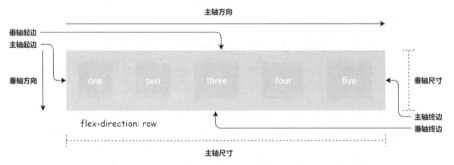

图 21-10　将 flex-direction 属性的值设置为 row 时的主轴和垂轴

在主轴上，内容开始的那一条边称为主轴起边，与之相对的那一条边称为主轴终边。

在垂轴上，内容开始的那一条边称为垂轴起边，与之相对的那一条边称为垂轴终边。

然而，当 flex-direction 属性的值为 row-reverse 的时候，它的主轴方向就是反过来的，将 flex-direction 属性的值设置为 row-reverse 时的主轴和垂轴如图 21-11 所示。

当我们将 flex-direction 属性的值设置为 column 或者 column-reverse 的时候，主轴的方向就由横向的变成纵向的，垂轴的方向自然也就由纵向的变成横向的。将 flex-direction 属性的值设置为 column 时的主轴和垂轴如图 21-12 所示，将 flex-direction 属性的值设置为 column-reverse

时的主轴和垂轴如图 21-13 所示。

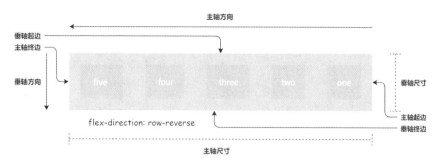

图 21-11　将 flex-direction 属性的值设置为 row-reverse 时的主轴和垂轴

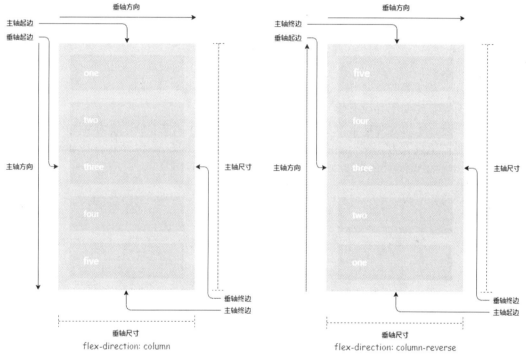

图 21-12　将 flex-direction 属性的值
设置为 column 时的主轴和垂轴

图 21-13　将 flex-direction 属性的值设置为
column-reverse 时的主轴和垂轴

　　默认情况下，flex-wrap 属性的值是 nowrap，即禁止换行。如果采用该默认值，那么垂轴就毫无意义了，毕竟不会出现第二行的情况。

　　因此，只有当我们设置了 flex-wrap 属性（其值不为 nowrap）时，垂轴才有意义。添加两个弹性元素，如代码清单 21-10 所示。

代码清单 21-10　添加两个弹性元素

```
1   <!DOCTYPE html>
2   <html>
3   <head>
4       <meta charset="utf-8">
5       <title>主轴和垂轴</title>
6       <style type="text/css">
7           .flex-container {
8               display: flex;
```

```
9              flex-flow: row wrap;
10             background-color: pink;
11         }
12         .flex-container > div {
13             margin: 20px;
14             padding: 20px;
15             color: white;
16             background-color: lightblue;
17         }
18     </style>
19 </head>
20 <body>
21     <div class="flex-container">
22         <div>one</div>
23         <div>two</div>
24         <div>three</div>
25         <div>four</div>
26         <div>five</div>
27         <div>six</div>
28         <div>seven</div>
29     </div>
30 </body>
31 </html>
```

不难发现，前文我们通过 flex-direction 属性的不同值来影响主轴的方向，但垂轴除与主轴保持垂直之外，在方向上并没有受到影响。

所以，如果你希望改变垂轴的方向，就需要将 flex-wrap 属性的值设置为 wrap-reverse。将 flex-flow 属性的值设置为 row wrap-reverse 时的主轴和垂轴如图 21-14 所示，将 flex-flow 属性的值设置为 row-reverse wrap-reverse 时的主轴和垂轴如图 21-15 所示。

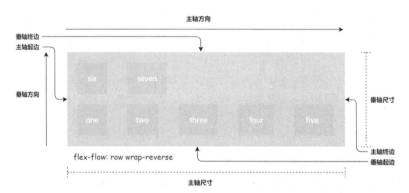

图 21-14　将 flex-flow 属性的值设置为 row wrap-reverse 时的主轴和垂轴

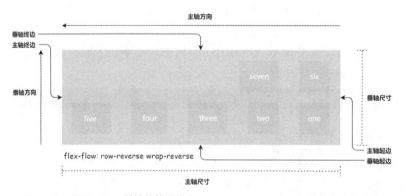

图 21-15　将 flex-flow 属性的值设置为 row-reverse wrap-reverse 时的主轴和垂轴

同理，将 flex-flow 属性的值设置为 column wrap-reverse 时的主轴和垂轴如图 21-16 所示，将 flex-flow 属性的值设置为 column-reverse wrap-reverse 时的主轴和垂轴如图 21-17 所示。

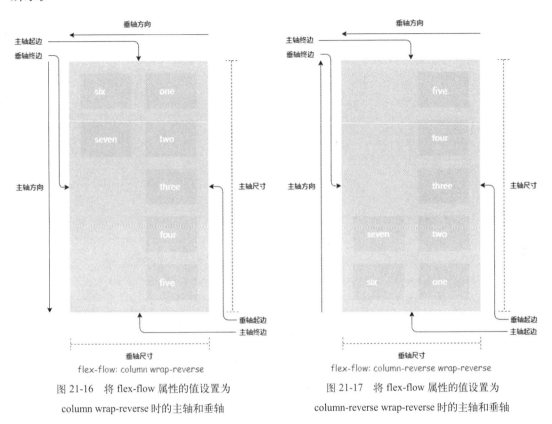

图 21-16　将 flex-flow 属性的值设置为
column wrap-reverse 时的主轴和垂轴

图 21-17　将 flex-flow 属性的值设置为
column-reverse wrap-reverse 时的主轴和垂轴

21.3　主轴上的对齐方式

justify-content 属性可用于控制弹性元素在主轴上的对齐方式，其值如表 21-3 所示。

表 21-3　justify-content 属性的值

值	说明
flex-start	弹性元素紧靠主轴起边（默认值）
flex-end	弹性元素紧靠主轴终边
center	弹性元素在主轴上居中
space-between	第一个弹性元素紧靠主轴起边，最后一个弹性元素紧靠主轴终边，其他弹性元素均匀排列，元素之间留空
space-around	所有弹性元素均匀排列，元素之间的间距不折叠
space-evenly	所有弹性元素均匀排列，元素之间的间距折叠

在主轴横向的情况下，justify-content 属性的 6 个可选值的效果如图 21-18 所示。

如果我们将 flex-direction 属性的值设置为 column，那么主轴就变成纵向的了。在主轴纵向的情况下，justify-content 属性的 6 个可选值的效果如图 21-19 所示。

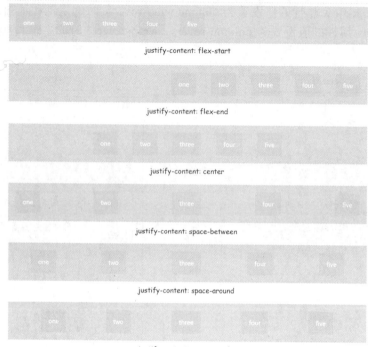

图 21-18　在主轴横向的情况下 justify-content 属性的 6 个可选值的效果

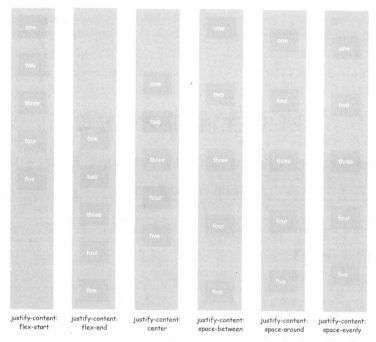

图 21-19　在主轴纵向的情况下 justify-content 属性的 6 个可选值的效果

21.4　垂轴上的对齐方式

align-items 属性用于控制弹性元素在垂轴方向上的对齐方式，其值如表 21-4 所示。

表 21-4　　　　　　　　　　　　　　　　align-items 属性的值

值	说明
stretch	"拉伸"弹性元素以占据整个垂轴（默认值）
flex-start	弹性元素紧靠垂轴起边
flex-end	弹性元素紧靠垂轴终边
center	弹性元素在垂轴上居中
baseline	弹性元素向基线对齐

align-items 属性的 5 个可选值的效果分别如图 21-20～图 21-24 所示。

图 21-20　align-items: stretch 的效果

图 21-21　align-items: flex-start 的效果

图 21-22　align-items: flex-end 的效果

图 21-23　align-items: center 的效果

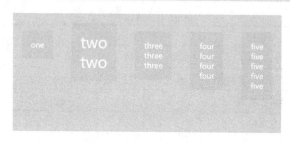

图 21-24　align-items: baseline 的效果

若将 flex-direction 属性的值设置为 column，原理也是一样的，这里我们不赘述。

align-items 属性是一次性设置所有弹性元素在垂轴上的对齐方式的，如果你只想单独设置某个弹性元素，那么可以使用 align-self 属性来实现，请看代码清单 21-11。

代码清单 21-11　一次性设置垂轴上的对齐方式

```
1    <!DOCTYPE html>
2    <html>
3    <head>
4        <meta charset="utf-8">
5        <title>垂轴上的对齐</title>
6        <style type="text/css">
7            .flex-container {
8                display: flex;
9                height: 250px;
10               align-items: flex-start;
11               background-color: pink;
12           }
13           .flex-container > div {
14               margin: 20px;
15               padding: 20px;
16               color: white;
17               background-color: lightblue;
18           }
19           .special {
20               align-self: flex-end;
21           }
22       </style>
23   </head>
24   <body>
25       <div class="flex-container">
26           <div>one</div>
27           <div style="font-size: 2em">two<br>two</div>
28           <div class="special">three<br>three<br>three</div>
29           <div>four<br>four<br>four<br>four</div>
30           <div>five<br>five<br>five<br>five<br>five</div>
31       </div>
32   </body>
33   </html>
```

垂轴上的对齐方式如图 21-25 所示。

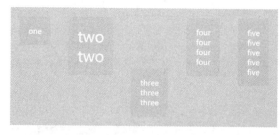

图 21-25　垂轴上的对齐方式

🌸 注意

align-items 属性是在弹性容器中设置的，而 align-self 属性是在弹性元素中设置的。

21.5   多行弹性元素的对齐方式

align-content 属性针对的是多行弹性元素，用于指定每一行弹性元素在垂轴上的对齐方式，其值如表 21-5 所示。

表 21-5   align-content 属性的值

值	说明
flex-start	弹性元素紧靠垂轴起边（默认值）
flex-end	弹性元素紧靠垂轴终边
center	弹性元素在垂轴上居中
space-between	第一行弹性元素紧靠垂轴起边，最后一行弹性元素紧靠垂轴终边，其他行弹性元素均匀排列，元素之间留空
space-around	每一行弹性元素均匀排列，左右两侧没有外边距
space-evenly	每一行弹性元素均匀排列，左右两侧留下外边距

align-content 属性的 6 个可选值的效果分别如图 21-26～图 21-31 所示。

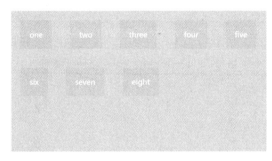

图 21-26   align-content: flex-start 的效果

图 21-27   align-content: flex-end 的效果

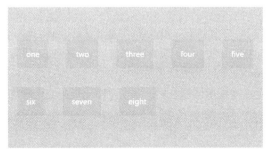

图 21-28   align-content: center 的效果

图 21-29　align-content: space-between 的效果

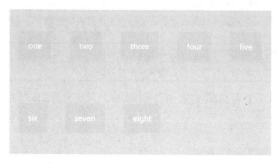

图 21-30　align-content: space-around 的效果

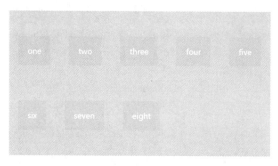

图 21-31　align-content: space-evenly 的效果

🌸 注意

align-content 属性只适用于多行显示的弹性容器。也就是说，如果其值是默认的 nowrap，就不换行，此时 align-content 属性是没有任何效果的。

21.6　order 属性

通常，弹性元素的显示顺序和源代码中弹性元素的排列顺序是一致的。虽然我们可以使用 flex-direction 来对整体进行翻转，但 order 属性允许我们更细致地安排每个元素的显示顺序。默认情况下，所有弹性元素的 order 属性的值均为 0。该属性的值越小，相应的元素就显示得越靠前；该属性的值越大，相应的元素就显示得越靠后。修改弹性元素的显示顺序，如代码清单 21-12 所示。

代码清单 21-12　修改弹性元素的显示顺序

```
1  <!DOCTYPE html>
2  <html>
3  <head>
4      <meta charset="utf-8">
```

```
5          <title>修改弹性元素的显示顺序</title>
6          <style type="text/css">
7              .flex-container {
8                  display: flex;
9                  background-color: pink;
10             }
11             .flex-container > div {
12                 margin: 20px;
13                 padding: 20px;
14                 color: white;
15                 background-color: lightblue;
16             }
17             .flex-container > div:nth-of-type(1) {
18                 order: 1;
19             }
20             .flex-container > div:nth-of-type(5) {
21                 order: -1;
22             }
23         </style>
24     </head>
25     <body>
26         <div class="flex-container">
27             <div>one</div>
28             <div>two</div>
29             <div>three</div>
30             <div>four</div>
31             <div>five</div>
32         </div>
33     </body>
34 </html>
```

修改弹性元素的显示顺序的效果如图 21-32 所示。

图 21-32　修改弹性元素的显示顺序的效果

21.7　弹性盒布局"弹"的到底是什么呢

弹性盒布局"弹"的到底是什么呢？

在讨论这个问题之前，请看一下代码清单 21-13。

代码清单 21-13　压缩弹性元素

```
1  <!DOCTYPE html>
2  <html>
3  <head>
4      <meta charset="utf-8">
5      <title>压缩弹性元素</title>
6      <style type="text/css">
7          .flex-container {
8              display: flex;
9              width: 1024px;
10             background-color: pink;
11         }
12         .flex-container > div {
13             width: 250px;
14             margin: 20px;
15             padding: 20px;
16             color: white;
17             text-align: center;
18             background-color: lightblue;
19         }
20     </style>
```

```
21    </head>
22    <body>
23        <div class="flex-container">
24            <div>one</div>
25            <div>two</div>
26            <div>three</div>
27            <div>four</div>
28            <div>five</div>
29        </div>
30    </body>
31    </html>
```

这里先分析一下。

从数据上来看，弹性容器的宽度固定为 1024 像素。但是每个弹性元素的宽度是 250 像素，左右还各有 20 像素的内边距和 20 像素的外边距，所以每个元素将占据 330 像素的宽度，5 个这样的弹性元素一共就需要占据 1650 像素的宽度，而弹性容器的 1024 像素的宽度是远远不够的。因此，从理论上来说，弹性元素将溢出弹性容器。

结果是不是这样呢？结果如图 21-33 所示。

图 21-33　压缩弹性元素的结果

果不其然，我们再次被"想当然"欺骗了——溢出的现象并没有发生！

怎么会这样呢？

弹性盒布局这个名字可不是随便取的。

这就是所谓的"弹性"，当弹性容器设置的尺寸小于弹性元素的总尺寸时，浏览器会尽可能地压缩弹性元素的空间，来阻止溢出的发生。

但是，这种压缩并不是无休止的，能够压缩多少取决于弹性元素的内容有多少。我们不妨将弹性容器的 width 属性的值设置为一个极限，如代码清单 21-14 所示。

代码清单 21-14　将弹性元素压缩到极限

```
1    ...
2        .flex-container {
3            display: flex;
4            width: 500px;
5            background-color: pink;
6        }
7    ...
```

修改后，将弹性元素压缩到极限的效果如图 21-34 所示。

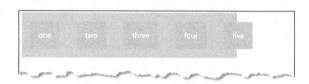

图 21-34　将弹性元素压缩到极限的效果

这个时候我们可以看到，溢出终归还发生了！

因为弹性元素已经被压缩到极限了，浏览器压缩的只是弹性元素内容上多余的空间，当这些空间被"消耗"完之后，外边距不会变，内边距也不会变，所以只能溢出了。

21.8　设置弹性元素的压缩比例

每个弹性元素的压缩比例其实是可以自定义的，我们可以通过 flex-shrink 属性来实现。

flex-shrink 属性用于定义当弹性容器的空间不足以容纳所有弹性元素的时候，各个弹性元素被压缩的比例。默认情况下，每个弹性元素的 flex-shrink 属性的值为 1，表示如果弹性容器的空间不够用了，所有弹性元素以相同的比例缩小自身尺寸来进行适配。

例如，在代码清单 21-13 中，5 个弹性元素一共需要 1650 像素的宽度，而弹性容器却只有 1024 像素的宽度，即总共需要压缩的尺寸为 1650 像素−1024 像素 = 626 像素。所以，每一个弹性元素应该压缩 125.2 像素（626 像素/5），即压缩后每一个弹性元素的宽度为 250 像素−125.2 像素=124.8 像素。

如果我们将某个弹性元素的 flex-shrink 属性的值设置为 0，则表示它不参与压缩空间，如代码清单 21-15 所示。

代码清单 21-15　设置弹性元素的压缩比例为 0

```
1  <!DOCTYPE html>
2  <html>
3  <head>
4      <meta charset="utf-8">
5      <title>设置弹性元素的压缩比例</title>
6      <style type="text/css">
7          .flex-container {
8              display: flex;
9              width: 1024px;
10             background-color: pink;
11         }
12         .flex-container > div {
13             width: 250px;
14             margin: 20px;
15             padding: 20px;
16             color: white;
17             text-align: center;
18             background-color: lightblue;
19         }
20         .shrink0 {
21             flex-shrink: 0;
22         }
23     </style>
24 </head>
25 <body>
26     <div class="flex-container">
27         <div>one</div>
28         <div>two</div>
29         <div class="shrink0">three</div>
30         <div>four</div>
31         <div>five</div>
32     </div>
33 </body>
34 </html>
```

弹性元素不压缩的效果如图 21-35 所示。

图 21-35　弹性元素不压缩的效果

如果我们将第 3 个弹性元素设置为没有弹性，那么现在其他 4 个弹性元素的宽度应该是多少呢？

它们总共需要压缩的空间仍然是 1650 像素−1024 像素= 626 像素。但这次只有 4 个元素分摊了，所以每个元素分摊 156.5 像素（626 像素/4）。因此，压缩后每一个弹性元素的宽度为 250 像素−156.5 像素= 93.5 像素。

如果将某个元素的 flex-shrink 属性的值设置为 2，然后将另一个元素的 flex-shrink 属性的值设置为 4，那么后者的压缩比例就是前者的 1/2，如代码清单 21-16 所示。

```
代码清单 21-16    分别设置弹性元素的压缩比例为 2 与 4
1    <!DOCTYPE html>
2    <html>
3    <head>
4        <meta charset="utf-8">
5        <title>设置弹性元素的压缩比例</title>
6        <style type="text/css">
7            .flex-container {
8                display: flex;
9                width: 1024px;
10               background-color: pink;
11           }
12           .flex-container > div {
13               width: 250px;
14               margin: 20px;
15               padding: 20px;
16               color: white;
17               text-align: center;
18               background-color: lightblue;
19           }
20           .shrink2 {
21               flex-shrink: 2;
22           }
23           .shrink4 {
24               flex-shrink: 4;
25           }
26       </style>
27   </head>
28   <body>
29       <div class="flex-container">
30           <div>one</div>
31           <div>two</div>
32           <div class="shrink2">three</div>
33           <div class="shrink4">four</div>
34           <div>five</div>
35       </div>
36   </body>
37   </html>
```

弹性元素按不同的比例压缩的效果如图 21-36 所示。

图 21-36　弹性元素按不同的比例压缩的效果

对于 class="shrink2"的弹性元素，由于将 flex-shrink 属性的值设置为 2，其他普通的弹性元素的 flex-shrink 属性的默认值是 1，因此它压缩的比例是其他弹性元素的 2 倍。同样的道理，class="shrink4"的弹性元素的压缩比例则是 class="shrink2"的弹性元素的压缩比例的 2 倍，是普通弹性元素的压缩比例的 4 倍。

这里客观上还需要压缩 626 像素，然后 flex-shrink 的值为 1+1+2+4+1 = 9，所以普通弹性元素应该压缩大约 69.56 像素（626 像素除以 9），即压缩后的宽度为 250 像素− 69.56 像素 =180.44 像素。

但事实上真的是这样的吗？

并非如此！

　　其实，我们就不难发现，第 4 个弹性元素应该压缩的宽度是 278.2 像素（69.55 像素 × 4），假设这个弹性元素没有任何内容，那么它最多只能压缩 250 像素。

　　因此，我们应该先计算 626 像素– 250 像素= 376 像素，然后由于 flex-shrink 属性的值等于 5，即普通弹性元素需要压缩 75.2 像素（376 像素/5），因此普通弹性元素最终的宽度就是 174.8 像素。

❀ 注意

这里我们得出此计算结果的前提是假设第 4 个弹性元素不包含任何内容，如果包含内容，还需要考虑其内容的尺寸。

21.9　设置弹性元素的放大比例

　　弹性元素既然可以压缩，就可以放大。

　　我们使用 flex-shrink 属性来压缩弹性元素，当弹性容器中有多余空间的时候，我们使用 flex-grow 属性来定义各个弹性元素应该如何放大。

　　请看代码清单 21-17。

代码清单 21-17　设置弹性元素的放大比例

```
1   <!DOCTYPE html>
2   <html>
3   <head>
4       <meta charset="utf-8">
5       <title>设置弹性元素的放大比例</title>
6       <style type="text/css">
7           .flex-container {
8               display: flex;
9               width: 1024px;
10              background-color: pink;
11          }
12          .flex-container > div {
13              width: 80px;
14              margin: 20px;
15              padding: 20px;
16              color: white;
17              text-align: center;
18              background-color: lightblue;
19          }
20          .grow1 {
21              flex-grow: 1;
22          }
23      </style>
24  </head>
25  <body>
26      <div class="flex-container">
27          <div>one</div>
28          <div>two</div>
29          <div class="grow1">three</div>
30          <div>four</div>
31          <div>five</div>
32      </div>
33  </body>
34  </html>
```

设置弹性元素的放大比例的效果如图 21-37 所示。

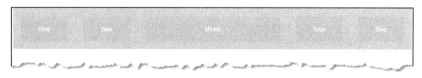

图 21-37　设置弹性元素的放大比例的效果

　　默认情况下，若弹性元素的 flex-grow 属性的值是 0，表示不会自动放大以填充多余空间。

代码中只有第三个弹性元素的 flex-grow 属性的值设置为 1，因此仅放大该元素以填充弹性容器的多余空间。

　　如果设置了多个弹性元素的 flex-grow 属性，则表示按比例来设置放大的尺寸，如代码清单 21-18 所示。

代码清单 21-18　设置弹性元素的放大比例

```
1   <!DOCTYPE html>
2   <html>
3   <head>
4       <meta charset="utf-8">
5       <title>设置弹性元素的放大比例</title>
6       <style type="text/css">
7           ...
8           .grow1 {
9               flex-grow: 1;
10          }
11          .grow3 {
12              flex-grow: 3;
13          }
14      </style>
15  </head>
16  <body>
17      <div class="flex-container">
18          <div>one</div>
19          <div>two</div>
20          <div class="grow1">three</div>
21          <div class="grow3">four</div>
22          <div>five</div>
23      </div>
24  </body>
25  </html>
```

设置弹性元素的放大比例的效果如图 21-38 所示。

图 21-38　设置弹性元素的放大比例的效果

21.10　设置弹性元素的初始尺寸

　　flex-basis 属性用于设置弹性元素在主轴中的初始尺寸。所谓的初始尺寸，就是指元素在 flex-grow 和 flex-shrink 属性生效前的尺寸。

　　flex-basis 属性的默认值是 auto，表示初始尺寸为元素本身的大小。我们可以为 flex-basis 属性指定一个具体的值，用于设置弹性元素的初始尺寸，如代码清单 21-19 所示。

代码清单 21-19　设置弹性元素的初始尺寸

```
1   <!DOCTYPE html>
2   <html>
3   <head>
4       <meta charset="utf-8">
5       <title>设置弹性元素的初始尺寸</title>
6       <style type="text/css">
7           .flex-container {
8               display: flex;
9               width: 1024px;
10              background-color: pink;
11          }
12          .flex-container > div {
13              width: 80px;
```

```
14              margin: 20px;
15              padding: 20px;
16              color: white;
17              text-align: center;
18              background-color: lightblue;
19          }
20          .basis3 {
21              flex-basis: 300px;
22          }
23      </style>
24  </head>
25  <body>
26      <div class="flex-container">
27          <div>one</div>
28          <div>two</div>
29          <div class="basis3">three</div>
30          <div>four</div>
31          <div>five</div>
32      </div>
33  </body>
34  </html>
```

设置弹性元素的初始尺寸的效果如图 21-39 所示。

图 21-39　设置弹性元素的初始尺寸的效果

我们通过设置 width=300px 能否实现一样的效果呢？

能，不过在这里有两点需要强调。

❑ flex-basis 属性设置的是弹性元素在主轴上的初始尺寸，而非宽度。言下之意就是，如果 flex-direction 属性的值是 column，那么主轴的方向就是纵向的，设置 flex-basis 也就相当于设置弹性元素的高度。从这一点上来看，设置 flex-basis 属性比设置 width 或 height 要灵活得多。

❑ 如果同时设置了 flex-basis 和 width 或 height 属性，那么 flex-basis 会自动覆盖发生冲突的属性。

最后，flex-grow、flex-shrink 和 flex-basis 3 个属性可以简写为 flex，它的默认值是 0 1 auto，即 flex-grow: 0; flex-shrink: 1; flex-basis: auto。该属性还有两个快捷值，分别为 flex: auto（表示 flex-grow: 1; flex-shrink: 1; flex-basis: auto）和 flex: none（表示 flex-grow: 0; flex-shrink: 0; flex-basis: auto）。

21.11　弹性元素的特征

两个相邻弹性元素的外边距并不会像普通块级元素的那样发生塌陷或者折叠。另外，对一个弹性元素设置浮动其实是徒劳的。设置弹性元素的特征，如代码清单 21-20 所示。

代码清单 21-20　设置弹性元素的特征

```
1  <!DOCTYPE html>
2  <html>
3  <head>
4      <meta charset="utf-8">
5      <title>弹性元素的特征</title>
6      <style type="text/css">
7          .flex-container {
8              display: flex;
9              background-color: pink;
```

```
10            }
11        img {
12            width: 100px;
13            float: right;
14        }
15    </style>
16 </head>
17 <body>
18    <div class="flex-container">
19        <img src="love.gif" alt="love">
20        <div>Lorem ipsum, dolor sit amet consectetur adipisicing elit. Rem voluptates
              vitae quasi sed ex perferendis a suscipit odit eaque minima, repellendus
              iste, dolor quam error accusamus obcaecati quo. Repellat, modi. Assumenda
              nulla, quaerat expedita blanditiis iusto quas fugiat id animi nostrum atque
              odio illum veniam optio quo? Eaque, magni esse!</div>
21    </div>
22 </body>
23 </html>
```

代码实现的效果如图 21-40 所示。

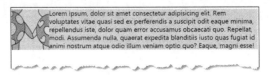

图 21-40　代码实现的效果

如果要使弹性元素脱离出来，那么使用绝对定位（position: absolute）来实现，如代码清单 21-21 所示。

代码清单 21-21　使弹性元素脱离

```
1    ...
2        img {
3            width: 100px;
4            position: absolute;
5            top: 10px;
6            right: 10px;
7        }
8    ...
```

修改后的代码实现的效果如图 21-41 所示。

图 21-41　修改后的代码实现的效果

第 22 章

栅格布局

栅格布局也称网格布局，在栅格布局诞生之前，大家都是通过表格来做类似的工作的，操作起来非常烦琐。自从有了栅格布局之后，前端开发工程师就轻松多了。

但是，大家不要以为栅格只是表格的另一种表现形式，它可比表格强多了，栅格布局是目前为止最强大的 CSS 布局方案之一。

栅格布局与弹性盒布局有一定的相似性，栅格容器的子元素称为栅格元素，就像弹性容器的子元素是弹性元素一样，并且栅格布局也可以指定容器内部多个子元素的位置。

但是，它们存在着巨大的区别：弹性盒布局是线性的一维布局，而栅格布局是天生的二维布局。当然，维度变多了，复杂度也就提高了。

接下来，我们通过案例来讲解。

比如，现在我们又想要做一个博客，这次利用栅格布局来实现，又会是一种不一样的体验，实现方式如代码清单 22-1 所示。

代码清单 22-1　博客页面演示

```
1   <!DOCTYPE html>
2   <html>
3   <head>
4       <meta charset="utf-8">
5       <title>小甲鱼的部落格</title>
6       <style type="text/css">
7           .item1 { grid-area: header; }
8           .item2 { grid-area: nav; }
9           .item3 { grid-area: main; }
10          .item4 { grid-area: aside; }
11          .item5 { grid-area: footer; }
12          .grid-container {
13              display: grid;
14              grid-template-areas:
15                  'header header header header header header'
16                  'nav main main main aside aside'
17                  'nav footer footer footer footer footer';
18              grid-gap: 10px;
19              background-color: lightblue;
20              padding: 10px;
21          }
22          .grid-container > * {
23              background-color: pink;
24              text-align: center;
25              padding: 20px 0;
26              font-size: 30px;
27          }
28      </style>
29  </head>
```

```
30  <body>
31      <div class="grid-container">
32          <div class="item1">Header</div>
33          <div class="item2">Nav</div>
34          <div class="item3">
35              <div>Section 1</div>
36              <div>Section 2</div>
37              <div>Section 3</div>
38              <div>Section 4</div>
39              <div>Section 5</div>
40          </div>
41          <div class="item4">Aside</div>
42          <div class="item5">Footer</div>
43      </div>
44  </body>
45  </html>
```

博客页面的效果如图 22-1 所示。

	Header	
Nav	Section 1 Section 2 Section 3 Section 4 Section 5	Aside
	Footer	

图 22-1　博客页面的效果

虽然本章还没有讲解栅格布局的语法，但从代码上来看，简单明了就是栅格布局的魅力。

现在我们先不纠结案例实现的原理，与弹性盒布局的讲解方式一样，为了更精确地描述各种操作和功能，先介绍基本的栅格布局术语，请看图 22-2。

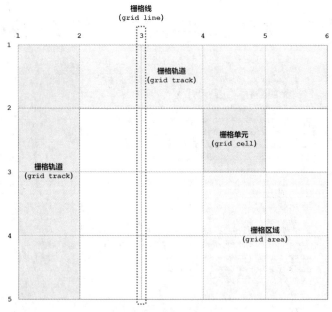

图 22-2　栅格布局术语

栅格线是栅格布局中最重要的部分，栅格布局的其他部分都是由栅格线构造出来的。

相邻两条栅格线之间的整个区域称为栅格轨道，通常我们所说的"行"就是横向的栅格轨道，而"列"则是纵向的栅格轨道。

四条栅格线围起来的最小区域称为栅格单元。

栅格区域则由一个或多个栅格单元组成，最小的栅格区域相当于一个栅格单元，最大的栅格区域包括整个栅格布局中的所有栅格单元。

22.1　创建栅格容器

当你将一个元素的 display 属性设置为 grid 或者 inline-grid 的时候，你就无意间创建了一个栅格容器，如代码清单 22-2 所示。

代码清单 22-2　创建栅格容器

```
1   <!DOCTYPE html>
2   <html>
3   <head>
4       <meta charset="utf-8">
5       <title>栅格布局</title>
6       <style type="text/css">
7           .grid-container {
8               display: grid;
9               padding: 10px;
10              grid-template-columns: auto auto auto;
11              background-color: lightblue;
12          }
13          .inline-grid-container {
14              display: inline-grid;
15              padding: 10px;
16              grid-template-columns: auto auto auto;
17              background-color: lightblue;
18          }
19          .grid-container > div, .inline-grid-container > div {
20              text-align: center;
21              border: 1px solid white;
22              background-color: pink;
23          }
24      </style>
25  </head>
26  <body>
27      <div class="grid-container">
28          <div>1</div>
29          <div>2</div>
30          <div>3</div>
31          <div>4</div>
32          <div>5</div>
33          <div>6</div>
34      </div>
35      <br>
36      <div class="inline-grid-container">
37          <div>1</div>
38          <div>2</div>
39          <div>3</div>
40          <div>4</div>
41          <div>5</div>
42          <div>6</div>
43      </div>
44  </body>
45  </html>
```

创建的栅格容器的效果如图 22-3 所示。

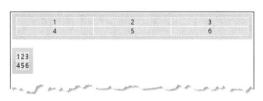

图 22-3　创建的栅格容器的效果

255

22.2　定义栅格轨道

纵向的栅格轨道（也就是对于栅格布局中的"列"）的定义，可以使用 grid-template-columns 属性实现。利用这个属性，既可以定义纵向的栅格轨道数量，也可以指定每个纵向栅格轨道的宽度，如代码清单 22-3 所示。

代码清单 22-3　定义纵向的栅格轨道并指定每个纵向栅格轨道的宽度

```
1   <!DOCTYPE html>
2   <html>
3   <head>
4       <meta charset="utf-8">
5       <title>列的定义</title>
6       <style type="text/css">
7           .grid-container {
8               display: grid;
9               padding: 10px;
10              grid-template-columns: 200px 50% 100px;
11              background-color: lightblue;
12          }
13          .grid-container > div {
14              text-align: center;
15              padding: 10px;
16              border: 1px solid white;
17              background-color: pink;
18          }
19      </style>
20  </head>
21  <body>
22      <div class="grid-container">
23          <div>1</div>
24          <div>2</div>
25          <div>3</div>
26          <div>4</div>
27          <div>5</div>
28          <div>6</div>
29      </div>
30  </body>
31  </html>
```

定义的纵向栅格轨道的效果如图 22-4 所示。

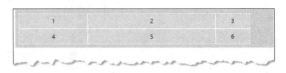

图 22-4　定义的纵向栅格轨道的效果

这里 grid-template-columns 属性有 3 个值，使用空格隔开，说明这个栅格容器总共有 3 列，这里的每个值代表每列的宽度——200 像素，栅格容器的宽度的 50%，100 像素。

🌸 注意

grid-template-columns 属性指定的值是每列最终的宽度，而不是内容的宽度。

有时候，我们可能不想固定每一个栅格轨道的具体宽度，比如，第一列的宽度指定为 200 像素，第二列的宽度占栅格容器的宽度的 50%，第三列则填充剩余的空间。

在这种情况下，一个新的关键字——fr——就可以派上用场了，我们将它称为"份儿"，1fr 就是一份儿。使用 fr 修改定义的纵向栅格轨道，如代码清单 22-4 所示。

代码清单 22-4　修改定义的纵向栅格轨道

```
1   ...
2       grid-template-columns: 200px 50% 1fr;
3   ...
```

用 1fr 实现的效果如图 22-5 所示。

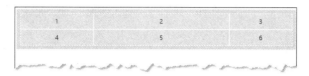

图 22-5　用 1fr 实现的效果

同样的道理，如果要平分 3 列，将 grid-template-columns 属性的值设置为 1fr 1fr 1fr 即可。这样的写法比指定 3 个 33.33%要好，因为我们都知道，1 是不能够被 3 整除的。

如果将 fr 这个单位应用到 grid-template-rows 属性上，实现结果可能会与预期有所出入。

默认情况下，1fr 具体多高，是根据里面的内容高度来决定的。再次修改定义的纵向栅格轨道如代码清单 22-5 所示。

代码清单 22-5　再次修改定义的纵向栅格轨道
```
1    ...
2        grid-template-rows: 1fr 2fr;
3    ...
```
在 grid-template-rows 属性上应用 fr 的效果如图 22-6 所示。

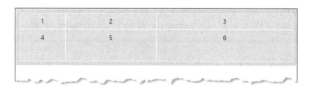

图 22-6　在 grid-template-rows 属性上应用 fr 的效果

如果为栅格容器指定了一个高度值，则 1fr 根据这个高度值来按比例分配。

22.3　定义栅格区域

栅格布局不仅允许单独定义行和列的模板，还可以以区域为单位来定义模板。

在栅格布局中，一个区域是由单个或多个单元格组成的，可以使用 grid-template-areas 属性来完成一个区域的定义。

我们分析一下代码清单 22-1。

定义栅格区域的思路是先利用 grid-area 属性为不同类别的元素命名，然后通过 grid-template-areas 属性从整体上进行布局，方法简单而且强大。

在这个例子中，grid-template-areas 的属性值由三行字符串构成，一行字符串对应栅格区域中的一行布局。这样操作起来就很方便了，如果你希望把左边导航栏（nav）和右边栏（aside）修改为贯穿左右两列，那么直接修改 grid-template-areas 的属性值就可以了，如代码清单 22-6 所示。

代码清单 22-6　通过 grid-template-areas 属性修改布局
```
1    ...
2        grid-template-areas:
3            'nav header header header aside'
4            'nav main main main aside'
5            'nav footer footer footer aside';
6    ...
```
修改后的代码实现的效果如图 22-7 所示。

如果我们希望把导航栏改成横向放置，可以修改代码，如代码清单 22-7 所示。

代码清单 22-7　继续通过 grid-template-areas 属性修改布局

```
1   ...
2       grid-template-areas:
3           'header header header header header'
4           'nav nav nav nav nav'
5           'main main main aside aside'
6           'footer footer footer aside aside';
7   ...
```

通过 grid-template-areas 属性继续修改后的布局如图 22-8 所示。

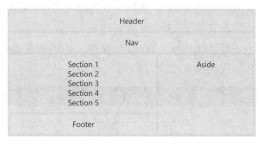

图 22-7　通过 grid-template-areas 属性修改后的布局　　　　图 22-8　通过 grid-template-areas 属性继续修改后的布局

从上述代码中不难发现，通过调整名称的数量，我们可以实现占比上的变化，比如，图 22-8 中主体内容与边栏的宽度比是 3∶2，如果我们希望将这个比例修改为 4∶1，可以修改代码，如代码清单 22-8 所示。

代码清单 22-8　接着通过 grid-template-areas 属性修改布局

```
1   ...
2       grid-template-areas:
3           'header header header header header'
4           'nav nav nav nav nav'
5           'main main main main aside'
6           'footer footer footer footer aside';
7   ...
```

通过 grid-template-areas 属性再次修改后的布局如图 22-9 所示。

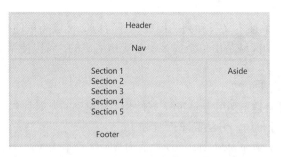

图 22-9　通过 grid-template-areas 属性再次修改后的布局

这里有两点是需要注意的。

第一，栅格中的每一行使用单个字符串来定义，不能将多个字符串合并为一个，比如，代码清单 22-9 中的写法是错误的。

代码清单 22-9　错误示范（一）

```
1   ...
2       grid-template-areas:
3           'header header header header header
4            nav nav nav nav nav
```

```
5          main main main main aside
6          footer footer footer footer aside';
7   ...
```

第二，设置了各单元的名称后，浏览器会把名称相同的相邻单元格合并为一个区域，不过区域的形状必须是矩形，否则整个布局模板都会失效，比如，代码清单 22-10 中的写法是错误的。

代码清单 22-10 错误示范（二）
```
1   ...
2       grid-template-areas:
3          'header header header header header'
4          'main nav nav nav nav'
5          'main main main main aside'
6          'footer footer footer footer aside';
7   ...
```

如果布局模板失效，那么通常显示的效果如图 22-10 所示。

代码清单 22-11 试图将主（main）内容调整为"L"形的，但结果事与愿违。

如代码清单 22-11 所示，如果要使某个区域留空，我们可以用一个或者多个"."来表示。下面的案例中，我们统一使用连续的三个点（...）。

图 22-10 布局模板失效的效果

代码清单 22-11 设置区域留空
```
1   ...
2       grid-template-areas:
3          'header header header header header'
4          '... nav nav ... ...'
5          '... main main ... aside'
6          'footer footer footer footer aside';
7   ...
```

区域留空的效果如图 22-11 所示。

grid-template-areas 属性还可以与 grid-template-columns 属性和 grid-template-rows 属性一起使用，这样我们就可以精确地定义行的高度和列的宽度，如代码清单 22-12 所示。

代码清单 22-12 精确定义行的高度和列的宽度
```
1   ...
2       grid-template-areas:
3          'header header header header header'
4          'nav main main main aside'
5          'nav footer footer footer footer';
6       grid-template-columns: 200px 1fr 1fr 1fr 100px;
7       grid-template-rows: 80px 250px 160px;
8   ...
```

精确定义行的高度和列的宽度的效果如图 22-12 所示。

图 22-11 区域留空的效果

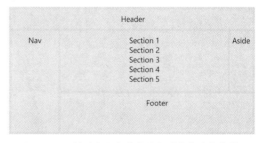

图 22-12 精确定义行的高度和列的宽度的效果

grid-template 属性其实是以下 3 个属性的简写：

❏ grid-template-areas；
❏ grid-template-rows；

❑ grid-template-columns。

在定义栅格区域的每一行字符串后面跟着一个长度，用于指定该行的高度，如代码清单 22-13 所示。

代码清单 22-13　使用 grid-template 简写形式指定行的高度

```
1  ...
2      grid-template:
3          'header header header header header' 80px
4          'nav main main main aside' 250px
5          'nav footer footer footer footer' 160px;
6      grid-template-columns: 200px 1fr 1fr 1fr 100px;
7  ...
```

如果要把列的高度写进去，则需要在最后加上一个斜杠（/），再写每列的宽度，如代码清单 22-14 所示。

代码清单 22-14　修改后的 grid-template 简写形式

```
1  ...
2      grid-template:
3          'header header header header header' 80px
4          'nav main main main aside' 250px
5          'nav footer footer footer footer' 160px / 200px 1fr 1fr 1fr 100px;
6  ...
```

22.4　定义栅格间距

栅格间距使用 grid-gap 属性来定义。grid-gap 属性其实是 grid-column-gap 属性和 grid-row-gap 属性的简写形式。grid-column-gap 属性指定的是列间距，grid-row-gap 属性指定的是行间距。定义栅格间距，如代码清单 22-15 所示。

代码清单 22-15　定义栅格间距

```
1  ...
2      grid-template:
3          'header header header header header' 80px
4          'nav main main main aside' 250px
5          'nav footer footer footer footer' 160px / 200px 1fr 1fr 1fr 100px;
6      grid-template-columns: 200px 1fr 1fr 1fr 100px;
7      grid-row-gap: 10px;
8      grid-column-gap: 20px;
9      background-color: lightblue;
10     padding: 10px;
11   }
12  ...
```

定义栅格间距的效果如图 22-13 所示。

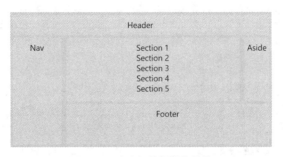

图 22-13　定义栅格间距的效果

第 7、8 行代码合在一起，就是 grid-gap: 10px 20px，这两个值中的第一个值指定的是行间距，第二个值指定的是列间距。

如果 grid-gap 属性只有一个值，则说明 grid-column-gap 和 grid-row-gap 采用相同的值。

22.5 一些关键字和函数

22.5.1 fr

前面我们已经接触过 fr 这个关键字了，它其实是 fraction 的缩写，含义是"片段"。如果将所有空间都按 fr 来分配，那么空间是按比例来进行分配的，如代码清单 22-16 所示。

```
代码清单 22-16  使用 fr 关键字按比例分配空间
1   <!DOCTYPE html>
2   <html>
3   <head>
4       <meta charset="utf-8">
5       <title>fr关键字</title>
6       <style type="text/css">
7           .grid-container {
8               display: grid;
9               padding: 10px;
10              background-color: lightblue;
11              grid-template-columns: 1fr 2fr;
12          }
13          .grid-container > div {
14              text-align: center;
15              padding: 10px;
16              border: 1px solid white;
17              background-color: pink;
18          }
19      </style>
20  </head>
21  <body>
22      <div class="grid-container">
23          <div>I love FishC</div>
24          <div>I love FishC</div>
25          <div>I love FishC</div>
26          <div>I love FishC</div>
27          <div>I love FishC</div>
28          <div>I love FishC</div>
29      </div>
30  </body>
31  </html>
```

第 11 行代码表示将栅格容器分成两列来显示，第二列的宽度是第一列的两倍，如图 22-14 所示。

如果同时使用具体的尺寸和 fr 指定列的宽度，比如，grid-template-columns: 200px 1fr 3fr，表示将栅格容器分成三列来显示，第一列的宽度为 200px，第二列、第三列按 1:3 的方式分配剩余的空间。

图 22-14　fr 关键字

22.5.2 auto

auto 关键字表示由浏览器来决定空间的长度，比如，grid-template-columns: 100px auto 100px，表示将栅格容器分成三列来显示，第一列和第三列的宽度都是固定的 100px，第二列将由浏览器自动计算出剩余的空间，效果如图 22-15 所示。

如果同时设置了 auto 和 fr 关键字，比如，grid-template-columns: 100px 1fr auto，表示将栅格容器分成三列来显示，第一列的宽度是固定的 100 像素，第三列的宽度为浏览器自动计算出的内容所需的最小空间，剩余的空间都留给第二列，效果如图 22-16 所示。

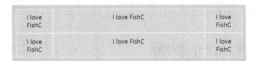

图 22-15　auto 关键字的效果（一）　　　　　　　图 22-16　auto 关键字的效果（二）

22.5.3　min-content 和 max-content

min-content 关键字的含义是"尽量少占空间，足够显示内容即可"，而 max-content 关键字的含义是"尽可能占据内容所需的最大空间"。

这两个关键字都与内容有关，比如 grid-template-columns: min-content 和 max-content 关键字实现的效果如图 22-17 所示。

min-content 只确保最长的单词能在一行里面完整显示，而 max-content 则尽可能地让所有的文本在一行内完整显示。

图 22-17　grid-template-columns: min-content 和 max-content 关键字实现的效果

22.5.4　repeat()

重复做同样的事情通常会让人感到很烦躁，这也正是我们学习编程的终极目的——我们负责脑力工作，把重复的劳作交给计算机来完成。

例如，我们想创建一个栅格容器，它包含同样宽 100 像素的 6 列，代码如下。

```
grid-template-columns: 100px 100px 100px 100px 100px 100px;
```

要创建 6 列还可以接受，但是万一需要创建 100 列呢？

有了 repeat() 函数，问题就变得简单起来。

```
grid-template-columns: repeat(6, 100px);
```

repeat() 函数中第一个参数指定重复的次数，第二个参数指定将要重复的值。如果我们希望前面三列均宽 200 像素，后面三列均宽 100 像素，可以编写如下代码。

```
grid-template-columns: repeat(3, 200px) repeat(3, 100px);
```

如果我们希望前面三列均保持 200 像素宽，后面三列填充剩余空间，然后平均一下，可以利用 repeat() 函数和 auto 关键字配合实现，代码如下。

```
grid-template-columns: repeat(3, 200px) repeat(3, auto);
```

22.5.5　auto-fill

有时候，单元格的尺寸是固定的，如果希望单元格的数量可以根据栅格容器尺寸的改变而改变，那么我们需要用到 auto-fill 关键字，代码如下。

```
grid-template-columns: repeat(auto-fill, 200px);
```

代码实现的效果如图 22-18 所示。

当我们调整浏览器尺寸的时候，若使用 auto-fill 关键字，栅格布局中每一行单元格的个数会根据栅格容器的尺寸灵活调整，如图 22-19 所示。

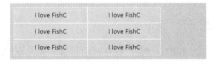

图 22-18　auto-fill 关键字的效果（一）　　　　　图 22-19　auto-fill 关键字的效果（二）

22.5.6　minmax()

CSS 还允许将栅格轨道的尺寸设置为弹性值，就是指定一个范围，让浏览器在这个范围内做出选择。使用 minmax() 函数可以实现该效果，代码如下。

```
grid-template-columns: 100px minmax(100px, 300px) 50%;
```

上述代码表示将栅格容器分为三列来显示，其中第一列和第三列的宽度是固定的，而第二列的宽度是弹性的，不过它也是有极限的，最小值是 100px，最大值是 300px。当栅格容器的宽度超过某个阈值的时候，右侧就会出现空白，如图 22-20 所示。

图 22-20　栅格容器右侧出现的空白

如果我们希望第二列通过动态调整，填满整个容器，可以将 minmax() 的最大值设置为 1fr，代码如下。

```
grid-template-columns: 100px minmax(100px, 1fr) 50%;
```

22.5.7　auto-fit

auto-fit 关键字在某种场景下的应用效果与 auto-fill 关键字很相似，下面我们通过具体的例子展示一下两者的区别。

由 auto-fill 关键字实现的代码如下。

```
grid-template-columns: repeat(auto-fill, minmax(100px, 1fr));
```

在上述代码实现的栅格布局中，当你在调整浏览器尺寸的时候，会发现栅格元素的内容有时候显示为一行，有时候显示为两行，如图 22-21 和图 22-22 所示。

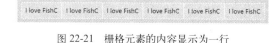

图 22-21　栅格元素的内容显示为一行

图 22-22　栅格元素的内容显示为两行

这是为什么呢？

其实我们打开浏览器的调试窗口，就可以一探究竟，如图 22-23 所示。

图 22-23　浏览器的调试窗口

原来，auto-fill 关键字是通过增加无内容列的方式来填充栅格容器的剩余空间的。

我们将 auto-fill 关键字替换成 auto-fit 关键字，代码如下。

```
grid-template-columns: repeat(auto-fit, minmax(100px, 1fr));
```

通过调整浏览器尺寸不难发现，只要宽度足够，auto-fit 关键字永远通过增加每一列的宽度，填充栅格容器的剩余空间（这样不会出现内容换行的现象）。

22.5.8　fit-content()

fit-content() 函数有一个参数 arg，该函数的作用是在参数指定的值与最小值中找到一个恰当的值，写成伪代码，如下所示。

```
fit-content(arg) -> minmax(max-content, max(min-content, arg))
```

代码应用案例如代码清单 22-17 所示。

代码清单 22-17　fit-content()函数

```
1   <!DOCTYPE html>
2   <html>
3   <head>
4       <meta charset="utf-8">
5       <title>fit-content()函数</title>
6       <style type="text/css">
7           .grid-container {
8               display: grid;
9               padding: 10px;
10              grid-template-columns: repeat(3, fit-content(500px));
11              background-color: lightblue;
12          }
13          .grid-container > div {
14              text-align: center;
15              padding: 10px;
16              border: 1px solid white;
17              background-color: pink;
18          }
19      </style>
20  </head>
21  <body>
22      <div class="grid-container">
23          <div>Lorem ipsum dolor sit, amet consectetur adipisicing elit. Itaque expedita
              eum amet vel deserunt nihil laudantium? Ad nobis rerum tempore!</div>
24          <div>Lorem ipsum dolor sit, amet consectetur adipisicing elit. Itaque expedita
              eum amet vel deserunt nihil laudantium? Ad nobis rerum tempore!</div>
25          <div>Lorem ipsum dolor sit, amet consectetur adipisicing elit. Itaque expedita
              eum amet vel deserunt nihil laudantium? Ad nobis rerum tempore!</div>
26          <div>Lorem ipsum dolor sit, amet consectetur adipisicing elit. Itaque expedita
              eum amet vel deserunt nihil laudantium? Ad nobis rerum tempore!</div>
27          <div>Lorem ipsum dolor sit, amet consectetur adipisicing elit. Itaque expedita
              eum amet vel deserunt nihil laudantium? Ad nobis rerum tempore!</div>
28          <div>Lorem ipsum dolor sit, amet consectetur adipisicing elit. Itaque expedita
              eum amet vel deserunt nihil laudantium? Ad nobis rerum tempore!</div>
29      </div>
30  </body>
31  </html>
```

使用 fit-content()函数实现的效果如图 22-24 所示。

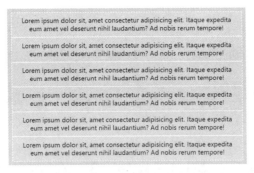

图 22-24　使用 fit-content()函数实现的效果

22.6　栅格布局的对齐方式

在学过弹性盒布局之后我们知道，对齐方式对于弹性盒布局来说是一件非常重要的事情，在栅格布局中，对齐方式同样重要。

为了在栅格布局中设置对齐，同样使用弹性盒布局中用到的 flex-wrap 属性，其值如表 22-1 所示。

表 22-1	flex-wrap 属性的值
值	说明
justify-content	（横向）指定所有栅格元素的对齐方式
justify-items	（横向）指定所有栅格元素的内容的对齐方式
justify-self	（横向）指定一个栅格元素的对齐方式
align-content	（纵向）指定所有栅格元素的对齐方式
align-items	（纵向）指定所有栅格元素的内容的对齐方式
align-self	（纵向）指定一个栅格元素的对齐方式

22.6.1 justify-content 属性

justify-content 属性在弹性盒布局中指定弹性元素在主轴上的对齐方式，而在栅格布局中指定栅格元素在水平方向上的对齐方式。justify-content 属性的值如表 22-2 所示。

表 22-2	justify-content 属性的值
值	说明
start	（默认）栅格元素全部对齐栅格容器的起边
center	栅格元素全部在栅格容器中居中对齐
end	栅格元素全部对齐栅格容器的终边
space-between	第一个栅格元素紧靠起边，最后一个栅格元素紧靠终边，其他栅格元素均匀排放，间隙留空
space-around	所有栅格元素均匀排放，栅格元素的间距不折叠
space-evenly	所有栅格元素均匀排放，栅格元素的间距折叠

justify-content 属性的各个值的效果如图 22-25（a）～（f）所示。

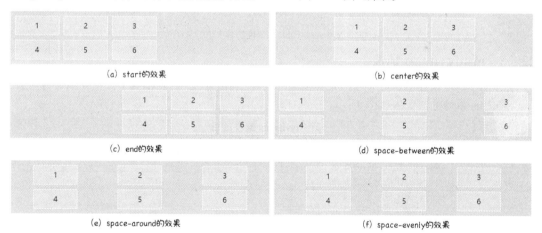

图 22-25 justify-content 属性的各个值的效果

22.6.2 align-content 属性

align-content 属性指定栅格布局在垂直方向上的对齐方式，该属性的值与 justify-content 属性是一样的，如表 22-3 所示。

表 22-3	align-content 属性的值
值	说明
start	（默认）栅格元素全部对齐栅格容器的起边
center	栅格元素全部在栅格容器中居中对齐
end	栅格元素全部对齐栅格容器的终边

续表

值	说明
space-between	第一个栅格元素紧靠起边，最后一个栅格元素紧靠终边，其他栅格元素均匀排放，间隙留空
space-around	所有栅格元素均匀排放，栅格元素之间的间距不折叠
space-evenly	所有栅格元素均匀排放，栅格元素之间的间距折叠

align-content 属性的各个值的效果如图 22-26（a）～（f）所示。

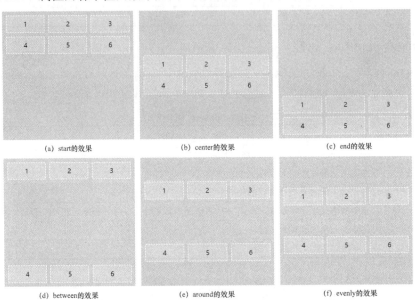

图 22-26　align-content 属性的各个值的效果

22.6.3　justify-items 属性

justify-items 属性用于对齐栅格元素里面的内容，也就是说，内容相对于栅格元素自身对齐。justify-items 属性的值如表 22-4 所示。

表 22-4　　　　　　　　　　　　justify-items 属性的值

值	说明
start	内容对齐栅格元素的起边
center	内容对齐栅格元素的中央
end	内容对齐栅格元素的终边
baseline	内容沿基线对齐
stretch	（默认）拉伸内容以填充整个栅格元素

justify-items 属性的各个值的效果如图 22-27（a）～（e）所示。

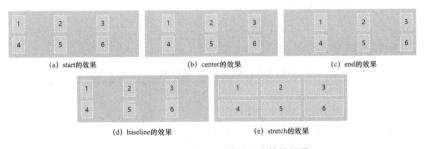

图 22-27　justify-items 属性的各个值的效果

22.6.4 align-items 属性

与 justify-items 属性一样，align-items 属性也用于对栅格元素里面的内容进行对齐，只不过方向由横向变成了纵向。align-items 属性的值如表 22-5 所示。

表 22-5   **align-items 属性的值**

值	说明
start	内容对齐栅格元素的起边
center	内容对齐栅格元素的中央
end	内容对齐栅格元素的终边
baseline	内容沿基线对齐
stretch	（默认）拉伸内容以填充整个栅格元素

align-items 属性的各个值的效果如图 22-28（a）~（e）所示。

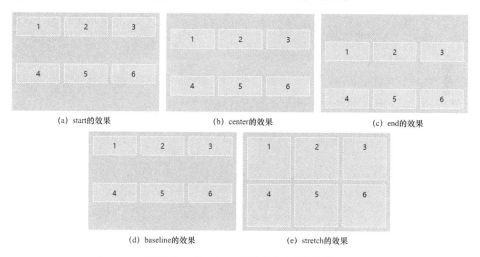

(a) start的效果　　　　　　　(b) center的效果　　　　　　(c) end的效果

(d) baseline的效果　　　　　　(e) stretch的效果

图 22-28　align-items 属性的各个值的效果

22.6.5 justify-self 和 align-self 属性

justify-self 和 align-self 属性对齐的均是单个弹性元素的内容，相当于 justify-items 和 align-items 属性的"单数"形式，所以要在栅格元素上面设置它们，如代码清单 22-18 所示。

代码清单 22-18　使用 justify-self 和 align-self 属性

```
1   <!DOCTYPE html>
2   <html>
3   <head>
4       <meta charset="utf-8">
5       <title>justify-self和align-self属性</title>
6       <style type="text/css">
7           .item1 {
8               grid-area: a;
9               justify-self: start;
10          }
11          .item2 {
12              grid-area: b;
13          }
14          .item3 {
15              grid-area: c;
16          }
17          .item4 {
18              grid-area: d;
19              align-self: stretch;
20          }
```

```
21          .grid-container {
22              display: grid;
23              padding: 10px;
24              grid-gap: 10px;
25              grid-template-areas:
26                  'a b b'
27                  'c c d';
28              grid-template-rows: 100px 200px;
29              background-color: lightblue;
30              align-items: center;
31              justify-items: stretch;
32          }
33          .grid-container > div {
34              text-align: center;
35              padding: 10px;
36              border: 1px solid white;
37              background-color: pink;
38          }
39      </style>
40  </head>
41  <body>
42      <div class="grid-container">
43          <div class="item1">1</div>
44          <div class="item2">2</div>
45          <div class="item3">3</div>
46          <div class="item4">4</div>
47      </div>
48  </body>
49  </html>
```

使用 justify-self 和 align-self 属性实现的效果如图 22-29 所示。

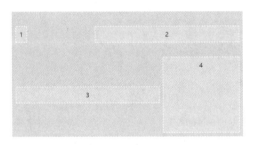

图 22-29　使用 justify-self 和 align-self 属性实现的效果

22.6.6　place-content、place-items 和 place-self 属性

place-content、place-items 和 place-self 属性是简写形式。设置 place-content 属性相当于同时设置 align-content 和 justify-content 属性。设置 place-items 属性相当于同时设置 align-items 和 justify-items 属性。同样，设置 place-self 属性相当于同时设置 align-self 和 justify-self 属性，两个值之间用空格隔开。

使用 place-items 属性的示例代码如代码清单 22-19 所示。

代码清单 22-19　使用 place-items 属性的示例代码

```
1   ...
2       <style type="text/css">
3           .item1 {
4               grid-area: a;
5               justify-self: start;
6           }
7           .item2 {
8               grid-area: b;
9           }
10          .item3 {
11              grid-area: c;
12          }
13          .item4 {
14              grid-area: d;
```

```
15              align-self: stretch;
16          }
17      .grid-container {
18          display: grid;
19          padding: 10px;
20          grid-gap: 10px;
21          grid-template-areas:
22              'a b b'
23              'c c d';
24          grid-template-rows: 100px 200px;
25          background-color: lightblue;
26          place-items: center stretch;
27      }
28      .grid-container > div {
29          text-align: center;
30          padding: 10px;
31          border: 1px solid white;
32          background-color: pink;
33      }
34  </style>
35  ...
```

22.7　栅格线

栅格线是构成栅格容器和栅格元素的基本条件，也是栅格布局中最重要的部件。

每条栅格线都有属于它自己的名字，默认以数字 1、2、3 的形式命名，如图 22-30 所示。

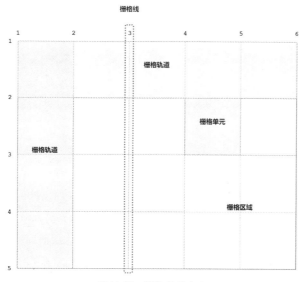

图 22-30　栅格线的命名

22.7.1　命名栅格线

除 1、2、3、4、5 这种默认的数字名称之外，我们还可以自己给栅格线命名，而且一条栅格线是支持多个名称的。

要给栅格线命名，只需要在方括号中写入自定义的名称（如果有多个名称，使用空格隔开即可），然后将其放置在恰当的位置，如代码清单 22-20 所示。

代码清单 22-20　命名栅格线

```
1  <!DOCTYPE html>
2  <html>
3  <head>
4      <meta charset="utf-8">
```

```
 5          <title>命名栅格线</title>
 6          <style type="text/css">
 7              .grid-container {
 8                  display: grid;
 9                  padding: 10px;
10                  grid-template-columns: [first apple] 1fr [banana] 2fr [cat] 3fr [last dog];
11                  grid-template-rows: [first one] 100px [two] 200px [last three];
12                  background-color: lightblue;
13              }
14              .grid-container > div {
15                  text-align: center;
16                  padding: 10px;
17                  border: 1px solid white;
18                  background-color: pink;
19              }
20          </style>
21      </head>
22      <body>
23          <div class="grid-container">
24              <div>1</div>
25              <div>2</div>
26              <div>3</div>
27              <div>4</div>
28              <div>5</div>
29              <div>6</div>
30          </div>
31      </body>
32  </html>
```

栅格线的名字在网页中是不会显示出来的，为了方便理解，这里把栅格线的名字标记了出来，如图 22-31 所示。

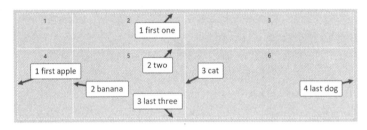

图 22-31　命名栅格线

代码清单 22-21 中，我们将栅格布局定义为纵向三列，三列的宽的比例为 1∶2∶3。

纵向有三列，有 4 条栅格线，其中第一条栅格线有三个名字——first、apple、1，最后一条栅格线也有三个名字——last、dog、4，第二条栅格线有两个名字——banana、2，第三条栅格线也有两个名字——cat、3。

横向有两行，有三条栅格线，名字分别是——first、one、1 和 two、2 和 last、three、3。

另外，不用担心横向和纵向栅格线上的名字重复，这是完全没问题的，因为默认情况下，横向和纵向栅格线的名字都是 1、2、3、4、5。

22.7.2　grid-column-start、grid-column-end 和 grid-row-start、grid-row-end 属性

grid-column-start、grid-column-end 和 grid-row-start、grid-row-end 这几个属性可用于将栅格元素放置到栅格容器的指定位置，如代码清单 22-21 所示。

代码清单 22-21　放置栅格元素到指定位置（一）

```
1  <!DOCTYPE html>
2  <html>
3  <head>
4      <meta charset="utf-8">
5      <title>放置栅格元素到指定位置</title>
6      <style type="text/css">
```

```
7            .grid-container {
8                display: grid;
9                padding: 10px;
10               grid-template-columns: [first apple] 1fr [banana] 2fr [cat] 3fr [last dog];
11               grid-template-rows: [first one] 100px [two] 200px [last three];
12               background-color: lightblue;
13           }
14           .one {
15               grid-column-start: banana;
16               grid-column-end: dog;
17               grid-row-start: one;
18               grid-row-end: two;
19           }
20           .two {
21               grid-column-start: first;
22               grid-column-end: last;
23               grid-row-start: two;
24               grid-row-end: three;
25           }
26           .three {
27               grid-column-start: apple;
28               grid-column-end: banana;
29               grid-row-start: first;
30               grid-row-end: two;
31           }
32           .grid-container > div {
33               text-align: center;
34               padding: 10px;
35               border: 1px solid white;
36               background-color: pink;
37           }
38       </style>
39   </head>
40   <body>
41       <div class="grid-container">
42           <div class="one">1</div>
43           <div class="two">2</div>
44           <div class="three">3</div>
45       </div>
46   </body>
47   </html>
```

放置栅格元素到指定位置的效果如图 22-32 所示。

这 4 个属性的用法其实很简单：grid-column-start 指定的是列的起始位置；grid-column-end 指定的是列的结束位置；grid-row-start 指定的是行的起始位置；grid-row-end 指定的是行的结束位置。

再来看一个例子，如代码清单 22-22 所示。

图 22-32　放置栅格元素到指定位置的效果

代码清单 22-22　放置栅格元素到指定位置（二）

```
1    ...
2        <style type="text/css">
3            .grid-container {
4                display: grid;
5                grid-template-columns: repeat(5, 1fr);
6                grid-template-rows: repeat(5, 1fr);
7                background-color: lightblue;
8            }
9
10           .one {
11               grid-column-start: 3;
12               grid-column-end: 6;
13               grid-row-start: 3;
14               grid-row-end: 6;
15           }
16
17           .two {
18               grid-column-start: 1;
```

```
19              grid-column-end: 2;
20              grid-row-start: 1;
21              grid-row-end: 5;
22          }
23
24          .three {
25              grid-column-start: 4;
26              grid-row-start: 4;
27          }
28
29          .grid-container > div {
30              text-align: center;
31              padding: 10px;
32              border: 1px solid white;
33              background-color: pink;
34          }
35      </style>
36  ...
```

再次放置栅格元素到指定位置的效果如
图 22-33 所示。

我们生成了一个 5×5 的栅格布局，它产生
了 6×6 条栅格线。通过图 22-23 中代码实现的
效果，我们发现了三个有趣的事实。

图 22-33　再次放置栅格元素到指定位置的效果

  ❑ 栅格元素不必填满整个栅格容器。

  ❑ 栅格元素之间可以相互覆盖。

  ❑ 如果省略结束栅格线，那么结束栅格线使用下一条栅格线代替。

22.7.3　grid-column 和 grid-row 属性

grid-column 和 grid-row 属性是简写的形式。设置 grid-column 相当于同时设置 grid-column-start
和 grid-column-end 属性。设置 grid-row 相当于同时设置 grid-row-start 和 grid-row-end 属性。

所以，代码清单 22-22 写成简写的形式如代码清单 22-23 所示。

代码清单 22-23　代码清单 22-22 的简写形式

```
1   ...
2       .one {
3           grid-column: 3 / 6;
4           grid-row: 3 / 6;
5       }
6       .two {
7           grid-column: 1 / 2;
8           grid-row: 1 / 5;
9       }
10  ...
```

22.7.4　grid-area 属性

grid-area 属性较简单的用法是把元素指定给定义好的栅格区域，比如，使用 grid-template-areas
属性来定义布局，然后再利用 grid-area 属性将元素指定给定义好的栅格区域。

grid-area 属性相当于 grid-row-start/grid-column-start/grid-row-end/grid-column-end 的简写。
所以，代码清单 22-22 进一步简写的形式如代码清单 22-24 所示。

代码清单 22-24　代码清单 22-22 进一步简写的形式

```
1   ...
2       .one {
3           grid-area: 3 / 3 / 6 / 6;
4       }
5       .two {
6           grid-area: 1 / 1 / 5 / 2;
7       }
8   ...
```

22.7.5　修改重叠的顺序

从图 22-33 中我们不难发现，不同栅格元素之间是允许重叠的。

有两种方法可以修改重叠元素的顺序：第一种是通过设置 z-index 属性提升某个元素的高度；第二种是通过设置 order 属性修改元素的视觉顺序。

修改元素重叠的顺序，如代码清单 22-25 所示。

代码清单 22-25　修改元素重叠的顺序

```
1   <!DOCTYPE html>
2   <html>
3   <head>
4       <meta charset="utf-8">
5       <title>修改元素重叠的顺序</title>
6       <style type="text/css">
7           .grid-container {
8               display: grid;
9               grid-template-columns: repeat(10, 1fr);
10              grid-template-rows: repeat(10, 1fr);
11              background-color: lightblue;
12          }
13          .one {
14              grid-column: 4 / 10;
15              grid-row: 2 / 6;
16              z-index: 1;
17          }
18          .two {
19              grid-column: 1 / 6;
20              grid-row: 1 / 8;
21              order: 1;
22          }
23          .three {
24              grid-column: 2 / 5;
25              grid-row: 5 / 10;
26          }
27          .four {
28              grid-column: 4 / 9;
29              grid-row: 6 / 9;
30          }
31          .five {
32              grid-column: 8 / 11;
33              grid-row: 5 / 11;
34          }
35          .grid-container > div {
36              text-align: center;
37              padding: 10px;
38              border: 1px solid white;
39              background-color: pink;
40          }
41      </style>
42  </head>
43  <body>
44      <div class="grid-container">
45          <div class="one">1</div>
46          <div class="two">2</div>
47          <div class="three">3</div>
48          <div class="four">4</div>
49          <div class="five">5</div>
50      </div>
51  </body>
52  </html>
```

代码实现的效果如图 22-34 所示。

图 22-34　修改重叠的顺序的效果

22.8 定义栅格元素的放置规则

22.8.1 grid-auto-flow 属性

在创建栅格布局之后，容器内的栅格元素就会按照指定的规则，自动放置到每一个单元格里面。grid-auto-flow 属性的作用就是定义栅格元素放置的规则，该属性的值如表 22-6 所示。

表 22-6 grid-auto-flow 属性的值

值	说明
row	（默认）按行优先的方式填充栅格元素
column	按列优先的方式填充栅格元素
dense	将栅格元素紧密填充
row dense	将栅格元素按行优先的方式紧密填充
column dense	将栅格元素按列优先的方式紧密填充

默认的放置规则是"先行后列"，也就是先填满第一行，再开始放入第二行，如代码清单 22-26 所示。

代码清单 22-26 定义栅格元素的放置规则

```
1    <!DOCTYPE html>
2    <html>
3    <head>
4        <meta charset="utf-8">
5        <title>定义栅格元素的放置规则</title>
6        <style type="text/css">
7        .grid-container {
8            display: grid;
9            grid-template-columns: 100px 100px 100px;
10           grid-template-rows: 100px 100px 100px;
11           grid-auto-flow: row;
12       }
13       .grid-container > div {
14           font-size: 2em;
15           text-align: center;
16           height: 100px;
17           line-height: 100px;
18           border: 1px solid white;
19       }
20       .item1 {
21           background-color: lavender;
22       }
23       .item2 {
24           background-color: pink;
25       }
26       .item3 {
27           background-color: cornsilk;
28       }
29       .item4 {
30           background-color: lightgreen;
31       }
32       .item5 {
33           background-color: lightblue;
34       }
35       .item6 {
36           background-color: lightcoral;
37       }
38       .item7 {
39           background-color: lightcyan;
40       }
41       .item8 {
42           background-color: skyblue;
43       }
```

```
44          .item9 {
45              background-color: CadetBlue;
46          }
47      </style>
48  </head>
49  <body>
50      <div class="grid-container">
51          <div class="item1">1</div>
52          <div class="item2">2</div>
53          <div class="item3">3</div>
54          <div class="item4">4</div>
55          <div class="item5">5</div>
56          <div class="item6">6</div>
57          <div class="item7">7</div>
58          <div class="item8">8</div>
59          <div class="item9">9</div>
60      </div>
61  </body>
62  </html>
```

栅格元素"先行后列"的放置效果如图22-35所示。

如果我们想要将它变成"先列后行"的显示形式，只需要将 grid-auto-flow: row 修改为 grid-auto-flow: column 即可，如代码清单22-27所示。

代码清单22-27　修改栅格元素的放置规则

```
1   ...
2       .grid-container {
3           display: grid;
4           grid-template-columns: 100px 100px 100px;
5           grid-template-rows: 100px 100px 100px;
6           grid-auto-flow: column;
7       }
8   ...
```

栅格元素"先列后行"的放置效果如图22-36所示。

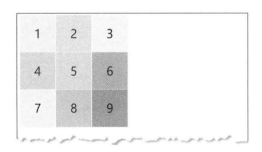

图22-35　栅格元素"先行后列"的放置效果

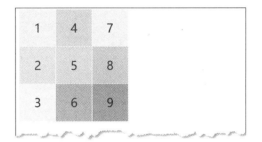

图22-36　栅格元素"先列后行"的放置效果

如果我们将"1"和"4"两个栅格元素的宽度变成原来的两倍，并且以"先行后列"的形式布局，那么放置效果如图22-37所示。

显然，无论从审美上还是从实际应用上来说，这种浪费空间的做法都是非常糟糕、令人难以接受的。为了解决这个问题，我们可以使用row dense，让栅格元素紧密填充，如代码清单22-28所示。

代码清单22-28　再次定义栅格元素的放置规则

```
1   ...
2       .grid-container {
3           display: grid;
4           grid-template-columns: 100px 100px 100px;
5           grid-template-rows: 100px 100px 100px;
6           grid-auto-flow: row dense;
7       }
8   ...
```

填充效果如图22-38所示。

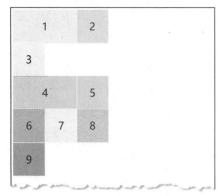

图 22-37 放大"1"和"4"并且使栅格元素
"先行后列"的放置效果

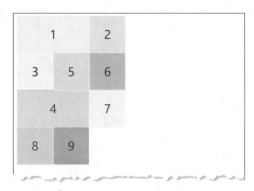

图 22-38 栅格元素紧密填充的效果

22.8.2 grid-auto-columns 和 grid-auto-rows 属性

截至目前，栅格布局如何定义，栅格元素就如何存放。但是有时候，我们可能会遇到突发情况——栅格元素跑到栅格布局的外面了。使用代码清单 22-29 定义栅格元素的放置规则。

代码清单 22-29 定义栅格元素的放置规则

```
1   <!DOCTYPE html>
2   <html>
3   <head>
4       <meta charset="utf-8">
5       <title>定义栅格元素的放置规则</title>
6       <style type="text/css">
7           .grid-container {
8               display: grid;
9               grid-template-columns: 100px 100px 100px;
10              grid-template-rows: 100px 100px;
11          }
12          .grid-container > div {
13              font-size: 2em;
14              text-align: center;
15              border: 1px solid white;
16          }
17          .item1 {
18              background-color: lavender;
19          }
20          .item2 {
21              background-color: pink;
22          }
23          .item3 {
24              background-color: cornsilk;
25          }
26          .item4 {
27              background-color: lightgreen;
28          }
29          .item5 {
30              background-color: lightblue;
31          }
32          .item6 {
33              background-color: lightcoral;
34          }
35          .item7 {
36              background-color: lightcyan;
37          }
38          .item8 {
39              background-color: skyblue;
40              grid-column: 2 / 3;
41              grid-row: 4 / 5;
42          }
43          .item9 {
44              background-color: CadetBlue;
45              grid-column: 3 / 4;
```

```
46              grid-row: 5 / 6;
47          }
48      </style>
49  </head>
50  <body>
51      <div class="grid-container">
52          <div class="item1">1</div>
53          <div class="item2">2</div>
54          <div class="item3">3</div>
55          <div class="item4">4</div>
56          <div class="item5">5</div>
57          <div class="item6">6</div>
58          <div class="item7">7</div>
59          <div class="item8">8</div>
60          <div class="item9">9</div>
61      </div>
62  </body>
63  </html>
```

上述代码定义了三行两列的栅格布局，栅格元素却有 9 个。第 8、9 个元素还被指定到更远的位置，代码实现的效果如图 22-39 所示。

这种情况下，代码实现的效果不太理想，因为在默认的情况下自动增加的行所占空间是内容呈现所需的最小尺寸。

如果我们想进一步控制这样越界的元素的尺寸，可以通过 grid-auto-columns 和 grid-auto-rows 属性来实现，如代码清单 22-30 所示。

代码清单 22-30　修改越界的元素的尺寸

```
1   ...
2       .grid-container {
3           display: grid;
4           grid-template-columns: 100px 100px 100px;
5           grid-template-rows: 100px 100px;
6           grid-auto-rows: 100px;
7       }
8   ...
```

修改后的代码实现的效果如图 22-40 所示。

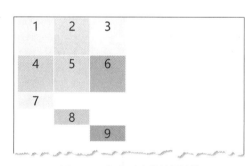

图 22-39　栅格元素的放置效果

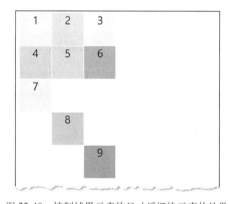

图 22-40　控制越界元素的尺寸后栅格元素的效果

22.9　grid 属性

grid 属性是一个集大成者，它是 grid-template-rows、grid-template-columns、grid-template-areas、grid-auto-rows、grid-auto-columns、grid-auto-flow 的简写形式。

示例如下。

grid: none 相当于 grid-template: none。

grid: "a" 100px "b" 1fr 相当于 grid-template: "a" 100px "b" 1fr。

grid: [linename1] "a" 100px [linename2]相当于 grid-template: [linename1] "a" 100px [linename2]。

增加点难度。

grid: 200px/auto-flow;相当于以下代码。

```
grid-template-rows: 200px;
grid-auto-flow: column;
```

grid: auto-flow/200px;相当于以下代码。

```
grid-auto-flow: row;
grid-template-columns: 200px;
```

grid: 30%/auto-flow dense;相当于以下代码。

```
grid-template-rows: 30%;
grid-auto-flow: column dense;
```

grid: auto-flow dense 200px/1fr 2fr 3fr;相当于以下代码。

```
grid-auto-flow: row dense;
grid-auto-rows: 200px
grid-template-columns: 1fr 2fr 3fr;
```

不难发现，这里还有一个新的属性值——auto-flow，把它放在斜杠（/）的左边，就相当于设置了 grid-auto-flow: row，把它放置在斜杠的右边，就相当于设置了 grid-auto-flow: column。

22.10　栅格元素的特性

在弹性盒布局中,弹性元素既不受浮动的影响,也不会像普通 BFC 那样发生塌陷或者折叠。栅格布局中，栅格元素也拥有同样的特性，如代码清单 22-31 所示。

代码清单 22-31　栅格元素的特性

```
1    <!DOCTYPE html>
2    <html>
3    <head>
4        <meta charset="utf-8">
5        <title>栅格元素的特性</title>
6        <style type="text/css">
7            .grid-container {
8                display: grid;
9                grid-template-columns: 160px 160px 160px;
10               grid-auto-rows: 160px;
11               background-color: pink;
12           }
13           .grid-container > div {
14               margin: 20px;
15               background-color: lightblue;
16           }
17           img {
18               width: 120px;
19               float: right;
20           }
21       </style>
22   </head>
23   <body>
24       <div class="grid-container">
25           <div><img src="img.gif" alt="you"></div>
26           <div></div>
27           <div></div>
28           <div></div>
29           <div></div>
30           <div></div>
31       </div>
32   </body>
33   </html>
```

代码实现的效果如图 22-41 所示。

图 22-41　代码实现的效果

第 23 章

文本样式和字体

23.1　设置文本对齐

　　设置文本对齐使用的是 text-align 属性，这个属性在前面的例子中也多次使用过。该属性的值如表 23-1 所示。

表 23-1　　　　　　　　　　　　　　　　text-align 属性的值

值	说明
start	使文本对齐语言文字书写方向的起始位置
end	使文本对齐语言文字书写方向的结束位置
left	使文本对齐左侧
right	使文本对齐右侧
center	使文本居中
justify	使文本两端对齐

　　这几个属性值都很好理解，示例代码如代码清单 23-1 所示。

代码清单 23-1　设置文本对齐

```
1    <!DOCTYPE html>
2    <html>
3    <head>
4        <meta charset="utf-8">
5        <title>设置文本对齐</title>
6        <style type="text/css">
7            p {
8                color: blueviolet;
9                background-color: pink;
10           }
11           .start {
12               text-align: start;
13           }
14           .end {
15               text-align: end;
16           }
17           .left {
18               text-align: left;
19           }
20           .right {
21               text-align: right;
22           }
23           .center {
24               text-align: center;
25           }
```

```
26          .justify {
27              text-align: justify;
28          }
29      </style>
30  </head>
31  <body>
32      <p class="start">start</p>
33      <p class="end">end</p>
34      <p class="left">left</p>
35      <p class="right">right</p>
36      <p class="center">center</p>
37      <p class="justify">Lorem ipsum dolor sit amet consectetur adipisicing elit.
        Odio, nulla quia. Enim nihil velit fugit neque, itaque vel repudiandae illo
        rerum voluptatem maiores mollitia dolorem molestias inventore repellendus illum?
        Ratione.</p>
38  </body>
39  </html>
```

代码实现的效果如图 23-1 所示。

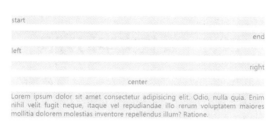

图 23-1 代码实现的效果

23.2 保留空白字符

在学习 HTML 的时候，我们了解到，默认情况下，HTML 源代码中多个空格甚至是换行符都会被压缩为一个空格。

而 CSS 的 white-space 属性允许用户定义空白字符的处理方式，该属性的值如表 23-2 所示。

表 23-2   white-space 属性的值

值	说明
normal	（默认）空白字符被压缩，文本自动换行
nowrap	空白字符被压缩，文本不自动换行
pre	空白字符被保留，文本只在遇到换行符的时候换行
pre-line	空白字符被压缩，文本会在一行排满或遇到换行符的时候换行
pre-wrap	空白字符被保留，文本会在一行排满或遇到换行符的时候换行

参考案例如代码清单 23-2 所示。

代码清单 23-2 保留空白字符

```
1   <!DOCTYPE html>
2   <html>
3   <head>
4       <meta charset="utf-8">
5       <title>保留空白字符</title>
6       <style type="text/css">
7           p {
8               color: blueviolet;
9               background-color: pink;
10              white-space: pre-wrap;
11          }
12      </style>
13  </head>
```

```
14  <body>
15      <p>
16          我在幻想着,
17          幻想在破灭着,
18          幻想总把破灭宽恕,
19          破灭却从不把幻想放过。
20      </p>
21  </body>
22  </html>
```

保留空白字符的效果如图 23-2 所示。

图 23-2　保留空白字符的效果

23.3　设置文本的方向

我们还可以定义文本的方向是从左到右还是从右到左，这使用的是 direction 属性，其默认值是 ltr，若设置为 rtl 表示从右到左显示，如代码清单 23-3 所示。

代码清单 23-3　设置文本方向

```
1   <!DOCTYPE html>
2   <html>
3   <head>
4       <meta charset="utf-8">
5       <title>设置文本方向</title>
6       <style type="text/css">
7           p {
8               color: blueviolet;
9               background-color: pink;
10              direction: rtl;
11          }
12      </style>
13  </head>
14  <body>
15      <p>我需要，最狂的风，<br>最静的海。</p>
16  </body>
17  </html>
```

文本从右到左显示的效果如图 23-3 所示。

图 23-3　文本从右到左显示的效果

文本放到浏览器右侧了，但文本的顺序没改变。要把文本颠倒过来，我们需要将 unicode-bidi 属性设置为 bidi-override，如代码清单 23-4 所示。

代码清单 23-4　修改文本方向并颠倒文字

```
1   ...
2       <style type="text/css">
3           p {
4               color: blueviolet;
5               background-color: pink;
6               direction: rtl;
7               unicode-bidi: bidi-override;
8           }
9       </style>
10  ...
```

修改文本方向并颠倒文字的效果如图 23-4 所示。

风的狂暴，要需我
海的静最

图 23-4　修改文本方向并颠倒文字的效果

有时候，我们可能会想要学习古人从上往下，从右往左来书写文字。这可以使用 writing-mode 属性实现，该属性的值如表 23-3 所示。

表 23-3　　　　　　　　　　writing-mode 属性的值

值	说明
horizontal-tb	让文本内容从左到右水平流动，从上往下换行
vertical-rl	让文本内容从上到下垂直流动，从右往左换行
vertical-lr	让文本内容从上到下垂直流动，从左往右换行

修改后的代码如代码清单 23-5 所示。

代码清单 23-5　再次修改文本方向

```
1    ...
2    <style type="text/css">
3        p {
4            color: blueviolet;
5            background-color: pink;
6            writing-mode: vertical-rl;
7            float: right;
8        }
9    </style>
10   ...
```

再次修改文本方向的效果如图 23-5 所示。

图 23-5　再次修改文本方向的效果

23.4　设置缩进

书籍、报刊等对于文本格式的要求是比较高的，最基本的要求就是缩进，每个段落在首行都要有两个字符的缩进。

在网页上，控制缩进的是 text-indent 属性，它的值可以是具体的长度值，也可以是相对于元素宽度的百分比，如代码清单 22-6 所示。

代码清单 23-6　设置缩进

```
1    <!DOCTYPE html>
2    <html>
3    <head>
4        <meta charset="utf-8">
5        <title>设置缩进</title>
6        <style type="text/css">
7            p {
8                color: blueviolet;
9                background-color: pink;
10               text-indent: 2em;
11           }
12       </style>
13   </head>
14   <body>
```

```
15          <p>学编程最大的好处其实是可以对人的思维方式进行训练。编程课程一方面会介绍编程语言的基础知识,
            另一方面会讲述算法的内容。</p>
16      </body>
17      </html>
```

设置缩进的效果如图 23-6 所示。

学编程最大的好处其实是可以对人的思维方式进行训练。编程课程一方面会介绍编程
语言的基础知识,另一方面会讲述算法的内容。

图 23-6　设置缩进的效果

23.5　设置间距

CSS 还可以设置文本内的各种间距,如字母的间距(使用 letter-spacing 属性)、单词的间距(使用 word-spacing 属性)以及行高(line-height),如代码清单 23-7 所示。

代码清单 23-7　设置间距

```
1   <!DOCTYPE html>
2   <html>
3   <head>
4       <meta charset="utf-8">
5       <title>设置间距</title>
6       <style type="text/css">
7           p {
8               color: blueviolet;
9               background-color: pink;
10              white-space: pre-wrap;
11              letter-spacing: 2em;
12              line-height: 2;
13          }
14      </style>
15  </head>
16  <body>
17      <p>
18          千山鸟飞绝,
19          万径人踪灭。
20          孤舟蓑笠翁,
21          独钓寒江雪。
22      </p>
23  </body>
24  </html>
```

设置间距的效果如图 23-7 所示。

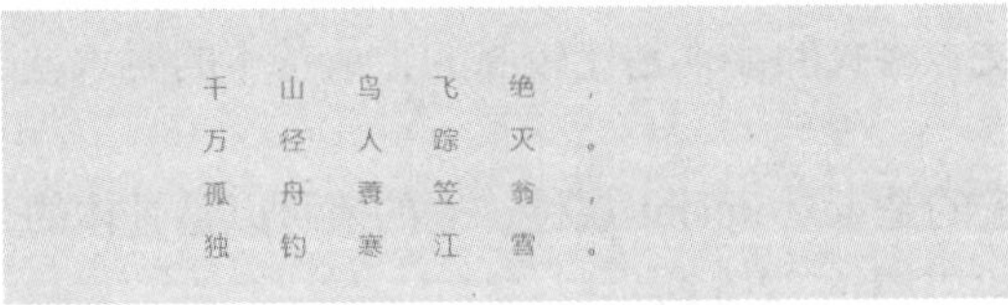

千 山 鸟 飞 绝 ,
万 径 人 踪 灭 。
孤 舟 蓑 笠 翁 ,
独 钓 寒 江 雪 。

图 23-7　设置间距的效果

　　细心的读者可能已经发现了,上面这个 line-height 属性值是没有写单位的,它其实表示行高是对应元素字体尺寸的 2 倍,这也是官方推荐的做法。写上单位,比如 2em,也可以。只是在某些特殊的情况下,显示的效果与预想的结果会有所差异。代码清单 23-8 所示在设置 line-height 属性时使用了单位。

代码清单 23-8　在设置 line-height 时写单位

```
1   <!DOCTYPE html>
2   <html>
3   <head>
4       <meta charset="utf-8">
5       <title>为什么官方推荐在设置line-height时使用无单位数值</title>
```

```
 6          <style type="text/css">
 7              .lightblue {
 8                  line-height: 1.5;
 9                  border: solid lightblue;
10              }
11              .pink {
12                  line-height: 1.5em;
13                  border: solid pink;
14              }
15              h1 {
16                  font-size: 30px;
17              }
18              .box {
19                  width: 18em;
20                  display: inline-block;
21                  vertical-align: top;
22                  font-size: 15px;
23              }
24          </style>
25      </head>
26      <body>
27          <div class="box lightblue">
28              <h1>通过使用无单位的行高避免意外的结果。</h1>
29              <p>使用长度和百分比来定义行高具有较差的继承行为。</p>
30          </div>
31          <div class="box pink">
32              <h1>通过使用无单位的行高避免意外的结果。</h1>
33              <p>使用长度和百分比来定义行高具有较差的继承行为。</p>
34          </div>
35      </body>
36  </html>
```

在设置 line-height 时使用单位的效果如图 23-8 所示。

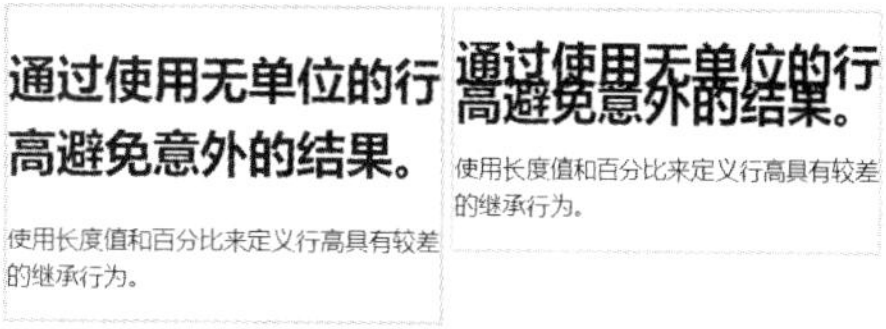

由于对于 h1 元素没有定义 line-height 属性，因此其行高继承的是父元素的值。右侧方框的 line-height 属性的值为 1.5em，也就是 $1.5 \times 15px = 22.5px$；左侧方框的 line-height 属性的值是 1.5，也就是对应元素字体尺寸的 1.5 倍，因为 h1 元素定义了字体尺寸是 30px，所以它的行高就是 $1.5 \times 30px = 45px$。

图 23-8　在设置 line-height 时使用单位的效果

23.6　纵向对齐文本

CSS 允许使用 vertical-align 属性定义文本的纵向对齐方式，vertical-align 属性的值如表 23-4 所示。

表 23-4　　　　　　　　　　　　　　　vertical-align 属性的值

值	说明
baseline	（默认）使元素与父元素的基线对齐
sub	使元素与父元素的下标基线对齐
super	使元素与父元素的上标基线对齐
text-top	使元素的顶部与父元素的字体顶部对齐
text-bottom	使元素的底部与父元素的字体底部对齐
middle	使元素的中部与父元素的字体中线对齐
<length>	使元素对齐父元素基线的指定长度（正数表示向上；负数表示向下）
<percentage>	使元素对齐父元素基线的指定百分比，该百分比是相对于 line-height 属性的百分比（正数表示向上；负数表示向下）
top	使元素及其后代元素的顶部与整行的顶部对齐
bottom	使元素及其后代元素的底部与整行的底部对齐

参考案例如代码清单 23-9 所示。

代码清单 23-9　纵向对齐文本

```
1   <!DOCTYPE html>
2   <html>
3   <head>
4       <meta charset="utf-8">
5       <title>纵向对齐文本</title>
6       <style type="text/css">
7           p {
8                   font-size: 36px;
9           }
10          img {
11                  width: 1em;
12          }
13          .top {
14              vertical-align: top;
15          }
16          .middle {
17              vertical-align: middle;
18          }
19          .bottom {
20              vertical-align: bottom;
21          }
22      </style>
23  </head>
24  <body>
25      <p>I love FishC.com <img class="top" src="img.png" alt="turtle"></p>
26      <p>I love FishC.com <img class="middle" src="img.png" alt="turtle"></p>
27      <p>I love FishC.com <img class="bottom" src="img.png" alt="turtle"></p>
28  </body>
29  </html>
```

纵向对齐文本的效果如图 23-9 所示。

图 23-9　纵向对齐文本的效果

23.7　创建文本阴影

CSS 除允许我们为盒子模型创建阴影效果之外，还支持给文本创建阴影效果。这使用 text-shadow 属性即可实现，它的 4 个值如表 23-5 所示。

表 23-5　text-shadow 属性的值

值	说明
hoffset	阴影的水平偏移量：正数代表向右偏移；负数代表向左偏移
voffset	阴影的垂直偏移量：正数代表向下偏移；负数代表向上偏移
blur	（可选）模糊值：值越大，边界越模糊
color	（可选）阴影的颜色

举一个例子，请看代码清单 23-10。

代码清单 23-10　创建文本阴影

```
1   <!DOCTYPE html>
2   <html>
3   <head>
4       <meta charset="utf-8">
5       <title>创建文本阴影</title>
6       <style type="text/css">
7           p {
8               color: blueviolet;
9               background-color: pink;
10              white-space: pre-wrap;
11              text-shadow: 2px 2px 5px red;
12          }
13      </style>
14  </head>
15  <body>
16      <p>
17          千山鸟飞绝，
18          万径人踪灭。
19          孤舟蓑笠翁，
20          独钓寒江雪。
21      </p>
22  </body>
23  </html>
```

创建文本阴影的效果如图 23-10 所示。

图 23-10　创建文本阴影的效果

23.8　控制断词

有时候我们可能会遇到一个单词的长度超越了其中元素宽度的情况，这会导致文本溢出其父元素，如代码清单 22-11 所示。

代码清单 23-11　文本溢出

```
1   <!DOCTYPE html>
2   <html>
3   <head>
4       <meta charset="utf-8">
5       <title>控制断词</title>
6       <style type="text/css">
7           p {
8               color: blueviolet;
9               background-color: pink;
10              padding: 10px;
11              width: 200px;
12          }
13      </style>
14  </head>
15  <body>
16      <p>天哪，小甲鱼竟然流利地背出了"ABCDEFGHIJKLMNOPQRSTUVWXYZ"26个字母。</p>
17  </body>
18  </html>
```

文本溢出的效果如图 23-11 所示。

图 23-11　文本溢出的效果

为了控制断词，我们需要将 word-break 属性设置为 break-all，如代码清单 23-12 所示。

```
代码清单 23-12　控制断词
 1  ...
 2      <style type="text/css">
 3        p {
 4            color: blueviolet;
 5            background-color: pink;
 6            padding: 10px;
 7            width: 200px;
 8            word-break: break-all;
 9        }
10      </style>
11  ...
```

控制断词的效果如图 23-12 所示。

天哪，小甲鱼竟然流利地背
出了 "ABCDEFGHIJKLMN
OPQRSTUVWXYZ" 26个
字母。

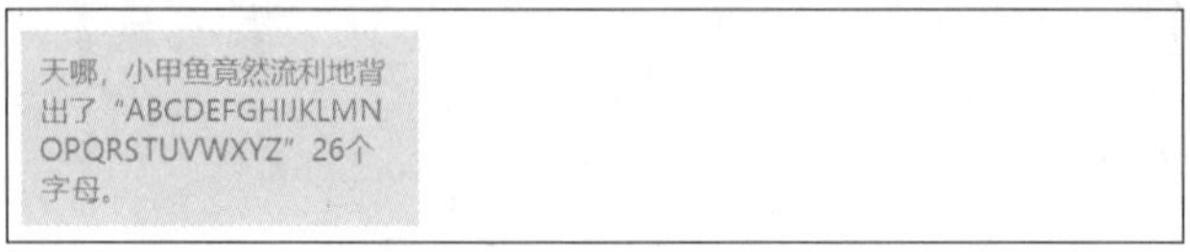

图 23-12　控制断词的效果

23.9　控制文本溢出

如果将 white-space 属性设置为 nowrap，文本就会溢出，如代码清单 23-13 所示。

```
代码清单 23-13　文本溢出
 1  ...
 2      <style type="text/css">
 3        p {
 4            color: blueviolet;
 5            background-color: pink;
 6            padding: 10px;
 7            width: 200px;
 8            white-space: nowrap;
 9        }
10      </style>
11  ...
```

文本溢出的效果如图 23-13 所示。

天哪，小甲鱼竟然流利地背出了 "ABCDEFGHIJKLMNOPQRSTUVWXYZ" 26个字母。

图 23-13　文本溢出的效果

这时候，若没有换行，文本就会溢出。

我们可以通过 overflow 属性隐藏溢出的内容。为了控制文本溢出，我们可以通过设置 text-overflow 属性为 ellipsis，如代码清单 23-14 所示。

```
代码清单 23-14　控制文本溢出
 1  ...
 2      <style type="text/css">
 3        p {
 4            color: blueviolet;
 5            background-color: pink;
 6            padding: 10px;
 7            width: 200px;
 8            white-space: nowrap;
 9            overflow: hidden;
10            text-overflow: ellipsis;
```

```
11          }
12      </style>
13  ...
```

控制文本溢出的效果如图 23-14 所示。

天哪，小甲鱼竟然流利地...

图 23-14　控制文本溢出的效果

注意

只有先设置 white-space: nowrap 及 overflow: hidden，text-overflow 属性才会生效。

23.10　装饰文本

text-decoration 属性用于装饰文本，这里的"装饰"指的是为文本添加上画线、删除线和下画线。

text-decoration 属性是以下 4 个属性的简写形式：

❑　text-decoration-line；

❑　text-decoration-thickness；

❑　text-decoration-style；

❑　text-decoration-color。

其中，text-decoration-line 属性的值如表 23-6 所示。

表 23-6　　　　　　　　　　　text-decoration-line 属性的值

值	说明
none	（默认）不添加任何线
overline	添加上画线
line-through	添加中画线（删除线）
underline	添加下画线

text-decoration-thickness 属性用于指定线条的粗细。

text-decoration-style 属性用于设置线条的样式，其值如表 23-7 所示。

表 23-7　　　　　　　　　　　text-decoration-style 属性的值

值	说明
solid	（默认）表示一条实线
double	表示一条双实线
dotted	表示一条点线
dashed	表示一条虚线
wavy	表示一条波浪线

text-decoration-color 属性用于设置线条的颜色。

使用 text-decoration 属性装饰文本，如代码清单 23-15 所示。

代码清单 23-15　使用 text-decoration 装饰文本

```
1   <!DOCTYPE html>
2   <html>
3   <head>
4       <meta charset="utf-8">
5       <title>修饰文本</title>
6       <style type="text/css">
7           p {
```

```
8              color: blueviolet;
9              background-color: pink;
10             text-decoration: underline 2px wavy red;
11         }
12     </style>
13 </head>
14 <body>
15     <p>明月装饰了你的窗子，你装饰了别人的梦。</p>
16 </body>
17 </html>
```

装饰文本的效果如图 23-15 所示。

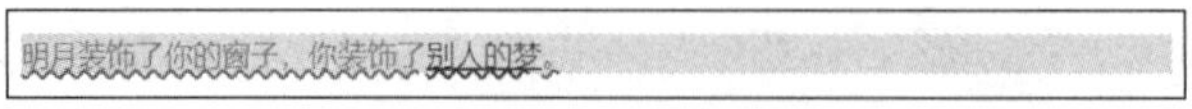

图 23-15　装饰文本的效果

text-decoration 属性还有一个特殊功能，就是取消超链接的下画线，如代码清单 23-16 所示。

代码清单 23-16　取消超链接的下画线

```
1  <!DOCTYPE html>
2  <html>
3  <head>
4      <meta charset="utf-8">
5      <title>取消超链接的下画线</title>
6      <style type="text/css">
7          p {
8              color: blueviolet;
9              background-color: pink;
10             text-decoration: underline 2px wavy red;
11         }
12         a {
13             text-decoration: none;
14         }
15     </style>
16 </head>
17 <body>
18     <p>明月装饰了你的窗子，你装饰了<a href="https://ilovefishc.com">别人的梦</a>。</p>
19 </body>
20 </html>
```

取消超链接的下画线的效果如图 23-16 所示。

图 23-16　取消超链接的下画线的效果

23.11　转换大小写

利用 text-transform 属性还可以转换字母的大小写，其值如表 23-8 所示。

表 23-8　　　　　　　　　　　　**text-transform 属性的值**

值	说明
uppercase	将所有的字母都转换为大写字母
lowercase	将所有的字母都转换为小写字母
capitalize	将所有单词的首字母都转换为大写字母

代码清单 23-17 展示了转换字母大小写的示例。

代码清单 23-17　转换字母的大小写

```
1  <!DOCTYPE html>
2  <html>
3  <head>
```

```
4        <meta charset="utf-8">
5        <title>转换大小写</title>
6        <style type="text/css">
7            p {
8                color: blueviolet;
9                background-color: pink;
10               padding: 10px;
11               width: 200px;
12               text-transform: lowercase;
13           }
14       </style>
15   </head>
16   <body>
17       <p>天哪，小甲鱼竟然流利地背出了"ABCDEFGHIJKLMNOPQRSTUVWXYZ"26个字母。</p>
18   </body>
19   </html>
```

转换大小写的效果如图 23-17 所示。

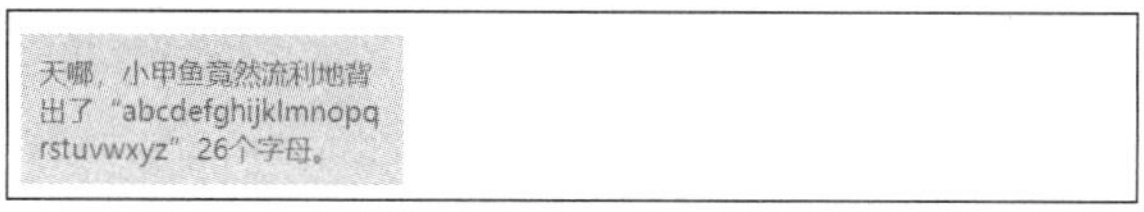

天哪，小甲鱼竟然流利地背出了 "abcdefghijklmnopqrstuvwxyz" 26个字母。

图 23-17　转换大小写的效果

23.12　设置字体

为了设置字体，我们通常使用 font 属性，它是下面这 5 个属性的缩写：

- ❏　font-family；
- ❏　font-size；
- ❏　font-weight；
- ❏　font-style；
- ❏　font-variant。

23.12.1　font-family 属性

font-family 属性用于指定使用的字体。能否使用该字体还取决于计算机是否支持。根据操作系统以及用户的喜好，不同计算机支持的字体会有很大的差异。因此，font-family 属性可以指定多个值，浏览器从字体列表中的第一个开始尝试，直到发现合适的字体为止。

有读者可能要问："如果我从计算机支持的所有字体中都没有找到合适的字体，怎么办？"

CSS 还为前端开发工程师定义了 5 种通用的字体族，理论上任何一款字体都可以归为其中一类，所以只需要在最后指定表 23-9 中的其中一类字体族即可。

表 23-9　　　　　　　　　　　　　5 种通用的字体族

通用字体族	字体	示例对比
serif	Times New Roman Georgia Garamond	I love FishC I love FishC I love FishC
sans-serif	Arial Verdana Helvetica	I love FishC I love FishC I love FishC
monospace	Courier New Lucida Console Monaco	I love FishC I love FishC I love FishC
cursive	Brush Script MT Lucida Handwriting	I love FishC I love FishC

CSS 定义的 5 种通用的字体族如下所示。

☐ 衬线（serif）字体，特点是在每个字母的边缘，都有一些小笔画，除突出细节之外，还创造了一种优雅的感觉。

☐ 无衬线（sans-serif）字体，特点是干净、简洁，无过多的笔画渲染。

☐ 等宽（monospace）字体，特点是所有字母宽度一致，整齐排列。要注意的是，编程一定要使用等宽字体。

☐ 草书（cursive）字体，特点是模仿人类的书写笔迹，龙飞凤舞。

☐ 奇幻（fantasy）字体，没有统一特征，只要无法归到上面 4 类的字体，就可以称为奇幻字体。

设置字体，如代码清单 23-18 所示。

代码清单 23-18　设置字体

```
1   <!DOCTYPE html>
2   <html>
3   <head>
4       <meta charset="utf-8">
5       <title>设置字体</title>
6       <style type="text/css">
7           .p1 {
8               font-family: 'Times New Roman', Georgia, serif;
9           }
10          .p2 {
11              font-family: Arial, Verdana, sans-serif;
12          }
13          .p3 {
14              font-family: 'Courier New', 'Lucida Console', monospace;
15          }
16          .p4 {
17              font-family: 'Brush Script MT', 'Lucida Handwriting', cursive;
18          }
19          .p5 {
20              font-family: 'Copperplate', 'Papyrus', fantasy;
21          }
22      </style>
23  </head>
24  <body>
25      <p class="p1">I love FishC.</p>
26      <p class="p2">I love FishC.</p>
27      <p class="p3">I love FishC.</p>
28      <p class="p4">I love FishC.</p>
29      <p class="p5">I love FishC.</p>
30  </body>
31  </html>
```

设置字体的效果如图 23-18 所示。

图 23-18　设置字体

❋ 注意

大家可以看到代码中引用字体名的时候，有的使用了引号，有的却没有，这是为什么呢？因为如果字体名称中存在空格或符号却没有使用引号括起来，就会产生歧义。建议使用引号把字体名括起来，以免产生歧义。

23.12.2 font-size 属性

font-size 属性允许用户设置字体的大小。除指定具体的数值或者百分比之外，该属性还可以使用 xx-small、x-small、small、medium、large、x-large、xx-large 关键字。

这几个关键字类似于衣服的尺码。对于同一个品牌，S 号肯定要比 L 号要小，但不同品牌就不能一概而论了。

因为 font-size 属性与渲染结果之间的关系是由字体的设计者决定的，所以这些"尺码"并没有绝对数据，只是相对而言的，但能够确定的是，同一种字体的 small 肯定比 large 小。

设置字体尺寸，如代码清单 23-19 所示。

代码清单 23-19 设置字体尺寸

```
1   <!DOCTYPE html>
2   <html>
3   <head>
4       <meta charset="utf-8">
5       <title>设置字体尺寸</title>
6       <style type="text/css">
7           .p1 {
8               font-size: small;
9           }
10          .p2 {
11              font-size: medium;
12          }
13          .p3 {
14              font-size: large;
15          }
16      </style>
17  </head>
18  <body>
19      <p class="p1">I love FishC.</p>
20      <p class="p2">I love FishC.</p>
21      <p class="p3">I love FishC.</p>
22  </body>
23  </html>
```

设置字体尺寸的效果如图 23-19 所示。

图 23-19 设置字体尺寸的效果

23.12.3 font-weight、font-style 和 font-variant 属性

font-weight 属性指定的是字体的粗细，可以使用的值有 lighter、normal、bold、bolder 和 100、200、300、400、500、600、700、800、900。

设置字体粗细，如代码清单 23-20 所示。

代码清单 23-20 设置字体粗细

```
1   ...
2       <style type="text/css">
3           .p1 {
4               font-size: small;
5           }
6           .p2 {
7               font-size: medium;
8           }
9           .p3 {
10              font-size: large;
11              font-weight: bold;
```

```
12          }
13      </style>
14  ...
```

设置字体粗细的效果如图 23-20 所示。

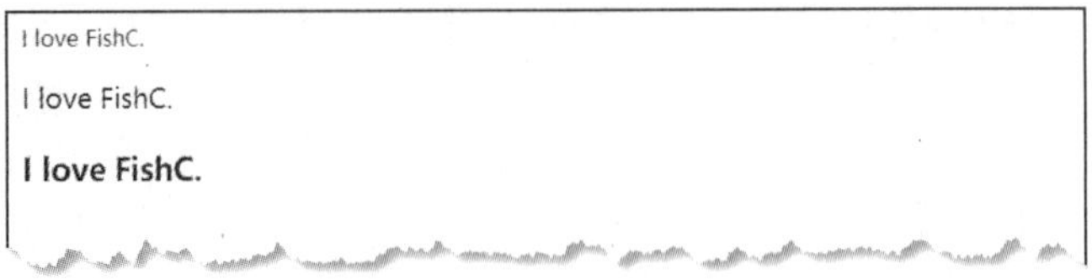

I love FishC.

I love FishC.

I love FishC.

图 23-20　设置字体粗细的效果

除设置字体粗细之外，我们还可以通过 font-style 属性来设置字体倾斜（italic），如代码清单 23-21 所示。

代码清单 23-21　设置字体倾斜

```
1   ...
2       <style type="text/css">
3           .p1 {
4               font-size: small;
5           }
6           .p2 {
7               font-size: medium;
8           }
9           .p3 {
10              font-size: large;
11              font-style: italic;
12          }
13      </style>
14  ...
```

设置字体倾斜的效果如图 23-21 所示。

I love FishC.

I love FishC.

I love FishC.

图 23-21　设置字体倾斜的效果

font-variant 属性用于指定文本以小型大写字母显示，如代码清单 23-22 所示。

代码清单 23-22　设置小型大写字母

```
1   ...
2       <style type="text/css">
3           .p1 {
4               font-size: small;
5           }
6           .p2 {
7               font-size: medium;
8           }
9           .p3 {
10              font-size: large;
11              font-variant: small-caps;
12          }
13      </style>
14  ...
```

设置小型大写字母的效果如图 23-22 所示。

图 23-22　设置小型大写字母的效果

23.13　使用 Web 字体

有时候，我们想要展示的字体可能不太常见，那么如何解决呢？

让用户在访问页面的时候自动下载指定的字体，问题就解决了。

Web 字体可以通过@font-face 来实现。我们先将字体文件放在服务器上，然后通过 src 属性告诉浏览器字体文件的位置，用户在访问的时候，就会自动下载该字体，如代码清单 23-23 所示。

代码清单 23-23　使用 Web 字体

```
1   <!DOCTYPE html>
2   <html>
3   <head>
4       <meta charset="utf-8">
5       <title>选择字体</title>
6       <style type="text/css">
7           @font-face {
8               font-family: "Orelega One";
9               src: url("./OrelegaOne-Regular.ttf");
10          }
11          @font-face {
12              font-family: "Zen Dots", cursive;
13              src: url("./ZenDots-Regular.ttf");
14          }
15          .p1 {
16              font-family: "Bitstream Vera Serif Bold", cursive;
17          }
18          .p2 {
19              font-family: "Orelega One", cursive;
20          }
21      </style>
22  </head>
23  <body>
24      <p class="p1">I love FishC.</p>
25      <p class="p2">I love FishC.</p>
26  </body>
27  </html>
```

使用 Web 字体的效果如图 23-23 所示。

图 23-23　使用 Web 字体的效果

第 24 章

过渡、变形和动画

本章介绍 CSS3 新添加的三种特性——过渡、变形和动画。

这三种特性发布之后，Web 前端开发工程师欣喜若狂，因为有了它们，网页从此变得炫酷起来。

24.1　过渡

过渡是什么？

过渡就是由一种效果变换成另一种效果。

代码清单 24-1 用于实现过渡效果。

代码清单 24-1　实现过渡效果

```
1   <!DOCTYPE html>
2   <html>
3   <head>
4       <meta charset="utf-8">
5       <title>过渡效果演示</title>
6       <style type="text/css">
7           p {
8               color: white;
9               padding: 20px;
10              background-color: lightblue;
11          }
12          span {
13              transition: 1.5s;
14          }
15          span:hover {
16              background-color: pink;
17              font-size: 1.5em;
18          }
19      </style>
20  </head>
21  <body>
22      <p>过渡是什么？过渡就是使得原本"啪"一下就过来的效果变得<span>丝滑</span>且<span>美好</span>。</p>
23  </body>
24  </html>
```

扫码看效果

代码实现的效果是，当鼠标指针悬停在"丝滑"或"美好"中任意一个词上面时，将触发 span:hover 指定的样式。当我们加上过渡效果之后，它并不会立刻修改指定文本的样式，而是有一个缓缓过渡到新样式的过程（整个过渡过程从开始到结束持续的时间为 1.5s）。

不难发现，过渡是通过 transition 属性来实现的，它是以下 4 个属性的简写形式。

❑ transition-property：指定应用过渡的 CSS 属性名。

❑ transition-duration：指定过渡的持续时间。

❑ transition-timing-function：指定过渡效果的速度曲线。

❑ transition-delay：指定过渡开始之前的延迟时间。

代码清单 24-1 中我们只给 transition 这个缩写属性赋予了一个 1.5s 的时间，这说明指定的是 transiton-duration 属性，即整个过渡过程的持续时间为 1.5s。

如果我们希望在过渡效果开始之前加上 2s 的延迟时间，可以修改代码，如代码清单 24-2 所示。

代码清单 24-2   为过渡效果加上延迟时间

```
1   ...
2       span {
3           transition-duration: 1.5s;
4           transition-delay: 2s;
5       }
6   ...
```

扫码看效果

上述代码实现的效果是不仅在鼠标指针悬停在对应文字上的时候会有 2s 的延迟，而且在鼠标指针移开的时候会有 2s 的延迟。如果我们希望分开设置，可以修改代码，如代码清单 24-3 所示。

代码清单 24-3   分开设置过渡效果的延迟时间

```
1   ...
2       span {
3           transition-duration: 1.5s;
4       }
5       span:hover {
6           background-color: pink;
7           font-size: 1.5em;
8           transition-duration: 1.5s;
9           transition-delay: 2s;
10      }
11  ...
```

扫码看效果

现在我们在:hover 选择器中也设置了 1.5s 的过渡时间，并且加上了 2s 的延迟时间，当用户将鼠标指针悬停在 span 元素上方的时候，执行的就是这个过渡动作。但是当从 span 元素上移开鼠标指针的时候，样式将切换到 span 元素默认的样式，执行 transition-duration: 1.5s 这个过渡动作。

我们还可以指定应用过渡效果的 CSS 属性名，如代码清单 24-4 所示。

代码清单 24-4   指定应用过渡效果的 CSS 属性名

```
1   <!DOCTYPE html>
2   <html>
3   <head>
4       <meta charset="utf-8">
5       <title>过渡效果演示</title>
6       <style type="text/css">
7           div {
8               width: 100px;
9               height: 100px;
10              background: #cb4042;
11              transition-property: width;
12              transition-duration: 2s;
13          }
14          div:hover {
15              width: 300px;
16              height: 300px;
17          }
18      </style>
19  </head>
20  <body>
21      <div></div>
22  </body>
23  </html>
```

扫码看效果

代码实现的效果是，当鼠标指针悬停在方块上面时，对应文字的高度瞬间就从 100 像素变成 300 像素，而宽度的变换过程则需要经过 2s 的过渡时间。

我们还可以分别指定两个属性，并赋予不同的过渡时间，如代码清单 24-5 所示。

代码清单 24-5　过渡效果演示

```
1    ...
2        div {
3            width: 100px;
4            height: 100px;
5            background: #cb4042;
6            transition-property: width, height;
7            transition-duration: 2s, 4s;
8        }
9    ...
```

扫码看效果

transition-timing-function 属性指定的是过渡效果的速度曲线，默认情况下它预设了以下 5 种速度曲线。

❑ ease：（默认值）速度变化趋势是慢→快→慢。

❑ linear：具有线性速度。

❑ ease-in：速度变化趋势是慢→快。

❑ ease-out：速度变化趋势是快→慢。

❑ ease-in-out：与 ease 类似（速度不同），中间的速度比较快，但两端的速度很慢。

这 5 种速度曲线如图 24-1 所示。

图 24-1　默认的 5 种速度曲线

除 5 种预设的速度曲线之外，我们还可以自定义运动轨迹。这时候需要用到 cubic-bezier() 函数，这是一个定义三次贝塞尔曲线的函数，需要向该函数传入 4 个参数值。

随意拖动图 24-2 中左侧的两个圆点，我们就可以得到一条属于自己的速度曲线，如图 24-2 所示。

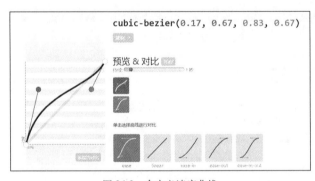

图 24-2　自定义速度曲线

为了查看速度曲线的效果，编写代码清单 24-6 所示代码。

代码清单 24-6　查看速度曲线的效果

```
1    <!DOCTYPE html>
2    <html>
3    <head>
```

```
4          <meta charset="utf-8">
5          <title>速度曲线效果演示</title>
6          <style>
7              div {
8                  width: 100px;
9                  height: 60px;
10                 color: white;
11                 background: #cb4042;
12                 transition: width 2s;
13             }
14             #div1 {
15                 transition-timing-function: ease;
16             }
17             #div2 {
18                 transition-timing-function: linear;
19             }
20             #div3 {
21                 transition-timing-function: ease-in;
22             }
23             #div4 {
24                 transition-timing-function: ease-out;
25             }
26             #div5 {
27                 transition-timing-function: ease-in-out;
28             }
29             #div6 {
30                 transition-timing-function: cubic-bezier(0.17, 0.67, 0.83, 0.67);
31             }
32             div:hover {
33                 width: 600px;
34             }
35         </style>
36     </head>
37     <body>
38         <div id="div1">ease</div><br>
39         <div id="div2">linear</div><br>
40         <div id="div3">ease-in</div><br>
41         <div id="div4">ease-out</div><br>
42         <div id="div5">ease-in-out</div><br>
43         <div id="div6">FishC</div><br>
44     </body>
45     </html>
```

扫码看效果

我们还可以使用 steps()函数以"卡点步进"的方式过渡,如代码清单 24-7 所示。

代码清单 24-7　以"卡点步进"的方式过渡

```
1      <!DOCTYPE html>
2      <html>
3      <head>
4          <meta charset="utf-8">
5          <title>卡点步进效果演示</title>
6          <style>
7              div {
8                  width: 100px;
9                  height: 60px;
10                 color: white;
11                 padding: 20px;
12                 background: #cb4042;
13                 transition: width 2s;
14             }
15             #div1 {
16                 transition-timing-function: steps(5, start);
17             }
18             #div2 {
19                 transition-timing-function: steps(5, end);
20             }
21             div:hover {
22                 width: 600px;
23             }
24         </style>
25     </head>
```

扫码看效果

```
26  <body>
27      <div id="div1">start</div><br>
28      <div id="div2">end</div><br>
29  </body>
30  </html>
```

两种"卡点步进"方式的区别甚微：当使用 start 时，第一步在动画的开头；当使用 end 时，最后一步在动画的末尾。例子中，steps(5, start)会"卡点步进"5 次，时间点分别为 20%、40%、60%、80%、100%；steps(5, end)同样会"卡点步进"5 次，时间点分别为 0%、20%、40%、60%、80%。

对于 transition 属性，只要将属性值依次写进去即可，这里就不再赘述了。

24.2 变形

所谓变形，就是允许我们旋转、移动、缩放或者倾斜元素，CSS 不仅支持 2D（二维）的变形，还支持 3D（三维）的变形。

24.2.1 旋转

实现 2D 旋转使用的是 rotate()函数。若给参数赋予一个正数值，表示向右旋转；若赋予负数值，表示向左旋转，deg 表示度数，如代码清单 24-8 所示。

代码清单 24-8　2D 旋转效果演示

```
1   <!DOCTYPE html>
2   <html>
3   <head>
4       <meta charset="utf-8">
5       <title>2D旋转效果演示</title>
6       <style type="text/css">
7           div {
8               display: inline-block;
9               width: 200px;
10              height: 200px;
11              margin: 20px;
12              padding: 20px;
13              transition: 2s;
14              color: white;
15              background-color: lightblue;
16          }
17          .rotate_l:hover {
18              background-color: pink;
19              transform: rotate(-1800deg);
20          }
21          .rotate_r:hover {
22              background-color: pink;
23              transform: rotate(1800deg);
24          }
25      </style>
26  </head>
27  <body>
28      <div class="rotate_l">2D向左旋转</div>
29      <div class="rotate_r">2D向右旋转</div>
30  </body>
31  </html>
```

扫码看效果

✎ 提示

为了提高视觉效果，我们在代码中都加入了过渡的特性（transition: 2s），这样整个旋转的过程就会持续 2s。

程序实现的效果如下：当鼠标指针悬停在"2D 向左旋转"方块上面的时候，该方块将在 2s 内向左旋转 1800°（也就是连续旋转 5 圈），然后变成粉色背景；当鼠标指针悬停在"2D 向右旋转"方块上面的时候，该方块将在 2s 内向右旋转 5 圈，并变成粉色背景。

在线演示效果参见鱼 C 课程案例库中第 77 讲的案例 2。

3D 旋转有 4 个函数——rotateX()、rotateY()、rotateZ()和 ratate3D()。

前三个函数分别表示沿着 x 轴、y 轴和 z 轴旋转，如代码清单 24-9 所示。

代码清单 24-9　3D 旋转效果演示（一）

```
1  <!DOCTYPE html>
2  <html>
3  <head>
4      <meta charset="utf-8">
5      <title>3D旋转效果演示</title>
6      <style type="text/css">
7          div {
8              display: inline-block;
9              width: 200px;
10             height: 200px;
11             margin: 20px;
12             padding: 20px;
13             transition: 2s;
14             color: white;
15             background-color: lightblue;
16         }
17         .x_rotate:hover {
18             background-color: pink;
19             transform: rotateX(180deg);
20         }
21         .y_rotate:hover {
22             background-color: pink;
23             transform: rotateY(180deg);
24         }
25         .z_rotate:hover {
26             background-color: pink;
27             transform: rotateZ(180deg);
28         }
29     </style>
30 </head>
31 <body>
32     <div class="x_rotate">3D基于x轴旋转</div>
33     <div class="y_rotate">3D基于y轴旋转</div>
34     <div class="z_rotate">3D基于z轴旋转</div>
35 </body>
36 </html>
```

扫码看效果

程序实现的效果如下：当鼠标指针悬停在"3D 基于 x 轴旋转"方块上面的时候，浅蓝色背景的方块将从上往下（沿着 x 轴）旋转 180°；当鼠标指针悬停在"3D 基于 y 轴旋转"方块上面的时候，浅蓝色背景的方块将从左往右（沿着 y 轴）旋转 180°；当鼠标指针悬停在"3D 基于 z 轴旋转"方块上面的时候，浅蓝色背景的方块将顺时针（沿着 z 轴）旋转 180°。

rotate3D()函数可不是 rotateX()、rotateY()、rotateZ()的简写，用于指定同时基于多条轴旋转的方案，它一共有 4 个参数，前三个参数分别指定 x 轴、y 轴、z 轴的旋转分量，第四个参数指定的是旋转的角度，如代码清单 24-10 所示。

代码清单 24-10　3D 旋转效果演示（二）

```
1  ...
2      .xyz_rotate:hover {
3          background-color: pink;
4          transform: rotate3d(1, 1, 1, 180deg);
5      }
6  ...
```

扫码看效果

24.2.2　移动

2D 的移动方向分为沿 x 轴和沿 y 轴。其中，translateX()函数负责 x 轴上的移动方向和距离，translateY()函数则负责 y 轴上的移动方向和距离。translate()函数则是它们的简写形式，如代码清单 24-11 所示。

代码清单 24-11　2D 移动效果演示

```
1    <!DOCTYPE html>
2    <html>
3    <head>
4        <meta charset="utf-8">
5        <title>2D移动效果演示</title>
6        <style type="text/css">
7            div {
8                display: inline-block;
9                width: 200px;
10               height: 200px;
11               margin: 20px;
12               padding: 20px;
13               transition: 2s;
14               color: white;
15               background-color: lightblue;
16           }
17           .x_translate:hover {
18               background-color: pink;
19               transform: translateX(200px);
20           }
21           .y_translate:hover {
22               background-color: pink;
23               transform: translateY(200px);
24           }
25           .xy_translate:hover {
26               background-color: pink;
27               transform: translate(200px, 200px);
28           }
29       </style>
30   </head>
31   <body>
32       <div class="x_translate">沿着x轴移动</div>
33       <div class="y_translate">沿着y轴移动</div>
34       <div class="xy_translate">沿着x轴与y轴移动</div>
35   </body>
36   </html>
```

扫码看效果

程序实现的效果如下：当鼠标指针悬停在"沿着 x 轴移动"方块上面的时候，浅蓝色背景的方块将从左往右移动 200 像素；当鼠标指针悬停在"沿着 y 轴移动"方块上面的时候，浅蓝色背景的方块将从上往下移动 200 像素；当鼠标指针悬停在"沿着 x 轴和 y 轴移动"方块上面的时候，浅蓝色背景的方块将从左上角往右下角移动 200px。

不难发现，方块给沿着 x 轴左右移动，沿着 y 轴上下移动。若为参数赋予一个正值，表示向右和向下移动；若为参数赋予负值，表示向左和向上移动。

3D 的移动方向，就是在 x 轴和 y 轴的移动方向的基础上多了 z 轴的移动方向，指定的是距离用户的"远近"。由于显示器大多数是平面的，因此即使我们设置了 z 轴的移动方向，元素也没办法"跳出"屏幕。

理论上来说，如果你拥有一个全息的显示器，那么将 z 轴设置为正值，元素会离你更近一些；设置为负值，元素会离你更远一些。3D 的移动需要使用 translate3D() 函数来实现，依次写入 x 轴、y 轴、z 轴的值即可。

24.2.3　缩放

CSS 不仅支持 2D 平面在 x 轴或 y 轴上缩放，还支持同时在两条轴上缩放，这分别需要使用 scaleX()、scaleY() 和 scale() 函数，它们的参数指定对应的缩放比例，如代码清单 24-12 所示。

代码清单 24-12　2D 缩放效果演示

```
1    <!DOCTYPE html>
2    <html>
3    <head>
4        <meta charset="utf-8">
5        <title>2D缩放效果演示</title>
```

```
6          <style type="text/css">
7              div {
8                  display: inline-block;
9                  width: 200px;
10                 height: 200px;
11                 margin: 20px;
12                 padding: 20px;
13                 transition: 2s;
14                 color: white;
15                 background-color: lightblue;
16             }
17             .x_scale:hover {
18                 background-color: pink;
19                 transform: scaleX(1.5);
20             }
21             .y_scale:hover {
22                 background-color: pink;
23                 transform: scaleY(0.5);
24             }
25             .xy_scale:hover {
26                 background-color: pink;
27                 transform: scale(1.5, 0.5);
28             }
29         </style>
30     </head>
31     <body>
32         <div class="x_scale">沿着x轴放大</div>
33         <div class="y_scale">沿着y轴缩小</div>
34         <div class="xy_scale">沿着x轴与y轴伸缩</div>
35     </body>
36 </html>
```

扫码看效果

程序实现的效果如下：当鼠标指针悬停在"沿着 x 轴放大"方块上面的时候，浅蓝色背景的方块将横向放大；当鼠标指针悬停在"沿着 y 轴缩小"方块上面的时候，浅蓝色背景的方块将纵向缩小；当鼠标指针悬停在"沿着 x 轴与 y 轴伸缩"方块上面的时候，浅蓝色背景的方块将在横向放大的同时纵向缩小。

✿ 注意

如果 scale()函数只有一个值，表示沿 x 轴和 y 轴按同一个比例系数缩放。

与移动类似，scaleZ()函数支持在 3D 空间中沿 z 轴缩放，scale3d()函数支持在 3D 空间中同时在三条轴上进行缩放。

24.2.4 倾斜

倾斜这种变形方式只有 2D 平面才能够实现，实现倾斜的有 skewX()、skewY()和 skew()三个函数，如代码清单 24-13 所示。

代码清单 24-13 2D 倾斜效果演示

```
1  <!DOCTYPE html>
2  <html>
3  <head>
4      <meta charset="utf-8">
5      <title>2D倾斜效果演示</title>
6      <style type="text/css">
7          div {
8              display: inline-block;
9              width: 200px;
10             height: 200px;
11             margin: 20px;
12             padding: 20px;
13             transition: 2s;
14             color: white;
15             background-color: lightblue;
16         }
17         .x_skew:hover {
18             background-color: pink;
```

扫码看效果

```
19              transform: skewX(45deg);
20          }
21          .y_skew:hover {
22              background-color: pink;
23              transform: skewY(45deg);
24          }
25          .xy_skew:hover {
26              background-color: pink;
27              transform: skew(15deg, 30deg);
28          }
29      </style>
30  </head>
31  <body>
32      <div class="x_skew">基于x轴倾斜</div>
33      <div class="y_skew">基于y轴倾斜</div>
34      <div class="xy_skew">基于x轴与y轴倾斜</div>
35  </body>
36  </html>
```

程序实现的效果如下：当鼠标指针悬停在"基于 x 轴倾斜"方块上面的时候，浅蓝色背景的方块将沿着 x 轴倾斜 45°；当鼠标指针悬停在"基于 y 轴倾斜"方块上面的时候，浅蓝色背景的方块将将沿着 y 轴倾斜 45°；当鼠标指针悬停在"基于 x 轴与 y 轴倾斜"方块上面的时候，浅蓝色背景的方块将在对 x 轴和 y 轴的值进行矩阵运算（[ax, by]）后倾斜。

24.2.5　变形原点

细心观察的读者应该不难发现，不管是旋转，还是缩放，前面讲过的这些变形方式都以元素的中心作为变形的原点。

这个原点也可以自定义，通过 transform-origin 属性即可实现。transform-origin 属性的值由 left、center、right 和 top、center、bottom 关键字组成。使用 transform-origin 属性修改变形原点，如代码清单 24-14 所示。

代码清单 24-14　使用 transform-origin 属性修改变形原点

扫码看效果

```
1   <!DOCTYPE html>
2   <html>
3   <head>
4       <meta charset="utf-8">
5       <title>修改变形原点</title>
6       <style type="text/css">
7           div {
8               display: inline-block;
9               width: 200px;
10              height: 200px;
11              margin: 20px;
12              padding: 20px;
13              transition: 2s;
14              color: white;
15              background-color: lightblue;
16          }
17          .left_top {
18              transform-origin: left top;
19          }
20          .right_bottom {
21              transform-origin: right bottom;
22          }
23          .left_top:hover {
24              background-color: pink;
25              transform: rotate(45deg);
26          }
27          .right_bottom:hover {
28              background-color: pink;
29              transform: rotate(45deg);
30          }
31      </style>
32  </head>
```

```
33  <body>
34      <div class="left_top">以左上角为原点</div>
35      <div class="right_bottom">以右下角为原点</div>
36  </body>
37  </html>
```

程序实现的效果如下：当鼠标指针悬停在"以左上角为原点"方块上面的时候，浅蓝色背景的方块将沿着左上角顺时针旋转 45°；当鼠标指针悬停在"以右下角为原点"方块上面的时候，浅蓝色背景的方块将沿着右下角顺时针旋转 45°。

transform-origin 属性的值也可以使用长度值或者百分比表示。具体长度值是指距离元素左边和顶边的长度，百分比则是相对于元素的长和宽进行计算的。再次修改变形原点，如代码清单 24-15 所示。

代码清单 24-15　再次修改变形原点

```
1  ...
2      .length {
3          transform-origin: 50px 150px;
4      }
5      .percent {
6          transform-origin: 80% 80%;
7      }
8  ...
```

扫码看效果

❀ 注意

对于 3D 空间，我们可以设置 z 轴上的长度，不过不能使用关键字和百分比，只能指定具体的长度值。

24.2.6　3D 变形方式

使用 transform-style 属性可以修改 3D 变形的方式。这个属性是关系到子元素的，它决定了子元素在处理 3D 变形的时候是依附父元素，还是拥有自己的 3D 空间。transform-style 属性的默认值是 flat，即子元素依附父元素，把它改为 preserve-3d 之后，内层子元素也拥有了自己的 3D 空间。修改 3D 变形方式，如代码清单 24-16 所示。

代码清单 24-16　修改 3D 变形方式

```
1   <!DOCTYPE html>
2   <html>
3   <head>
4       <meta charset="utf-8">
5       <title>修改3D变形方式</title>
6       <style>
7           div {
8               padding: 50px;
9               transition: .2s;
10          }
11          .pink {
12              background-color: pink;
13          }
14          .lightblue {
15              background-color: lightblue;
16          }
17          .pink:hover {
18              transform: rotateY(45deg);
19          }
20          .lightblue:hover {
21              transform: rotateY(-45deg);
22          }
23      </style>
24  </head>
25  <body>
26      <div class="pink">I love
27          <div class="lightblue">FishC</div>
28      </div>
29  </body>
30  </html>
```

扫码看效果

当没有设置 transform-style 属性时，采用的是其默认值 flat，即子元素依附父元素，尽管在代

码中它们沿着 y 轴旋转的方向是不同的，但旋转后的结果仍是处于同一个层面的，如图 24-3 所示。

图 24-3　修改 3D 变形方式的效果

把 transform-style 属性的值修改为 preserve-3d 之后，内层子元素也拥有了自己的 3D 空间，旋转后的效果如图 24-4 所示。

图 24-4　旋转后的效果

24.2.7　修改视域

使用 perspective()函数修改元素的视域，从而使得 3D 空间变形产生透视的效果，如代码清单 24-17 所示。

代码清单 24-17　修改视域（一）

```
1  <!DOCTYPE html>
2  <html>
3  <head>
4      <meta charset="utf-8">
5      <title>修改视域</title>
6      <style type="text/css">
7          div {
8              display: inline-block;
9              width: 200px;
10             height: 200px;
11             margin: 20px;
12             padding: 20px;
13             transition: 2s;
14             color: white;
15             background-color: lightblue;
16         }
17         .pers100:hover {
18             background-color: pink;
19             transform: perspective(100px) rotateY(-45deg);
20         }
21         .pers200:hover {
22             background-color: pink;
23             transform: perspective(200px) rotateY(-45deg);
24         }
25         .pers800:hover {
26             background-color: pink;
27             transform: perspective(800px) rotateY(-45deg);
28         }
29         .pers2000:hover {
30             background-color: pink;
31             transform: perspective(2000px) rotateY(-45deg);
32         }
33     </style>
34 </head>
35 <body>
36     <div class="pers100">100px深度的视域</div>
```

扫码看效果

```
37        <div class="pers200">200px深度的视域</div>
38        <div class="pers800">800px深度的视域</div>
39        <div class="pers2000">2000px深度的视域</div>
40    </body>
41    </html>
```

程序实现的效果如下：perspective()函数的参数越小，视角就越深。这就好比是你与这个元素之间的距离，你凑得越近，它在变形的时候就显得越夸张。

有摄影经验的读者可以把它当作焦距来理解，想象一下把物体拍长的时候是怎么做的。低角度，广角，大光圈，对不对？如果要拍摄远景，我们就应该选择焦距更大的镜头。

perspective属性的功能与perspective()类似，不过两者的作用域有很大的区别：perspective()函数只为目标元素定义视域；而perspective属性定义的视域将应用到其所有子元素上。

再次修改视域，如代码清单24-18所示。

代码清单24-18　修改视域（二）

```
1     <!DOCTYPE html>
2     <html>
3     <head>
4         <meta charset="utf-8">
5         <title>修改视域</title>
6         <style type="text/css">
7             div {
8                 width: 600px;
9                 height: 200px;
10                margin: 0 auto;
11            }
12            img {
13                width: 200px;
14            }
15            .one img {
16                transform: perspective(200px) rotateX(30deg);
17            }
18            .two {
19                perspective: 200px;
20            }
21            .two img {
22                transform: rotateX(30deg);
23            }
24        </style>
25    </head>
26    <body>
27        <div><img src="./img.gif"><img src="./img.gif"><img src="./img.gif"></div>
28        <div class="one"><img src="./img.gif"><img src="./img.gif"><img src="./img.gif"></div>
29        <div class="two"><img src="./img.gif"><img src="./img.gif"><img src="./img.gif"></div>
30    </body>
31    </html>
```

扫码看效果

修改视域的效果如图24-5所示。

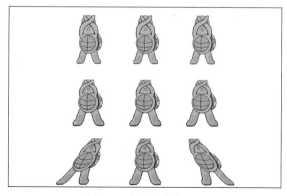

图24-5　修改视域的效果

第一行的图片是原图，所有没有任何变形。

对于第二行中每一张图像，设置了 perspective(200px)的视域，并且让图像绕 x 轴旋转 30°，每张图像的角度看起来是一样的。

对于第三行的图片，在父元素 div 处设置了 perspective 属性，同样是 200px，并且同样绕着 x 轴旋转了 30°。但可以看到，第三行的图片在视域上与第二行的图片存在着明显的差异，这就是整体和个体的区别。

perspective 属性默认的视域原点在元素的中间，我们可以通过修改 perspective-origin 属性来改变视域原点。perspective-origin 属性的值可以由 left、center、right 和 top、center、bottom 这些关键字组成，也可以使用长度值或者百分比表示，如代码清单 24-19 所示。

代码清单 24-19　修改视域原点

```
1    ...
2        .two {
3            perspective: 200px;
4            perspective-origin: left top;
5        }
6    ...
```

扫码看效果

修改视域原点的效果如图 24-6 所示。

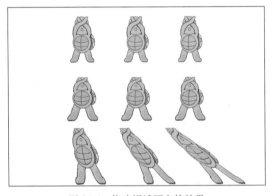

图 24-6　修改视域原点的效果

24.2.8　处理元素的背面

可能从来没有读者会意识到元素竟然还会有背面。

目前 CSS3 对于元素背面的支持还比较简单，只指定当元素经过 3D 变形并且背面朝向用户的时候是否渲染。

backface-visibility 属性决定是否渲染元素的背面，其默认值是 visible，表示渲染，另一个值是 hidden，表示不渲染。处理元素的背面，如代码清单 24-20 所示。

代码清单 24-20　处理元素的背面

```
1    <!DOCTYPE html>
2    <html>
3    <head>
4        <meta charset="utf-8">
5        <title>处理背面</title>
6        <style type="text/css">
7            div {
8                display: inline-block;
9                width: 200px;
10               height: 200px;
11               margin: 20px;
12               padding: 20px;
13               transition: 2s;
14               color: white;
15               background-color: lightblue;
16           }
```

扫码看效果

```
17          .one:hover {
18              transform: rotateY(180deg);
19          }
20          .two:hover {
21              backface-visibility: hidden;
22              transform: rotateY(180deg);
23          }
24      </style>
25  </head>
26  <body>
27      <div class="one">背面可见</div>
28      <div class="two">背面隐藏</div>
29  </body>
30  </html>
```

程序实现的效果如下：当将鼠标指针放到"背面可见"的浅蓝色方块上面的时候，方块沿着 y 轴旋转 180° 并显示出背面（可以看到"背面可见"4 个字也翻转了过来）；当将鼠标指针放到"背面隐藏"的浅蓝色方块上面的时候，方块沿着 y 轴旋转了 180° 后，直接就消失了（"背面隐藏"4 个字也跟着不见了）。

24.3 动画

动画就是元素从一种样式逐渐转变成另一种样式的过程。动画在本质上是增强版的过渡，不过动画具有更多的选择以及细节控制。CSS3 中涉及动画的属性的值如表 24-1 所示。

表 24-1 CSS3 中涉及动画的属性的值

值	说明
@keyframes	定义关键帧规则
animation-name	指定动画的名称
animation-duration	指定动画播放的持续时间
animation-delay	指定动画开始前的延迟
animation-iteration-count	指定动画播放的次数
animation-direction	指定动画循环播放的时候是否反向播放
animation-timing-function	指定动画的速度曲线
animation-fill-mode	指定动画的填充模式
animation	动画属性的简写

24.3.1 关键帧

在学习 CSS 动画时，你首先需要掌握的是动画的关键帧。

那么什么是关键帧呢？

关键帧指的是动画从当前样式转变为最终样式的规则。

要定义关键帧，使用@keyframes 关键字来实现，如代码清单 24-21 所示。

代码清单 24-21　定义关键帧

```
1  @keyframes example {
2      from {
3          background-color: lightblue;
4      }
5      to {
6          background-color: pink;
7      }
8  }
```

扫码看效果

这样我们就定义了一个关键帧，它表示背景颜色从浅蓝色转变为粉色的过程。

那么定义完关键帧，接下来如何引用呢？

我们只需要在想要引用该关键帧动画的元素中，使用 animation-name 属性指定该关键帧的名称即可，如代码清单 24-22 所示。

代码清单 24-22　引用关键帧

```
1   <!DOCTYPE html>
2   <html>
3   <head>
4       <meta charset="utf-8">
5       <title>定义和引用关键帧</title>
6       <style type="text/css">
7           @keyframes example {
8               from {
9                   background-color: red;
10              }
11              to {
12                  background-color: green;
13              }
14          }
15          div {
16              width: 200px;
17              height: 200px;
18              animation-name: example;
19              animation-duration: 6s;
20              animation-iteration-count: 6;
21          }
22      </style>
23  </head>
24  <body>
25      <div></div>
26  </body>
27  </html>
```

扫码看效果

animation-name 属性指定前面使用@keyframes 关键字定义的关键帧的名称，animation-duration: 6s 表示该动画的持续时间是 6s，animation-iteration-count: 6 的意思是该动画将重复执行 6 次。

程序实现的效果如下：当我们打开网页的时候，由于 div 元素使用了动画效果，因此方块由红色转变为绿色，整个动画持续 6s，并重复 6 次，最后消失。

❀ 注意

如果我们没有指定 animation-duration 属性，也就是动画持续的时间，那么该动画将不会显示，因为默认它的值是 0。

CSS 动画的功能远不止这些，事实上，它还允许定义关键帧，我们可以使用百分比来进行操作，如代码清单 24-23 所示。

代码清单 24-23　定义关键帧

```
1   ...
2       @keyframes example {
3           0% {
4               background-color: red;
5           }
6           25% {
7               background-color: yellow;
8           }
9           75% {
10              background-color: blue;
11          }
12          100% {
13              background-color: green;
14          }
15      }
16  ...
```

扫码看效果

原来的 from 就相当于 0%，to 就相当于 100%。通过百分比，我们将从"红"到"绿"这样一个过程进一步细化为从"红"到"黄"到"蓝"最终到"绿"的一个渐变过程。

24.3.2 让元素动起来

动画不只是改变一下背景颜色这么简单，它还可以让元素"动"起来，如代码清单 24-24 所示。

代码清单 24-24 让元素动起来

```
1   <!DOCTYPE html>
2   <html>
3   <head>
4       <meta charset="utf-8">
5       <title>让元素动起来</title>
6       <style type="text/css">
7           @keyframes example {
8               0% {
9                   background-color: red;
10                  left: 0px;
11                  top: 0px;
12              }
13              25% {
14                  background-color: yellow;
15                  left: 200px;
16                  top: 0px;
17              }
18              50% {
19                  background-color: blue;
20                  left: 200px;
21                  top: 200px;
22              }
23              75% {
24                  background-color: green;
25                  left: 0px;
26                  top: 200px;
27              }
28              100% {
29                  background-color: red;
30                  left: 0px;
31                  top: 0px;
32              }
33          }
34          div {
35              width: 200px;
36              height: 200px;
37              position: relative;
38              animation-name: example;
39              animation-duration: 4s;
40              animation-iteration-count: 6;
41          }
42      </style>
43  </head>
44  <body>
45      <div></div>
46  </body>
47  </html>
```

扫码看效果

程序实现的效果如下：div 元素依次从左上角（0px，0px）移动到右上角（200px，0px），颜色由红色变为黄色；然后移动到右下角（200px，200px），颜色由黄色变为蓝色；接着移动到左下角（0px，200px），颜色由蓝色变为绿色；最后回到左上角，颜色由绿色变回刚开始的红色。整个过程重复 6 次，最后消失。

24.3.3 指定动画开始前的延迟

延迟就是指定动画开始前的等候时间，使用 animation-delay 属性实现，如代码清单 24-25 所示。

代码清单 24-25　指定动画开始前的延迟

```
1    ...
2    div {
3        width: 200px;
4        height: 200px;
5        position: relative;
6        animation-name: example;
7        animation-delay: 2s;
8        animation-duration: 4s;
9        animation-iteration-count: 6;
10   }
11   ...
```

扫码看效果

上述代码实现的效果如下：页面载入后不会立刻显示动画，而是等待了 2s 才开始。animation-delay 属性的值还可以是负数，比如 animation-delay: −2s 表示页面载入后，动画相当于已经执行了 2s，也就是说，在 3s 后，开始展示动画效果。

24.3.4　指定动画循环的次数

前面的例子已经演示过了控制循环的属性 animation-iteration-count。如果我们希望让循环永远都不要停下来，一直重复播放动画，可以将该属性指定为 infinite，如代码清单 24-26 所示。

代码清单 24-26　指定动画循环的次数

```
1    ...
2    div {
3        width: 200px;
4        height: 200px;
5        position: relative;
6        animation-name: example;
7        animation-delay: 2s;
8        animation-duration: 4s;
9        animation-iteration-count: infinite;
10   }
11   ...
```

扫码看效果

24.3.5　指定动画的方向

动画默认从 0%关键帧向 100%关键帧的方向播放，但这个方向是可以修改的。我们使用 animation-direction 属性即可进行修改，该属性的值如表 24-2 所示。

表 24-2　　　　　　　　　　　　　animation-direction 属性的值

值	说明
normal	（默认）指定动画以正常的方向播放（0%→100%）
reverse	指定动画以相反的方向播放（100%→0%）
alternate	指定动画在奇数次迭代中以正常的方向播放，偶数次迭代中以相反的方向播放
alternate-reverse	指定动画在奇数次迭代中以相反的方向播放，偶数次迭代中以正常的方向播放

指定动画的方向，如代码清单 24-27 所示。

代码清单 24-27　指定动画的方向

```
1    <!DOCTYPE html>
2    <html>
3    <head>
4        <meta charset="utf-8">
5        <title>指定动画的方向</title>
6        <style type="text/css">
7            @keyframes example {
8                from {
9                    transform: translateY(0px);
10               }
11               to {
12                   transform: translateY(212px);
13               }
14           }
```

扫码看效果

```
15          div {
16              width: 200px;
17              height: 300px;
18              border-bottom: 2px solid;
19          }
20          img {
21              position: relative;
22              left: 50px;
23              width: 100px;
24              animation-name: example;
25              animation-duration: 1s;
26              animation-direction: alternate;
27              animation-iteration-count: infinite;
28          }
29      </style>
30  </head>
31  <body>
32      <div><img src="./basketball.png"></div>
33  </body>
34  </html>
```

上述代码实现的效果是小球会垂直地来回移动，如图 24-7 所示。

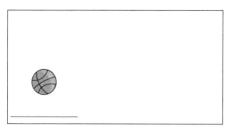

图 24-7　代码实现的效果

24.3.6　指定动画的速度曲线

我们可以使用 animation-timing-function 属性来指定动画的速度曲线，与用于实现过渡的 transition-timing- function 属性类似，它也预设了 5 种曲线。

- ❑ ease：（默认）速度变化趋势为慢→快→慢。
- ❑ linear：具有线性速度。
- ❑ ease-in：速度变化趋势为慢→快。
- ❑ ease-out：速度变化趋势为快→慢。
- ❑ ease-in-out：与 ease 类似（速度不同），中间的速度比较快，但两端的速度很慢。

代码清单 24-27 实现的效果中，篮球的运行轨迹有些飘逸，因为动画默认使用"慢→快→慢"的速度曲线，我们可以通过 animation-timing-function 属性将它修改为线性速度，如代码清单 24-28 所示。

代码清单 24-28　修改动画的速度曲线

```
1   ...
2       img {
3           position: relative;
4           left: 50px;
5           width: 100px;
6           animation-name: example;
7           animation-duration: 1s;
8           animation-direction: alternate;
9           animation-iteration-count: infinite;
10          animation-timing-function: linear;
11      }
12  ...
```

扫码看效果

这样小球的运动轨迹就变成了线性轨迹，也就是匀速地上下移动。

313

由于受到地心引力的影响，小球的下落速度应该从慢到快，触底反弹到最高点的速度应该从快到慢才对。

要是能够在关键帧里面设置 animation-timing-function 属性，那该多好啊！

恰巧制定 CSS 标准的工程师也是这么想的，所以的确可以这么做……

为了使得小球下落以及触底反弹的过程显得更自然，我们可以在下落的过程中使用 ease-in 速度曲线，在触底反弹的过程中使用 ease-out 速度曲线，如代码清单 24-29 所示。

代码清单 24-29　再次修改动画的速度曲线

```
1   ...
2       @keyframes example {
3           from {
4               transform: translateY(0px);
5               animation-timing-function: ease-in;
6           }
7           to {
8               transform: translateY(212px);
9               animation-timing-function: ease-out;
10          }
11      }
12  ...
```

扫码看效果

24.3.7　重复关键帧属性

众所周知，篮球是不可能无限弹跳下去的。因为受到空气阻力的影响，所以每一次反弹后，我们都应该降低弹跳的高度。这可以通过重复关键帧属性实现，如代码清单 24-30 所示。

代码清单 24-30　重复关键帧属性（一）

```
1   ...
2       @keyframes example {
3           0% {
4               transform: translateY(0px);
5               animation-timing-function: ease-in;
6           }
7           15% {
8               transform: translateY(212px);
9               animation-timing-function: ease-out;
10          }
11          30% {
12              transform: translateY(30px);
13              animation-timing-function: ease-in;
14          }
15          45% {
16              transform: translateY(212px);
17              animation-timing-function: ease-out;
18          }
19          60% {
20              transform: translateY(90px);
21              animation-timing-function: ease-in;
22          }
23          70% {
24              transform: translateY(212px);
25              animation-timing-function: ease-out;
26          }
27          80% {
28              transform: translateY(150px);
29              animation-timing-function: ease-in;
30          }
31          90% {
32              transform: translateY(212px);
33              animation-timing-function: ease-out;
34          }
```

扫码看效果

```
35          95% {
36              transform: translateY(180px);
37              animation-timing-function: ease-in;
38          }
39          100% {
40              transform: translateY(212px);
41              animation-timing-function: ease-out;
42          }
43      }
44  ...
```

这样模拟小球弹跳的动画效果就更逼真了。

我们观察到在篮球反弹的过程中，它的关键帧属性值是一样的，所以可以将它们写在一起，如代码清单 24-31 所示。

代码清单 24-31　将关键帧属性写在一起

```
1   ...
2       @keyframes example {
3           0% {
4               transform: translateY(0px);
5               animation-timing-function: ease-in;
6           }
7           30% {
8               transform: translateY(30px);
9               animation-timing-function: ease-in;
10          }
11          60% {
12              transform: translateY(90px);
13              animation-timing-function: ease-in;
14          }
15          80% {
16              transform: translateY(150px);
17              animation-timing-function: ease-in;
18          }
19          95% {
20              transform: translateY(180px);
21              animation-timing-function: ease-in;
22          }
23          15%, 45%, 70%, 90%, 100% {
24              transform: translateY(212px);
25              animation-timing-function: ease-out;
26          }
27      }
28  ...
```

24.3.8　指定动画的填充模式

CSS 还可以指定动画播放前和播放后静止的画面，这使用 animation-fill-mode 属性实现，该属性的值如表 24-3 所示。

表 24-3　animation-fill-mode 属性的值

值	说明
none	（默认）动画开始前和结束后并无画面残留
forwards	动画结束后保留最后一帧画面
backwards	动画开始前放置第一帧画面
both	同时拥有 backwards 和 forwards 两个值的特性

如果我们希望动画在结束之后还能够保留最后一帧画面，那么可以将 animation-fill-mode 属性值设置为 forwards，如代码清单 24-32 所示。

代码清单 24-32　在动画结束后保留最后一帧画面

```
 1   ...
 2       img {
 3           position: relative;
 4           left: 50px;
 5           width: 100px;
 6           animation-name: example;
 7           animation-duration: 3s;
 8           animation-direction: alternate;
 9           animation-fill-mode: forwards;
10       }
11   ...
```

扫码看效果

24.3.9　简写

animation 属性是下列 8 个属性的简写形式：

- ❑ animation-name；
- ❑ animation-duration；
- ❑ animation-timing-function；
- ❑ animation-delay；
- ❑ animation-iteration-count；
- ❑ animation-direction；
- ❑ animation-fill-mode；
- ❑ animation-play-state。

 注意

animation-play-state 属性没有介绍，因为它是需要由 JavaScript 来触发的，它有两个属性值——running 和 paused，分别表示播放和暂停动画。

我们将代码清单 24-32 中的动画属性进行简写，如代码清单 24-33 所示。

代码清单 24-33　动画属性的简写

```
 1   ...
 2       img {
 3           position: relative;
 4           left: 50px;
 5           width: 100px;
 6           animation: example 3s alternate forwards;
 7       }
 8   ...
```

第 25 章

滤镜、混合模式、裁剪和遮罩

如果你使用过 Photoshop 之类的修图软件，那么应该对滤镜、混合模式、裁剪和遮罩这类名词不会感到陌生。现在，CSS 也增加了这些功能，利用它们，我们可以随心所欲地修改网页的视觉效果。

25.1   滤镜

平时我们如果想要快速地改变一张照片的风格，套用滤镜一定是不二之选。现在，我们也可以使用 CSS 来直接修改元素的高斯模糊、亮度、对比度、饱和度等滤镜参数。

CSS 滤镜可以通过 filter 属性来实现，该属性的值如表 25-1 所示。

表 25-1   **filter 属性的值**

值	说明
blur()	应用高斯模糊
brightness()	设置元素的亮度
contrast()	设置元素的对比度
saturate()	设置元素的饱和度
grayscale()	将元素转换为灰阶模式
sepia()	将元素转换为怀旧模式
hue-rotate()	突现元素的色相旋转
invert()	突现元素的颜色反转
opacity()	设置元素的透明度
drop-shadow()	应用阴影效果

25.1.1   blue()

blur()函数将高斯模糊应用于元素。它有一个参数，用于指定模糊的偏差值。偏差值越大，对象就越模糊。示例代码如代码清单 25-1 所示。

代码清单 25-1   应用高斯模糊的示例代码

```
1   <!DOCTYPE html>
2   <html>
3   <head>
4      <meta charset="utf-8">
5      <title>滤镜效果演示</title>
6      <style type="text/css">
7          div {
```

```
8                 display: inline-block;
9             }
10        img {
11             width: 200px;
12             height: 200px;
13             padding: 10px;
14        }
15        .blur2 {
16             filter: blur(2px);
17        }
18        .blur5 {
19             filter: blur(5px);
20        }
21    </style>
22  </head>
23  <body>
24      <div><img src="./img.png" alt="me"></div>
25      <div><img class="blur2" src="./img.png" alt="me"></div>
26      <div><img class="blur5" src="./img.png" alt="me"></div>
27  </body>
28  </html>
```

高斯模糊效果如图 25-1 所示。

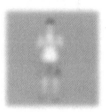

图 25-1　高斯模糊效果

25.1.2　brightness()

brightness()函数设置的是元素的亮度，其参数的默认值是 1（100%），0 表示纯黑色，大于 1 则表示比原有的颜色更亮。示例代码如代码清单 25-2 所示。

代码清单 25-2　应用亮度效果的示例代码

```
1   ...
2       .low {
3           filter: brightness(0.5);
4       }
5       .high {
6           filter: brightness(1.5);
7       }
8   ...
```

提高亮度后的效果如图 25-2 所示。

图 25-2　提高亮度后的效果

25.1.3　contrast()

contrast()函数设置的是元素的对比度，对比度对视觉效果的影响非常关键。一般来说，对比度越高，图像越清晰；对比度越高，图像越模糊。高对比度对于提高图像的清晰度、细节表现、灰度层次表现都有很大帮助。示例代码如代码清单 25-3 所示。

代码清单 25-3 调整对比度的示例代码

```
1    ...
2        .dark {
3            filter: contrast(0.5);
4        }
5        .bright {
6            filter: contrast(1.5);
7        }
8    ...
```

对比度调整效果如图 25-3 所示。

图 25-3 对比度调整效果

25.1.4 saturate()

saturate()函数设置的是元素的饱和度。饱和度也就是色彩的鲜艳程度。饱和度越高，颜色就越鲜艳；饱和度越低，颜色就越黯淡。示例代码如代码清单 25-4 所示。

代码清单 25-4 调整饱和度的示例代码

```
1    ...
2        .low {
3            filter: saturate(0.5);
4        }
5        .high {
6            filter: saturate(1.5);
7        }
8    ...
```

饱和度调整后的效果如图 25-4 所示。

图 25-4 饱和度调整后的效果

25.1.5 grayscale()

grayscale()函数用于将元素转换为灰阶模式，其参数的取值范围是 0～1，默认值是 0，1 表示完全灰度模式。示例代码如代码清单 25-5 所示。

代码清单 25-5 关于灰度变换的示例代码

```
1    ...
2        .low {
3            filter: grayscale(0.5);
4        }
5        .high {
6            filter: grayscale(1);
```

```
7        }
8    ...
```

灰度变换效果如图 25-5 所示。

图 25-5　灰度变换效果

25.1.6　sepia()

sepia()函数用于将元素转换为褐色调，也称怀旧模式，其参数的取值范围是 0~1，默认值是 0。示例代码如代码清单 25-6 所示。

代码清单 25-6　应用怀旧效果的示例代码

```
1    ...
2        .low {
3            filter: sepia(0.5);
4        }
5        .high {
6            filter: sepia(1);
7        }
8    ...
```

怀旧效果如图 25-6 所示。

图 25-6　怀旧效果

25.1.7　hue-rotate()

hue 表示色相，rotate 表示旋转，hue-rotate()函数用于在色相环上旋转并得到新的色相。根据色彩的数量，色相环可以分为 6 色色相环、12 色色相环、24 色色相环、36 色色相环等。常见的 24 色色相环如图 25-7 所示。

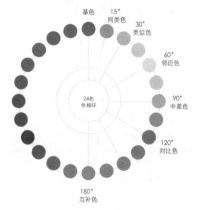

图 25-7　24 色色相环

色相旋转的方法如代码清单 25-7 所示。

代码清单 25-7　应用色相旋转效果

```
1    ...
2        .negative {
3            filter: hue-rotate(-90deg);
4        }
5        .positive {
6            filter: hue-rotate(90deg);
7        }
8    ...
```

色相旋转效果如图 25-8 所示。

图 25-8　色相旋转效果

25.1.8　invert()

invert()函数用于将元素的颜色反转，其参数的取值范围是 0～1，默认值是 0，1 表示完全反转。示例代码如代码清单 25-8 所示。

代码清单 25-8　应用颜色反转的示例代码

```
1    ...
2        .low {
3            filter: invert(0.5);
4        }
5        .high {
6            filter: invert(1);
7        }
8    ...
```

颜色反转效果如图 25-9 所示。

图 25-9　颜色反转效果

❀ 注意

invert(0.5)使得整个图像的颜色变成灰色，因为灰色是中间色系，而 0.5 恰好是 1 的一半，所以由反转系数 0.5 得到了一张灰色的图像。

25.1.9　opacity()

opacity()函数用于设置元素的透明度，其参数的取值范围是 0～1，默认值是 1，0 表示完全透明。示例代码如代码清单 25-9 所示。

代码清单 25-9　应用透明度效果的示例代码

```
1    ...
2        .low {
3            filter: opacity (0.2);
4        }
```

```
5        .high {
6            filter: opacity (0.5);
7        }
8    ...
```

透明度效果如图 25-10 所示。

图 25-10　透明度效果

✿ 注意

CSS 有一个 opacity 属性，也用于设置透明度，不同之处在于通过 filter 设置透明度，可以获得一些浏览器提供的硬件加速。

25.1.10　drop-shadow()

drop-shadow()函数用于为元素应用阴影效果，必选的两个参数是指定阴影水平和垂直偏移量的参数。另外，还有两个可选参数，它们允许为阴影应用高斯模糊，自定义阴影的颜色。示例代码如代码清单 25-10 所示。

代码清单 25-10　应用阴影效果的示例代码

```
1    ...
2        .shadow1 {
3            filter: drop-shadow(10px 10px);
4        }
5        .shadow2 {
6            filter: drop-shadow(10px 10px 10px gray);
7        }
8    ...
```

阴影效果如图 25-11 所示。

图 25-11　阴影效果

✿ 注意

CSS 有一个 box-shadow 属性，它也可为元素设置阴影效果，不同之处在于通过 filter 设置阴影，可以获得一些浏览器提供的硬件加速。

25.1.11　应用多个滤镜

如果你既想应用高斯模糊，又想加阴影，最后再设置 50%的透明度，怎么办？

这并不难，因为 CSS 允许同时应用多个滤镜，我们只需要将它们写在一起并用空格隔开即可，如代码清单 25-11 所示。

代码清单 25-11　应用多个滤镜效果

```
1    ...
2        .blend {
3            filter: blur(2px) drop-shadow(0 10px 10px gray) opacity(0.8);
```

```
4    }
5  ...
```

应用多个滤镜的效果如图 25-12 所示。

图 25-12 应用多个滤镜的效果

25.1.12 SVG 滤镜

filter 属性还可以引入外援——SVG 滤镜。

SVG（Scalable Vector Graphics，可缩放矢量图形）是 W3C XML 的分支语言之一。SVG 滤镜的存在，对于 CSS 来说如虎添翼，锦上添花。

添加 SVG 滤镜，如代码清单 25-12 所示。

代码清单 25-12 添加 SVG 滤镜

```
1   <!DOCTYPE html>
2   <html>
3   <head>
4       <meta charset="utf-8">
5       <title>SVG</title>
6       <style type="text/css">
7           div {
8               font-size: 12em;
9           }
10          .svg {
11              filter: url(#fractal);
12          }
13      </style>
14  </head>
15  <body>
16      <div>FishC</div>
17      <div class="svg">FishC</div>
18      <svg>
19          <filter id="fractal" filterUnits="objectBoundingBox" x="0%" y="0%" width=
                "100%" height="100%">
20              <feTurbulence id="turbulence" type="fractalNoise" baseFrequency="0.02"
                    numOctaves="2"/>
21              <feDisplacementMap in="SourceGraphic" scale="50"></feDisplacementMap>
22          </filter>
23      </svg>
24  </body>
25  </html>
```

SVG 滤镜的效果如图 25-13 所示。

图 25-13 SVG 滤镜的效果

25.2　混合模式

使用过 Photoshop 的读者一定对"正片叠底、柔光、差值、颜色减淡"这些关键词不陌生，这些关键字其实指定的是多个图层的不同混合模式。

CSS 也支持设置多个叠加元素的混合模式。重叠元素的混合模式使用 mix-blend-mode 属性实现。该属性的值如表 25-2 所示。

表 25-2　　　　　　　　　　　　　　　mix-blend-mode 属性的值

值	说明
darken	变暗
multiply	正片叠底
color-burn	颜色加深
lighten	变亮
screen	滤色
color-dodge	颜色减淡
overlay	叠加
soft-light	柔光
hard-light	强光
difference	差值
exclusion	排除
hue	色相
saturation	饱和度
color	颜色
luminosity	明度

25.2.1　变暗、正片叠底和颜色加深

变暗（darken）、正片叠底（multiply）和颜色加深（color-burn）这三种混合模式属于增强型的效果，主要用于突出叠加元素之间的暗部区域。

默认情况下，若我们将两幅图像直接叠加在一起，效果是比较突兀的。示例代码如代码清单 25-13 所示。

代码清单 25-13　将两幅图像直接叠加在一起

```
1   <!DOCTYPE html>
2   <html>
3   <head>
4       <meta charset="utf-8">
5       <title>变暗、正片叠底和颜色加深</title>
6       <style type="text/css">
7           div {
8               display: inline-block;
9           }
10          #sign {
11              position: absolute;
12              left: 280px;
13              top: 400px;
14          }
15      </style>
16  </head>
17  <body>
18      <div id="sign"><img src="./sign.png" alt="sign"></div>
```

```
19        <div id="me"><img src="./img.png" alt="me"></div>
20    </body>
21    </html>
```

将两幅图像直接叠加在一起的效果如图 25-14 所示。

图 25-14　将两幅图像直接叠加在一起的效果

应用变暗的混合模式（mix-blend-mode: darken），如代码清单 25-14 所示。

代码清单 25-14　应用变暗的混合模式

```
1     ...
2         #sign {
3             position: absolute;
4             left: 280px;
5             top: 400px;
6             mix-blend-mode: darken;
7         }
8     ...
```

变暗的混合模式的效果如图 25-15 所示。

因为代码中使用了变暗的混合模式，所以两个重叠元素之间相同位置较暗的像素保留了下来。

如果你觉得字体再粗一些会更好看，可以使用正片叠底的混合模式（mix-blend-mode: multiply），如代码清单 25-15 所示。

代码清单 25-15　应用正片叠底的混合模式

```
1     ...
2         #sign {
3             position: absolute;
4             left: 280px;
5             top: 400px;
6             mix-blend-mode: multiply;
7         }
8     ...
```

正片叠底的混合模式的效果如图 25-16 所示。

　　　图 25-15　变暗的混合模式的效果

　　图 25-16　正片叠底的混合模式的效果

这样我们就得到了一个比变暗更显眼的混合效果，之所以会这样，是因为正片叠底这个混合模式用于得到将基色与底色相乘的结果。

颜色加深的混合模式（mix-blend-mode: color-burn）通过提高正片与叠底的对比度，使得基色变暗以反映出混合色调，如代码清单 25-16 所示。

代码清单 25-16　应用颜色加深的混合模式

```
1    ...
2    #sign {
3        position: absolute;
4        left: 280px;
5        top: 400px;
6        mix-blend-mode: color-burn;
7    }
8    ...
```

颜色加深的混合模式的效果如图 25-17 所示。

图 25-17　颜色加深的混合模式的效果

25.2.2　变亮、滤色和颜色减淡

变亮（lighten）、滤色（screen）和颜色减淡（color-dodge）这三种属于减淡型的混合模式，主要用于突出叠加元素之间的亮部区域。

对于代码清单 25-16，如果我们将签名图像从黑色改为白色，那么增强型的混合模式不再适合。我们应该使用变亮的混合模式（mix-blend-mode: lighten），如代码清单 25-17 所示。

代码清单 25-17　应用变亮的混合模式

```
1    ...
2    #sign {
3        position: absolute;
4        left: 280px;
5        top: 400px;
6        mix-blend-mode: lighten;
7    }
8    ...
```

变亮的混合模式的效果如图 25-18 所示。

如果我们希望着色更深一些，可以使用滤色的混合模式（mix-blend-mode: screen），如代码清单 25-18 所示。

代码清单 25-18　应用滤色的混合模式

```
1    ...
2    #sign {
3        position: absolute;
4        left: 280px;
5        top: 400px;
6        mix-blend-mode: screen;
7    }
8    ...
```

滤色的混合模式的效果如图 25-19 所示。

图 25-18　变亮的混合模式的效果

图 25-19　滤色的混合模式的效果

如果使用颜色减淡的混合模式（mix-blend-mode: color-dodge），效果会更加明显。示例代码如代码清单 25-19 所示。

代码清单 25-19　应用颜色减淡的混合模式
```
1    ...
2        #sign {
3            position: absolute;
4            left: 280px;
5            top: 400px;
6            mix-blend-mode: color-dodge;
7        }
8    ...
```

颜色减淡的混合模式的效果如图 25-20 所示。

图 25-20　颜色减淡的混合模式的效果

25.2.3　叠加、柔光和强光

叠加（overlay）、柔光（soft-light）和强光（hard-light）这三种属于对比型混合模式。

叠加的混合模式（mix-blend-mode: overlay）是对正片叠底和滤色的混合应用，效果是使得叠加部分较暗的区域变得更暗，而较亮的区域变得更亮。示例代码如代码清单 25-20 所示。

代码清单 25-20　应用叠加的混合模式的示例代码
```
1    <!DOCTYPE html>
2    <html>
3    <head>
4        <meta charset="utf-8">
5        <title>叠加、柔光和强光</title>
6        <style type="text/css">
7            div {
8                display: inline-block;
9            }
10           #me {
11               position: absolute;
12               z-index: 2;
13               mix-blend-mode: overlay;
14           }
15           #background {
16               position: absolute;
17               z-index: 1;
18           }
19       </style>
20   </head>
21   <body>
22       <div id="me"><img src="./img.png" alt="me"></div>
23       <div id="background"><img src="./background.jpg" alt="background"></div>
24   </body>
25   </html>
```

颜色减淡的混合模式的效果如图 25-21 所示。

柔光的混合模式（mix-blend-mode: soft-light）用于将上层的元素以柔和的光线投射到下层的元素上面，示例代码如代码清单 25-21 所示。

代码清单 25-21　应用柔光的混合模式的示例代码
```
1    ...
2        #me {
3            position: absolute;
4            z-index: 2;
5            mix-blend-mode: soft-light;
```

```
6        }
7    ...
```

柔光的混合模式的效果如图 25-22 所示。

强光的混合模式（mix-blend-mode: hard-light）是柔光效果的加强版，示例代码如代码清单 25-22 所示。

代码清单 25-22　应用强光的混合模式的示例代码

```
1    ...
2        #me {
3            position: absolute;
4            z-index: 2;
5            mix-blend-mode: hard-light;
6        }
7    ...
```

强光的混合模式的效果如图 25-23 所示。

图 25-21　颜色减淡的混合模式的效果　　图 25-22　柔光的混合模式的效果　　图 25-23　强光的混合模式的效果

25.2.4　差值和排除

"差值"的混合模式（mix-blend-mode: different）表示将每个颜色通道中的值互减，然后取绝对值。比如，若上层元素中某个像素的颜色为 rgb(66, 166, 22)，下层元素中对应像素的颜色为 rgb(88, 18, 188)，使用差值混合后的结果便是 rgb(22, 148, 166)。示例代码如代码清单 25-23 所示。

代码清单 25-23　应用差值的混合模式的示例代码

```
1    ...
2        #me {
3            position: absolute;
4            z-index: 2;
5            mix-blend-mode: difference;
6        }
7    ...
```

应用差值的混合模式的效果如图 25-24 所示。

"排除"的混合模式（mix-blend-mode: exclusion）可以算差值的温和版本，示例代码如代码清单 25-24 所示。

代码清单 25-24　应用排除的混合模式的示例代码

```
1    ...
2        #me {
3            position: absolute;
4            z-index: 2;
5            mix-blend-mode: exclusion;
6        }
7    ...
```

应用排除的混合模式的效果如图 25-25 所示。

图 25-24　应用差值的混合模式的效果

图 25-25　应用排除的混合模式的效果

✿ 注意

如果对两个相同的元素使用差值的混合模式，那么结果将是一片漆黑；如果使用排除的混合模式，得到的是一个令人惊艳的视觉效果。

25.2.5　色相、饱和度、颜色和明度

色相、饱和度、颜色和明度属于色彩型的混合模式。其中，色相的混合模式（mix-blend-mode: hue）表示将上层元素的色相与下层元素的明度和饱和度进行合并。示例代码如代码清单 25-25 所示。

代码清单 25-25　应用色相的混合模式的示例代码

```
1    ...
2    #me {
3        position: absolute;
4        z-index: 2;
5        mix-blend-mode: hue;
6    }
7    ...
```

应用色相的混合模式的效果如图 25-26 所示。

饱和度的混合模式（mix-blend-mode: saturation）表示将上层元素的饱和度与下层元素的色相和明度进行合并。示例代码如代码清单 25-26 所示。

代码清单 25-26　应用饱和度的混合模式的示例代码

```
1    ...
2    #me {
3        position: absolute;
4        z-index: 2;
5        mix-blend-mode: saturation;
6    }
7    ...
```

应用饱和度的混合模式的效果如图 25-27 所示。

图 25-26　应用色相的混合模式的效果

图 25-27　应用饱和度的混合模式的效果

明度的混合模式（mix-blend-mode: luminosity）表示将上层元素的明度与下层元素的色相和饱和度进行合并，示例代码如代码清单 25-27 所示。

代码清单 25-27　应用明度的混合模式的示例代码

```
1    ...
2      #me {
3          position: absolute;
4          z-index: 2;
5          mix-blend-mode: luminosity;
6      }
7    ...
```

应用明度的混合模式的效果如图 25-28 所示。

颜色的混合模式（mix-blend-mode: color）表示将上层元素的色相和饱和度与下层元素的明度进行合并，示例代码如代码清单 25-28 所示。

代码清单 25-28　应用颜色的混合模式的示例代码

```
1    ...
2      #me {
3          position: absolute;
4          z-index: 2;
5          mix-blend-mode: color;
6      }
7    ...
```

应用颜色的混合模式的效果如图 25-29 所示。

图 25-28　应用明度的混合模式的效果　　　图 25-29　应用颜色的混合模式的效果

25.2.6　多张背景图像的混合

CSS 不仅支持设置两个元素的混合模式，还支持设置一个元素的多张背景图像的混合模式。后一种混合模式可以使用 background-blend-mode 属性实现，该属性可以使用的值以及效果与 mix-blend-mode 属性的一样。示例代码如代码清单 25-29 所示。

代码清单 25-29　应用多张背景图像的混合

```
1    <!DOCTYPE html>
2    <html>
3    <head>
4        <meta charset="utf-8">
5        <title>多张背景图像的混合</title>
6        <style type="text/css">
7            div {
8                width: 512px;
9                height: 512px;
10               background-image: url("./img.png"), url("./background.jpg");
11               background-blend-mode: difference;
12           }
13       </style>
14   </head>
15   <body>
```

```
16        <div></div>
17    </body>
18    </html>
```

多张背景图像混合的效果如图 25-30 所示。

图 25-30　多张背景图像混合的效果

25.3　裁剪

除滤镜和混合模式之外，CSS 还有裁剪的功能。

我们使用 clip-path 属性来定义裁剪的形状，该属性的值如表 25-3 所示。

表 25-3　　　　　　　　　　　　**clip-path 属性的值**

值	说明
inset()	指定以四边内凹的形状进行裁剪
circle()	指定以圆形进行裁剪
ellipse()	指定以椭圆形进行裁剪
polygon()	指定以多边形进行裁剪

这 4 个值用于指定基本的裁剪形状——四边内凹的形状、圆形、椭圆形以及多边形。

inset()指定的参数用于定义距离四条边的偏移量，我们可以通过追加 round 可选关键字来设置 4 个圆角。示例代码如代码清单 25-30 所示。

代码清单 25-30　应用四边内凹裁剪的示例代码

```
1    <!DOCTYPE html>
2    <html>
3    <head>
4        <meta charset="utf-8">
5        <title>四边内凹裁剪</title>
6        <style type="text/css">
7            div {
8                width: 100px;
9                height: 100px;
10               text-align: center;
11               line-height: 100px;
12               background: pink;
13           }
14           .clip {
15               clip-path: inset(30px 20px 30px 20px round 10px);
16           }
17       </style>
18   </head>
19   <body>
20       <div class="clip">FishC</div>
21   </body>
22   </html>
```

四边内凹裁剪的效果如图 25-31 所示。

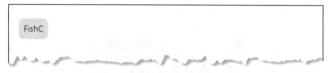

图 25-31 四边内凹裁剪的效果

circle()的参数用于定义圆形的半径，也可以使用 at 可选关键字指定圆心的位置。示例代码如代码清单 25-31 所示。

代码清单 25-31 应用圆形裁剪的示例代码

```
1   ...
2       .clip {
3           clip-path: circle(40px at 20% 50%);
4       }
5   ...
```

圆形裁剪的效果如图 25-32 所示。

图 25-32 圆形裁剪的效果

ellipse()的参数用于定义椭圆形在纵轴和横轴上的半径，也可以使用 at 可选关键字指定椭圆中心的位置。示例代码如代码清单 25-32 所示。

代码清单 25-32 应用椭圆形裁剪的示例代码

```
1   ...
2       .clip {
3           clip-path: ellipse(40px 20px at 50% 50%);
4       }
5   ...
```

椭圆形裁剪的效果如图 25-33 所示。

图 25-33 椭圆形裁剪的效果

polygon()的参数用于定义每个点的坐标（以逗号进行分隔）。示例代码如代码清单 25-33 所示。

代码清单 25-33 应用多边形裁剪的示例代码

```
1   ...
2       .clip {
3           clip-path: polygon(20px 50px, 50px 20px, 80px 50px, 100px 30px, 100px 70px,
            80px 50px, 50px 80px);
4       }
5   ...
```

多边形裁剪的效果如图 25-34 所示。

图 25-34 多边形裁剪的效果

25.4 蒙版

蒙版和裁剪的概念非常相似，蒙版的含义是位于指定形状内部的内容可见，而形状外部的内容不可见。不过和裁剪不同的是，蒙版支持并且只能使用图像来定义元素哪些部分可见。

应用蒙版的第一步是指定使用什么图像来作为蒙版，我们可以通过 mask-image 属性来指定。因为该属性截至目前仍然处于实验阶段，所以在 Chrome 浏览器中，我们要将 mask-image 写成-webkit-mask-image，如代码清单 25-34 所示。

代码清单 25-34 指定蒙版使用的图像

```
1   <!DOCTYPE html>
2   <html>
3   <head>
4       <meta charset="utf-8">
5       <title>蒙版</title>
6       <style type="text/css">
7           img {
8               -webkit-mask-image: url("./mask.png");
9           }
10      </style>
11  </head>
12  <body>
13      <img src="./img.png" alt="me">
14  </body>
15  </html>
```

指定蒙版使用的图像的效果如图 25-35 所示。

我们可以通过 mask-size 属性来指定蒙版图像的尺寸，如代码清单 25-35 所示。

代码清单 25-35 指定蒙版图像的尺寸

```
1   ...
2       img {
3           -webkit-mask-image: url("./mask.png");
4           -webkit-mask-size: 10%;
5       }
6   ...
```

指定蒙版图像的尺寸的效果如图 25-36 所示。

图 25-35 指定蒙版使用的图像的效果

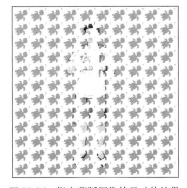

图 25-36 指定蒙版图像的尺寸的效果

另外，我们可以通过 mask-position 属性来指定蒙版图像的位置，如代码清单 25-36 所示。

代码清单 25-36　指定蒙版图像的位置

```
1    ...
2        img {
3            -webkit-mask-image: url("./mask.png");
4            -webkit-mask-position: 50% 20%;
5        }
6    ...
```

指定蒙版图像的位置的效果如图 25-37 所示。

除此之外，我们还可以设置蒙版不重复，如代码清单 25-37 所示。

代码清单 25-37　指定蒙版图像不重复

```
1    ...
2        img {
3            -webkit-mask-image: url("./mask.png");
4            -webkit-mask-position: 50% 20%;
5            -webkit-mask-repeat: no-repeat;
6        }
7    ...
```

指定蒙版图像不重复的效果如图 25-38 所示。

图 25-37　指定蒙版图像的位置的效果

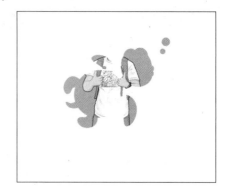

图 25-38　指定蒙版图像不重复的效果

当然，要让蒙版只沿着 x 轴或 y 轴进行重复，只需要将 -webkit-mask-repeat 属性的值设置为 repeat-x 或 repeat-y 即可。

25.5　置换元素的填充与定位

既然讲到了裁剪和蒙版，那么还有两个属性非常适合在这里讲一下，那就是 object-fit 和 object-position 属性，它们用于指定置换元素的填充与定位方式。

理论上，我们仅可以为块级元素设置宽和高。我们在实践中发现了一些特例，比如，虽然 img 元素名义上是行内元素，但是仍然可以通过 width 和 height 属性来设置其宽和高。

之所以 img 元素有这个特权，是因为 img 元素是一个置换元素。

置换元素是指浏览器根据元素的标签和属性，来决定元素的具体显示内容的元素，常见的置换元素有 img、input、textarea、select、object 和 video。

object-fit 属性用于设置被替换的内容在指定内容框内的填充方式，该属性的值如表 25-4 所示。

表 25-4　object-fit 属性的值

值	说明
fill	（默认）被替换的内容将完全填充元素的内容框；如果对象的宽高比与内容框不相匹配，那么该对象将被拉伸
contain	缩放被替换的内容以保持其原来的宽高比

值	说明
cover	被替换的内容在保持其宽高比的同时填充元素的整个内容框；如果对象的宽高比与内容框不相匹配，该对象将被剪裁以适应内容框
none	被替换的内容将保持其原有的尺寸
scale-down	在 none 和 contain 中选择尺寸较小的那一个

示例代码参见代码清单 25-38。

代码清单 25-38　关于置换元素的填充与定位的示例代码

```
1   <!DOCTYPE html>
2   <html>
3   <head>
4       <meta charset="utf-8">
5       <title>置换元素的填充与定位</title>
6       <style type="text/css">
7           img {
8               width: 400px;
9               height: 100px;
10              border: 1px solid black;
11              object-fit: scale-down;
12          }
13      </style>
14  </head>
15  <body>
16      <img src="./img.png" alt="me">
17  </body>
18  </html>
```

置换元素的填充与定位效果如图 25-39 所示。

图 25-39　置换元素的填充与定位效果

object-position 属性指定可替换的内容在指定内容框内的位置，如代码清单 25-39 所示。

代码清单 25-39　指定可替换的内容在指定内容框内的位置

```
1   ...
2       img {
3           width: 400px;
4           height: 100px;
5           border: 1px solid black;
6           object-position: right top;
7           object-fit: scale-down;
8       }
9   ...
```

代码实现的效果如图 25-40 所示。

图 25-40　代码实现的效果

第 26 章

其他 CSS 特性

26.1 优先级

CSS 中样式表的引用是具有优先级顺序的，内联样式表要优先于内部样式表，内部样式表要优先于外部样式表。

在 CSS 中，我们是通过各种选择器将 CSS 样式应用到某个元素上面的。如果不同的选择器都指向同一个元素，那么就会产生冲突（比如，我们在类选择器中把某个元素的背景色指定为粉色，但是在 id 选择器中又将该属性值指定为浅蓝色），遇到这种情况怎么办呢？

其实，不同选择器的优先级权重是不一样的，浏览器会通过计算选择器优先级来决定最终应用的是哪一种样式。表 26-1 展示了 CSS 中不同选择器的优先级权重。

表 26-1   CSS 中不同选择器的优先级权重

选择器	优先级权重
!important	最高
内联样式	1, 0, 0, 0
ID 选择器	0, 1, 0, 0
类选择器、属性选择符器和伪类选择器	0, 0, 1, 0
元素选择器和伪元素选择器（不包含:not 选择器）	0, 0, 0, 1
连接符和通用选择器	0, 0, 0, 0

数字 1 越靠左边，选择器的优先级权重就越高（表 21-6 中的优先级权重是按照从大到小的顺序排列的）。设置选择器优先级权重的示例代码如代码清单 26-1 所示。

代码清单 26-1 设置选择器优先级权重

```
1    <!DOCTYPE html>
2    <html>
3    <head>
4        <meta charset="utf-8">
5        <title>设置选择器优先级权重</title>
6        <style type="text/css">
7            #myID {
8                background-color: lightblue;
9            }
10           .myClass {
11               background-color: pink;
12           }
13           h1 {
14               background-color: red;
15           }
```

```
16        </style>
17    </head>
18    <body>
19        <h1 id="myID" class="myClass">I love FishC.</h1>
20    </body>
21    </html>
```

选择器优先级权重的效果如图 26-1 所示。

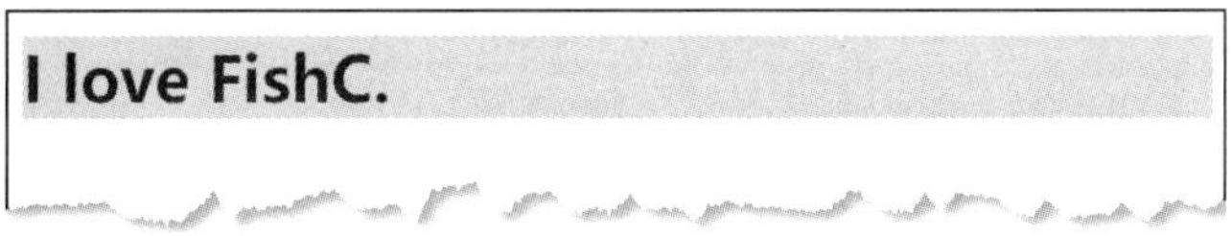

I love FishC.

图 26-1   选择器优先级权重的效果

这里我们通过 3 种不同的选择器设置 h1 元素的样式，根据表 26-1，ID 选择器的优先级权重是最高的，所以 h1 元素的背景色被设置为浅蓝色。

优先级权重是可以互相叠加的，比如添加一个 h1#myID 选择器，如代码清单 26-2 所示。

代码清单 26-2   叠加优先级权重

```
1    ...
2        h1#myID {
3            background-color: yellow;
4        }
5    ...
```

h1#myID 选择器的权重是 $(1,0,1)$，比 #myID $(1,0,0)$ 更高，所以背景色变成黄色。叠加优先级权重的效果如图 26-2 所示。

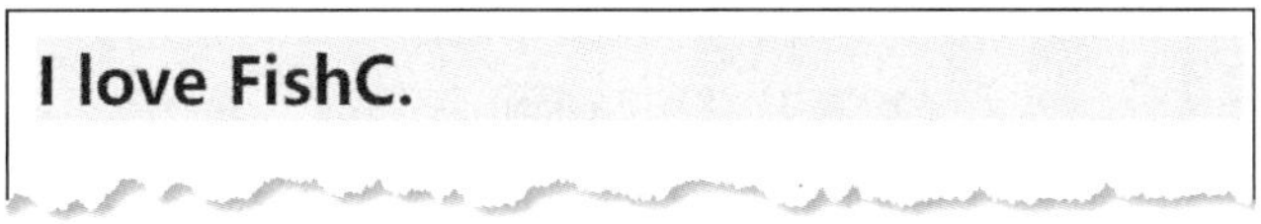

I love FishC.

图 26-2   叠加优先级权重的效果

如果我们在 h1#myID 上加上其父节点 body 元素，如代码清单 26-3 所示。

代码清单 26-3   添加父节点

```
1    ...
2        body h1#myID {
3            background-color: purple;
4        }
5    ...
```

那么 body h1#myID 选择器的权重是 $(1,0,2)$，比 h1#myID $(1,0,1)$ 更高，所以背景色变成紫色。添加父节点的效果如图 26-3 所示。

图 26-3   添加父节点的效果

❀ 注意

如果 11 个元素选择器叠加，优先级权重是否能够高于 1 个类选择器呢？答案是不能，别说 11 个，111 个元素选择器加在一起，优先级权重也比 1 个类选择器要小，这就是表 26-1 使用逗号来分隔不同等级的原因。

比 ID 选择器还要高一个级别的是内联样式——在元素中使用 style 属性来直接定义该元素

的样式，如代码清单 26-4 所示。

代码清单 26-4　使用 style 属性
```
1    ...
2        <h1 id="myID" class="myClass" style="background-color: green">I love FishC.</h1>
3    ...
```

现在背景色变成了绿色，如图 26-4 所示。

图 26-4　使用 style 属性的效果

!important 相当于具有最高的优先级。只要在 CSS 样式后面写上!important，它就几乎拥有了最高的优先级，如代码清单 26-5 所示。

代码清单 26-5　使用!important
```
1    ...
2        h1 {
3            background-color: red !important;
4        }
5    ...
```

使用!important 的效果如图 26-5 所示。

![I love FishC.]

图 26-5　使用!important 的效果

❋ 注意

显然，!important 的功能是非常强大的。不过，在非必要的情况下，我们应该尽量避免使用它，因为这会破坏样式表中的级联规则。

　　连接符和通用选择器的优先级是（0,0,0,0），看似最低，但其实不然。就拿通用选择器来说，虽然 ID 选择器、类选择器、元素选择器都可以覆盖通用选择器的样式，但通用选择器至少可以"打赢"从父元素那儿继承来的样式，如代码清单 26-6 所示。

代码清单 26-6　继承父元素的背景色
```
1    ...
2        <h1 id="myID" class="myClass" style="background-color: green">I love <em>FishC
         </em>.</h1>
3    ...
```

em 元素的背景色没有设置，默认情况下它是继承了父元素（h1）的背景色设置的，如图 26-6 所示。

图 26-6　继承父元素的背景色的效果

使用通用选择器（*）设置一种新的背景色，如代码清单 26-7 所示。

代码清单 26-7　使用通用选择器
```
1    ...
2        * {
```

```
3            background-color: yellow;
4        }
5    ...
```

使用通用选择器的效果如图 26-7 所示。

图 26-7　使用通用选择器的效果

26.2　透明度

CSS 支持控制一个元素的透明度，这需要使用 opacity 属性实现，它取值范围是 0~1，默认值是 1，表示完全不透明。示例代码如代码清单 26-8 所示。

代码清单 26-8　设置图像的透明度

```
1    <!DOCTYPE html>
2    <html>
3    <head>
4        <meta charset="utf-8">
5        <title>设置图像的透明度</title>
6        <style type="text/css">
7            img {
8                width: 200px;
9                height: 200px;
10               opacity: 0.5;
11           }
12           img:hover {
13               opacity: 1;
14           }
15       </style>
16   </head>
17   <body>
18       <div><img src="./img.png" alt="me"></div>
19   </body>
20   </html>
```

设置图像透明度的效果如图 26-8 所示。

图 26-8　设置图像透明度的效果

opacity 属性不仅可以用于设置图像的透明度，还可以用于设置元素背景色的透明度，如代码清单 26-9 所示。

代码清单 26-9　设置元素背景色的透明度

```
1    <!DOCTYPE html>
2    <html>
3    <head>
4        <meta charset="utf-8">
```

```
5              <title>设置元素背景色的透明度</title>
6              <style>
7                  div {
8                      padding: 10px;
9                      background-color: #cb4042;
10                 }
11                 div.first {
12                     opacity: 0.1;
13                 }
14                 div.second {
15                     opacity: 0.3;
16                 }
17                 div.third {
18                     opacity: 0.6;
19                 }
20             </style>
21         </head>
22         <body>
23             <div class="first"><p>opacity 0.1</p></div>
24             <div class="second"><p>opacity 0.3</p></div>
25             <div class="third"><p>opacity 0.6</p></div>
26             <div><p>opacity 1</p></div>
27         </body>
28     </html>
```

设置元素背景色的透明度的效果如图 26-9 所示。

图 26-9　设置元素背景色的透明度的效果

❀ 注意

从上述案例不难发现，如果设置其父元素的 opacity 属性，那么其子元素也将受到影响。如果我们只想设置父元素的透明度，而不希望父元素影响子元素，可以直接使用 RGBA 来设置背景颜色。

26.3　渐变

渐变就是两个或者多个颜色之间的过渡。

CSS 定义了两种类型的渐变——线性渐变（linear gradient）和径向渐变（radial gradient）。

26.3.1　线性渐变

线性渐变就是在一个方向上的颜色过渡。

要创建线性渐变，需要指定一个方向以及至少两个颜色值，它的语法如下。

```
background-image: linear-gradient(direction, color-stop1, color-stop2, ...);
```

创建线性渐变，如代码清单 26-10 所示。

代码清单 26-10　创建线性渐变

```
1      <!DOCTYPE html>
2      <html>
3      <head>
4          <meta charset="utf-8">
5          <title>创建线性渐变</title>
6          <style>
7              div {
8                  width: 600px;
9                  height: 200px;
```

```
10                    background: linear-gradient(red, yellow);
11           }
12      </style>
13  </head>
14  <body>
15      <div></div>
16  </body>
17  </html>
```

默认线性渐变的效果如图 26-10 所示。

图 26-10　默认线性渐变的效果

默认的渐变行进方向是由上到下，所以这里我们不写也没关系。除此之外，linear-gradient 属性可以使用的值如表 26-2 所示。

表 26-2　　　　　　　　　linear-gradient 属性可以使用的值

值	说明
to bottom	（默认值）从上往下
to top	从下往上
to left	自右向左
to right	自左向右
to top left	从右下角到左上角
to top right	从左下角到右上角
to bottom left	从右上角到左下角
to bottom right	从左上角到右下角

如果我们想让颜色从左上角往右下角进行渐变，实现方式如代码清单 26-11 所示。

代码清单 26-11　线性渐变

```
1   ...
2       div {
3           width: 600px;
4           height: 200px;
5           background: linear-gradient(to right bottom, red, yellow);
6       }
7   ...
```

颜色从左上角往右下角线性渐变的效果如图 26-11 所示。

图 26-11　颜色从左上角往右下角线性渐变的效果

除指定具体的方向之外，CSS 还支持使用角度来定位线性渐变的方向，如代码清单 26-12 所示。

代码清单 26-12　定义线性渐变的方向

```
1   ...
2       div {
3           width: 600px;
4           height: 200px;
```

```
5        background: linear-gradient(30deg, red, yellow);
6    }
7    ...
```

使用角度线性渐变方向的效果如图 26-12 所示。

除"从一种颜色到另一种颜色渐变"之外,CSS 还支持我们设置多种颜色渐变,如代码清单 26-13 所示。

代码清单 26-13　设置多种颜色的线性渐变

```
1    ...
2    div {
3        width: 600px;
4        height: 200px;
5        background: linear-gradient(to right, red, blue, yellow, green);
6    }
7    ...
```

设置多种颜色的线性渐变的效果如图 26-13 所示。

图 26-12　使用角度线性渐变方向的效果　　　　图 26-13　设置多种颜色的线性渐变的效果

默认情况下线性渐变表示从一种颜色平滑地过渡到另一种颜色,各种颜色分配到的区域是均衡的。所以上面 4 种颜色都将获得 25% 的过渡区域。这个过渡比例其实也可以自定义,只需在颜色的后面加上一个百分比,如代码清单 26-14 所示。

代码清单 26-14　线性渐变

```
1    ...
2    div {
3        width: 600px;
4        height: 200px;
5        background: linear-gradient(to right, red, blue 20%, yellow 50%, green);
6    }
7    ...
```

指定线性渐变中颜色的过渡区域的效果如图 26-14 所示。

从左往右,由红色开始,逐渐过渡,到达 div 元素宽度的 20% 时变为蓝色,接近 50% 的时候变为黄色,最后过渡为绿色。

对代码进行修改,如代码清单 26-15 所示。

代码清单 26-15　修改线性渐变

```
1    ...
2    div {
3        width: 600px;
4        height: 200px;
5        background: linear-gradient(to right, red, yellow, green 20%);
6    }
7    ...
```

修改后线性渐变的效果如图 26-15 所示。

图 26-14　指定线性渐变中颜色的过渡区域的效果　　　　图 26-15　修改后线性渐变的效果

我们还可以使用 repeating-linear-gradient() 来重复这个过渡的过程,如代码清单 26-16 所示。

```
1   ...
2       div {
3           width: 600px;
4           height: 200px;
5           background: repeating-linear-gradient(to right, red, yellow, green 20%);
6       }
7   ...
```

重复过渡过程的效果如图 26-16 所示。

图 26-16　重复过渡过程的效果

26.3.2　径向渐变

除线性渐变之外，我们还可以定义径向渐变。所谓径向渐变，就是从中心点往外的渐变。

它的语法如下：

```
background-image: radial-gradient(shape size at position, start-color, ..., last-color);
```

创建径向渐变，如代码清单 26-17 所示。

```
1   <!DOCTYPE html>
2   <html>
3   <head>
4       <meta charset="utf-8">
5       <title>径向渐变</title>
6       <style>
7           div {
8               width: 600px;
9               height: 200px;
10              background-image: radial-gradient(red, yellow, green);
11          }
12      </style>
13  </head>
14  <body>
15      <div></div>
16  </body>
17  </html>
```

径向渐变的效果如图 26-17 所示。

使用百分比同样可以自定义径向渐变的过渡区域，如代码清单 26-18 所示。

```
1   ...
2       div {
3           width: 600px;
4           height: 200px;
5           background-image: radial-gradient(red, yellow 30%, green 60%);
6       }
7   ...
```

修改径向渐变过渡区域后的效果如图 26-18 所示。

图 26-17　径向渐变的效果

图 26-18　修改径向渐变过渡区域后的效果

如图 26-18 所示，径向渐变从中心向四周逐渐变化，由红色开始，逐渐过渡，到达离中心的距离的 30% 时变为黄色，接着到达离中心的距离的 60% 的时候变为绿色，最后全都是绿色。

径向渐变的形状也可以设置，默认是椭圆形（ellipse），我们还可以把它设置为圆形（circle），如代码清单 26-19 所示。

代码清单 26-19 设置径向渐变的形状

```
1    ...
2        div {
3            width: 600px;
4            height: 200px;
5            background-image: radial-gradient(circle, red, yellow 30%, green 60%);
6        }
7    ...
```

设置径向渐变的形状后的效果如图 26-19 所示。

径向渐变也支持重复，如代码清单 26-20 所示。

代码清单 26-20 径向渐变

```
1    ...
2        div {
3            width: 600px;
4            height: 200px;
5            background-image: repeating-radial-gradient(circle, red, yellow, green 20%);
6        }
7    ...
```

径向渐变重复的效果如图 26-20 所示。

图 26-19 设置径向渐变的形状后的效果   图 26-20 径向渐变重复的效果

26.4 CSS 变量

复杂的网站会使用大量的 CSS 代码，通常也会有许多重复的值。这样的话，同样一个颜色值可能就会在成百上千个地方使用到，如果这个值发生了变化，需要全局搜索并且一个一个替换，非常麻烦。

在这种情况下，CSS 变量就能派上用场了。使用 CSS 变量之前，我们应该先对变量进行声明，如代码清单 26-21 所示。

代码清单 26-21 声明 CSS 变量

```
1    :root {
2        --brickred: #cb4042;
3    }
```

声明变量的时候，变量名前面必须要加两个连字符（--）。另外，变量名是区分大小写的，例如，--brickred 和--BrickRed 是不同的变量。

我们在需要用到变量值的地方使用 var()函数来引用变量，如代码清单 26-22 所示。

代码清单 26-22 使用 CSS 变量

```
1    <!DOCTYPE html>
2    <html>
3    <head>
4        <meta charset="utf-8">
5        <title>CSS变量</title>
6        <style type="text/css">
7            :root {
8                --brickred: #cb4042;
9            }
10           body {
11               color: white;
12               background-color: var(--brickred);
```

```
13             }
14         h2 {
15             padding-bottom: 10px;
16             border-bottom: 2px dotted var(--brickred);
17         }
18         .container {
19             color: var(--brickred);
20             background-color: white;
21             padding: 20px;
22         }
23     </style>
24 </head>
25 <body>
26     <h1>CSS变量演示</h1>
27     <div class="container">
28         <h2>Lorem Ipsum</h2>
29         <p>Lorem ipsum dolor sit, amet consectetur adipisicing elit. Autem qui
            necessitatibus sapiente assumenda harum at voluptatibus vitae laborum adipisci
            maiores quo quisquam, repellat animi delectus in! A maiores totam vel!</p>
30     </div>
31 </body>
32 </html>
```

CSS 变量演示效果如图 26-21 所示。

图 26-21　CSS 变量演示效果

26.5　CSS 计数器

CSS 计数器类似于变量，不过 CSS 计数器需要多个函数和关键字配合实现，如代码清单 26-23 所示。

代码清单 26-23　实现 CSS 计数器

```
1  <!DOCTYPE html>
2  <html>
3  <head>
4      <meta charset="utf-8">
5      <title>实现CSS计数器</title>
6      <style type="text/css">
7          :root {
8              counter-reset: fishc;
9          }
10         a {
11             display: block;
12             margin: 20px;
13         }
14         a::before {
15             counter-increment: fishc;
16             content: "FishC " counter(fishc) " : ";
17         }
18     </style>
19 </head>
20 <body>
21     <a href="https://ilovefishc.com">主页</a>
22     <a href="https://fishc.com.cn">论坛</a>
23     <a href="https://man.ilovefishc.com">宝典</a>
```

```
24        <a href="https://fishc.taobao.com">起飞</a>
25    </body>
26    </html>
```

CSS 计数器的效果如图 26-22 所示。

FishC 1：主页

FishC 2：论坛

FishC 3：宝典

FishC 4：起飞

图 26-22　CSS 计数器的效果

从代码中我们可以看出，要使用 CSS 计数器，需要先创建一个 counter-reset，这里我们创建了一个叫"fishc"的计数器。

counter-increment 属性指定当前要使用哪一个计数器，然后通过 counter()函数进行计数。另外，还有一个 counters()函数，它主要应用于涉及嵌套的情况，如代码清单 26-24 所示。

代码清单 26-24　使用 counters()实现 CSS 计数器

```
1    <!DOCTYPE html>
2    <html>
3    <head>
4        <meta charset="utf-8">
5        <title>使用counters()实现CSS计数器</title>
6        <style type="text/css">
7            ol {
8                counter-reset: section;
9                list-style-type: none;
10           }
11           li::before {
12               counter-increment: section;
13               content: counters(section,".") " : ";
14           }
15       </style>
16   </head>
17   <body>
18       <ol>
19           <li>item</li>
20           <li>item
21             <ol>
22               <li>item</li>
23               <li>item</li>
24               <li>item
25                 <ol>
26                   <li>item</li>
27                   <li>item</li>
28                 </ol>
29                 <ol>
30                   <li>item</li>
31                   <li>item</li>
32                   <li>item</li>
33                 </ol>
34               </li>
35               <li>item</li>
36             </ol>
37           </li>
38           <li>item</li>
39           <li>item</li>
40       </ol>
41   </body>
42   </html>
```

嵌套的 CSS 计数器的效果如图 26-23 所示。

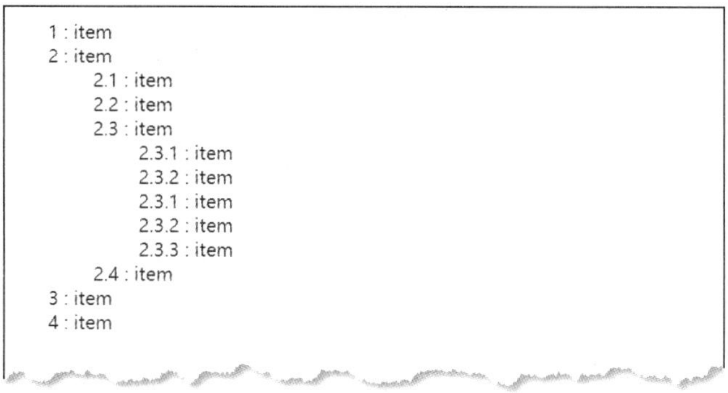

```
1 : item
2 : item
    2.1 : item
    2.2 : item
    2.3 : item
        2.3.1 : item
        2.3.2 : item
        2.3.1 : item
        2.3.2 : item
        2.3.3 : item
    2.4 : item
3 : item
4 : item
```

图 26-23　嵌套的 CSS 计数器的效果

26.6　媒体查询

媒体查询其实在 CSS2 中就已经存在，不过当时比较简单，仅支持匹配显示屏、打印机或者移动设备这样大的分类。CSS3 对媒体查询进行了扩展，不仅支持匹配设备类型，还可以指定媒体类型的各种参数，比如显示器尺寸或者颜色深度等。

媒体查询因为它是自适应网页设计的核心。

自适应网页设计（responsive Web design）又叫响应式网页设计，是可以自动识别屏幕宽度、并做出相应调整的网页设计。

媒体查询都是利用 media 属性来实现的。link 元素通过媒体查询匹配不同的外部样式表（就是外部的独立 CSS 文件），而 style 元素通过配体查询匹配不同的内部样式表。

在一个内部样式表中，为了通过媒体查询匹配不同的样式，需要用到一个新的关键字——@media，如代码清单 26-25 所示。

代码清单 26-25　使用@media 实现自适应网页

```
1   <!DOCTYPE html>
2   <html>
3   <head>
4       <meta charset="utf-8">
5       <title>自适应网页演示</title>
6       <style type="text/css">
7           * {
8               box-sizing: border-box;
9           }
10          body {
11              font-family: 'Courier New', Courier, monospace;
12              padding: 10px;
13              background-color: #eee;
14          }
15          header {
16              padding: 30px;
17              text-align: center;
18              background: white;
19          }
20          nav {
21              overflow: hidden;
22              background-color: #429296;
23          }
24          nav a {
25              float: left;
26              display: block;
27              color: #f2f2f2;
28              text-align: center;
29              padding: 14px 16px;
30              text-decoration: none;
31          }
32          nav a:hover {
33              color: black;
```

```
34              background-color: #ddd;
35          }
36          .leftcolumn {
37              float: left;
38              width: 75%;
39          }
40          .rightcolumn {
41              float: left;
42              width: 25%;
43              background-color: #f1f1f1;
44              padding-left: 20px;
45          }
46          .card {
47              background-color: white;
48              padding: 20px;
49              margin-top: 20px;
50          }
51          main:after {
52              content: "";
53              display: table;
54              clear: both;
55          }
56          img {
57              background-color: #aaa;
58              width: 100%;
59              padding: 20px;
60          }
61          footer {
62              padding: 20px;
63              text-align: center;
64              background: #ddd;
65              margin-top: 20px;
66          }
67          @media screen and (max-width: 1024px) {
68              .leftcolumn, .rightcolumn {
69                  width: 100%;
70                  padding: 0;
71              }
72          }
73          @media screen and (max-width: 512px) {
74              nav a {
75                  float: none;
76                  width: 100%;
77              }
78          }
79      </style>
80  </head>
81  <body>
82      <header>
83          <h1>自适应网页演示</h1>
84          <p>调整浏览器的尺寸并观察网页的变化</p>
85      </header>
86      <nav>
87          <a href="https://ilovefishc.com">主页</a>
88          <a href="https://fishc.com.cn">论坛</a>
89          <a href="https://man.ilovefishc.com">宝典</a>
90          <a href="https://fishc.taobao.com" style="float:right"><strong>起飞</strong></a>
91      </nav>
92      <main>
93          <div class="leftcolumn">
94              <div class="card">
95              <h2>这是一篇好文章</h2>
96              <h5>2021-06-06</h5>
97              <img src="./peace.jpg">
98              <p>内容简介...</p>
99              <p>Lorem ipsum dolor sit amet consectetur adipisicing elit. Distinctio
                aspernatur, architecto ut quod eligendi fugiat doloribus, suscipit
                nam ratione inventore eius deserunt excepturi cupiditate officia tempore
                ullam corrupti. Voluptates, reprehenderit.</p>
100             </div>
101             <div class="card">
102             <h2>这又是一篇好文章</h2>
103             <h5>2021-06-01</h5>
104             <img src="./peace.jpg">
105             <p>内容简介...</p>
106             <p>Lorem ipsum dolor sit amet consectetur adipisicing elit. Error, beatae?
```

```
        Quia, repellendus, deleniti laboriosam recusandae rem pariatur eaque dolor
        et esse excepturi enim fuga aspernatur sapiente suscipit? Optio, hic quam!</p>
107        </div>
108     </div>
109     <div class="rightcolumn">
110        <div class="card">
111            <h2>关于小甲鱼</h2>
112            <img src="./peace.jpg">
113            <p>关于小甲鱼的一些描述...</p>
114        </div>
115        <div class="card">
116            <h3>最受欢迎的主题</h3>
117            <img src="./peace.jpg">
118            <img src="./peace.jpg">
119            <img src="./peace.jpg">
120        </div>
121        <div class="card">
122            <h3>关注小甲鱼...</h3>
123            <img src="./wechat.jpg">
124        </div>
125     </div>
126 </main>
127 <footer>
128     <h2>Footer</h2>
129 </footer>
130 </body>
131 </html>
```

随着浏览器尺寸的改变，页面的布局也会跟着改变。

当浏览器的宽度大于 1024 像素的时候，自适应网页的效果如图 26-24 所示。

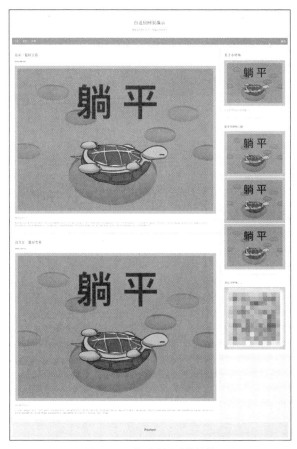

图 26-24　自适应网页的效果

当浏览器的宽度介于 512～1024 像素的时候，自适应网页的效果如图 26-25 所示。

当浏览器的宽度小于 512 像素的时候，自适应网页的效果如图 26-26 所示。

图 26-25　当浏览器的宽度介于 512～1024 像素时自适应网页的效果

图 26-26　当浏览器的宽度小于 512 像素时自适应网页的效果

欢迎使用这本手册来配套学习《零基础入门学习Web开发（HTML5&CSS3）》！

本手册中含有小甲鱼精心绘制的书中每一章的思维导图，可以帮助你构建系统的知识框架。手册中还为你预留了书写学习笔记的地方，供你留下自己的学习成果。

现在，从这里开始你的《零基础入门学习Web开发（HTML5&CSS3）》学习之旅吧！

学习笔记

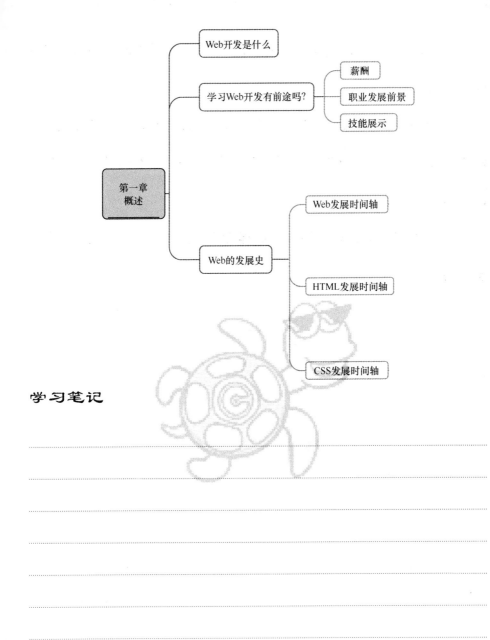

学习笔记

学习笔记

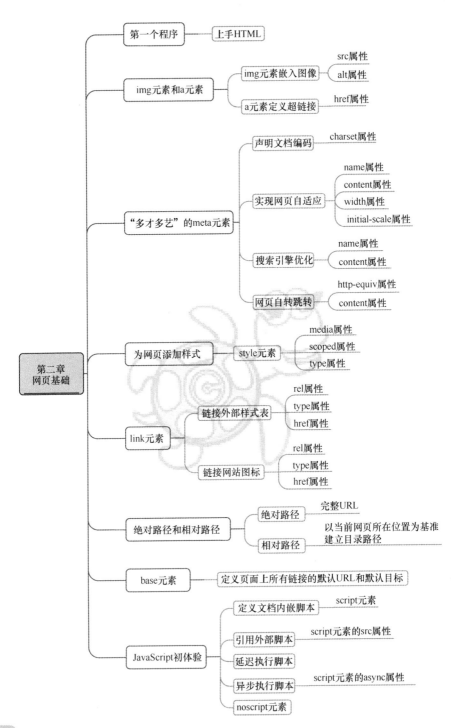

第一个程序 ── 上手HTML

img元素和a元素
├─ img元素嵌入图像 ──┬─ src属性
│   └─ alt属性
└─ a元素定义超链接 ── href属性

"多才多艺"的meta元素
├─ 声明文档编码 ── charset属性
├─ 实现网页自适应 ──┬─ name属性
│   ├─ content属性
│   ├─ width属性
│   └─ initial-scale属性
├─ 搜索引擎优化 ──┬─ name属性
│   └─ content属性
└─ 网页自转跳转 ──┬─ http-equiv属性
                  └─ content属性

为网页添加样式 ── style元素 ──┬─ media属性
                              ├─ scoped属性
                              └─ type属性

link元素
├─ 链接外部样式表 ──┬─ rel属性
│   ├─ type属性
│   └─ href属性
└─ 链接网站图标 ──┬─ rel属性
                  ├─ type属性
                  └─ href属性

绝对路径和相对路径
├─ 绝对路径 ── 完整URL
└─ 相对路径 ── 以当前网页所在位置为基准建立目录路径

base元素 ── 定义页面上所有链接的默认URL和默认目标

JavaScript初体验
├─ 定义文档内嵌脚本 ── script元素
├─ 引用外部脚本 ── script元素的src属性
├─ 延迟执行脚本
├─ 异步执行脚本 ── script元素的async属性
└─ noscript元素

第二章 网页基础

学习计划

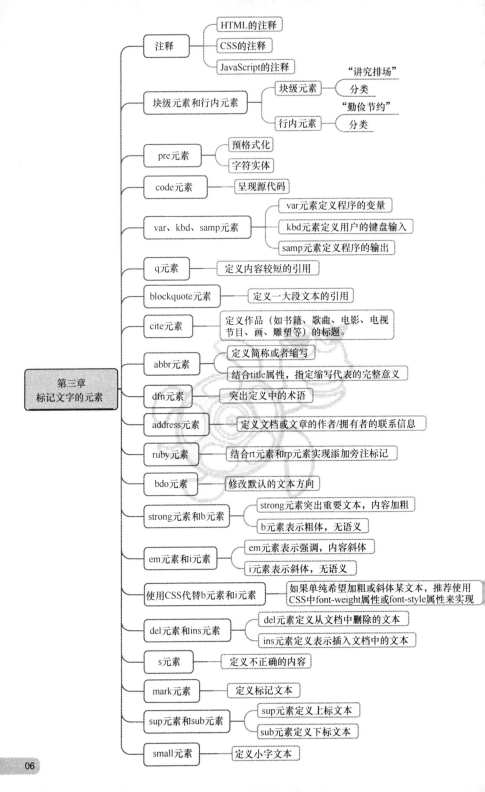

第三章
标记文字的元素

- 注释
  - HTML的注释
  - CSS的注释
  - JavaScript的注释
- 块级元素和行内元素
  - 块级元素
    - "讲究排场"
    - 分类
  - 行内元素
    - "勤俭节约"
    - 分类
- pre元素
  - 预格式化
  - 字符实体
- code元素
  - 呈现源代码
- var、kbd、samp元素
  - var元素定义程序的变量
  - kbd元素定义用户的键盘输入
  - samp元素定义程序的输出
- q元素
  - 定义内容较短的引用
- blockquote元素
  - 定义一大段文本的引用
- cite元素
  - 定义作品（如书籍、歌曲、电影、电视节目、画、雕塑等）的标题。
- abbr元素
  - 定义简称或者缩写
  - 结合title属性，指定缩写代表的完整意义
- dfn元素
  - 突出定义中的术语
- address元素
  - 定义文档或文章的作者/拥有者的联系信息
- ruby元素
  - 结合rt元素和rp元素实现添加旁注标记
- bdo元素
  - 修改默认的文本方向
- strong元素和b元素
  - strong元素突出重要文本，内容加粗
  - b元素表示粗体，无语义
- em元素和i元素
  - em元素表示强调，内容斜体
  - i元素表示斜体，无语义
- 使用CSS代替b元素和i元素
  - 如果单纯希望加粗或斜体某文本，推荐使用CSS中font-weight属性或font-style属性来实现
- del元素和ins元素
  - del元素定义从文档中删除的文本
  - ins元素定义表示插入文档中的文本
- s元素
  - 定义不正确的内容
- mark元素
  - 定义标记文本
- sup元素和sub元素
  - sup元素定义上标文本
  - sub元素定义下标文本
- small元素
  - 定义小字文本

学习笔记

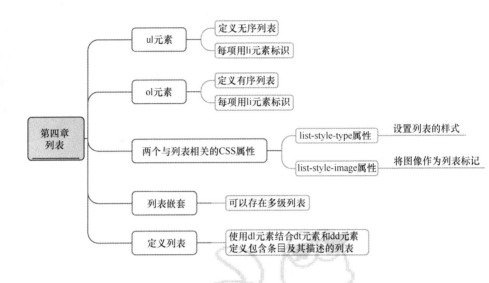

第四章
列表

- ul元素
  - 定义无序列表
  - 每项用li元素标识
- ol元素
  - 定义有序列表
  - 每项用li元素标识
- 两个与列表相关的CSS属性
  - list-style-type属性 —— 设置列表的样式
  - list-style-image属性 —— 将图像作为列表标记
- 列表嵌套 —— 可以存在多级列表
- 定义列表 —— 使用dl元素结合dt元素和dd元素定义包含条目及其描述的列表

学习笔记

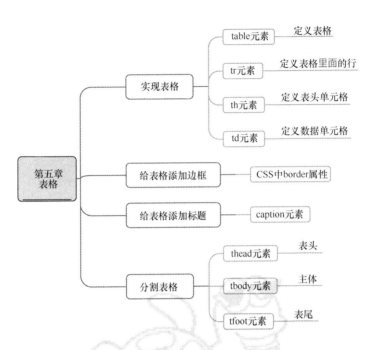

实现表格
- table元素 —— 定义表格
- tr元素 —— 定义表格里面的行
- th元素 —— 定义表头单元格
- td元素 —— 定义数据单元格

第五章 表格
- 实现表格
- 给表格添加边框 —— CSS中border属性
- 给表格添加标题 —— caption元素
- 分割表格
  - thead元素 —— 表头
  - tbody元素 —— 主体
  - tfoot元素 —— 表尾

学习笔记

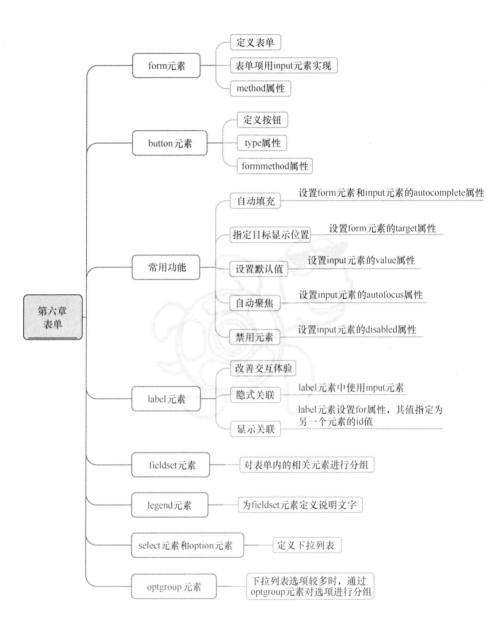

第六章
表单

- form元素
  - 定义表单
  - 表单项用input元素实现
  - method属性
- button元素
  - 定义按钮
  - type属性
  - formmethod属性
- 常用功能
  - 自动填充 —— 设置form元素和input元素的autocomplete属性
  - 指定目标显示位置 —— 设置form元素的target属性
  - 设置默认值 —— 设置input元素的value属性
  - 自动聚焦 —— 设置input元素的autofocus属性
  - 禁用元素 —— 设置input元素的disabled属性
- label元素
  - 改善交互体验
  - 隐式关联 —— label元素中使用input元素
  - 显示关联 —— label元素设置for属性，其值指定为另一个元素的id值
- fieldset元素 —— 对表单内的相关元素进行分组
- legend元素 —— 为fieldset元素定义说明文字
- select元素和option元素 —— 定义下拉列表
- optgroup元素 —— 下拉列表选项较多时，通过optgroup元素对选项进行分组

学习笔记

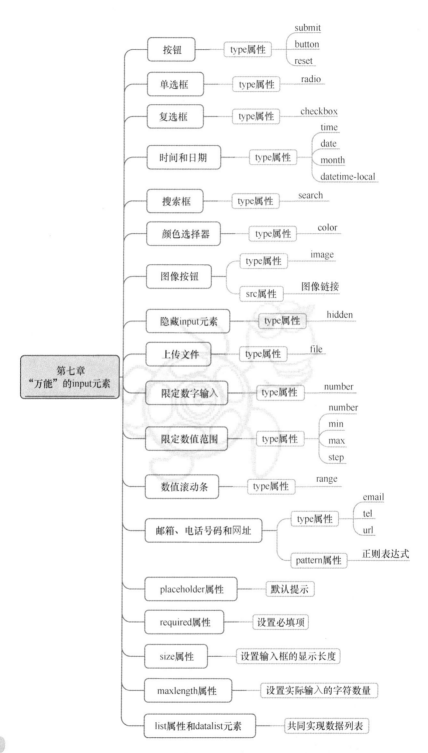

第七章
"万能"的input元素

- 按钮 — type属性 — submit / button / reset
- 单选框 — type属性 — radio
- 复选框 — type属性 — checkbox
- 时间和日期 — type属性 — time / date / month / datetime-local
- 搜索框 — type属性 — search
- 颜色选择器 — type属性 — color
- 图像按钮 — type属性 — image / src属性 — 图像链接
- 隐藏input元素 — type属性 — hidden
- 上传文件 — type属性 — file
- 限定数字输入 — type属性 — number
- 限定数值范围 — type属性 — number / min / max / step
- 数值滚动条 — type属性 — range
- 邮箱、电话号码和网址 — type属性 — email / tel / url / pattern属性 — 正则表达式
- placeholder属性 — 默认提示
- required属性 — 设置必填项
- size属性 — 设置输入框的显示长度
- maxlength属性 — 设置实际输入的字符数量
- list属性和datalist元素 — 共同实现数据列表

学习笔记

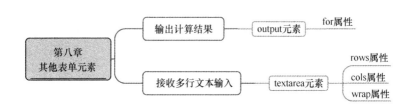

第八章
其他表单元素

输出计算结果 —— output元素 —— for属性

接收多行文本输入 —— textarea元素 —— rows属性
cols属性
wrap属性

学习笔记

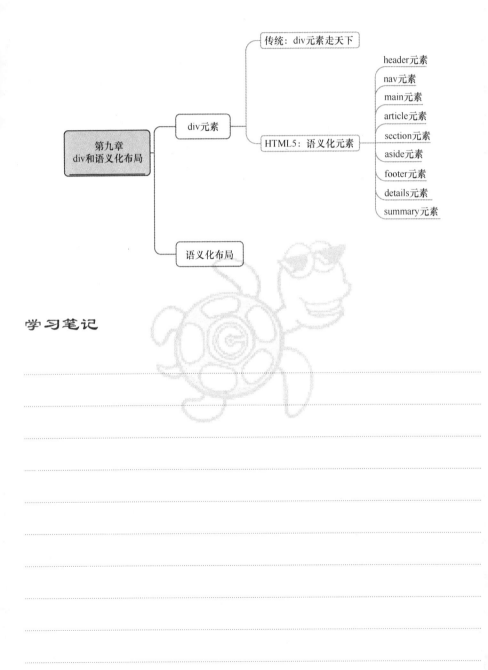

传统：div元素走天下

header元素

nav元素

main元素

article元素

div元素 ———— HTML5：语义化元素 ———— section元素

aside元素

footer元素

details元素

summary元素

第九章
div和语义化布局

语义化布局

学习笔记

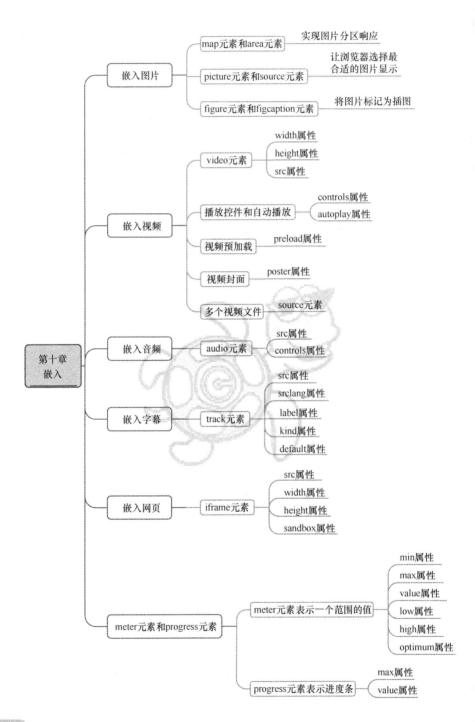

第十章 嵌入

- 嵌入图片
  - map元素和area元素 —— 实现图片分区响应
  - picture元素和source元素 —— 让浏览器选择最合适的图片显示
  - figure元素和figcaption元素 —— 将图片标记为插图

- 嵌入视频
  - video元素
    - width属性
    - height属性
    - src属性
  - 播放控件和自动播放
    - controls属性
    - autoplay属性
  - 视频预加载 —— preload属性
  - 视频封面 —— poster属性
  - 多个视频文件 —— source元素

- 嵌入音频
  - audio元素
    - src属性
    - controls属性

- 嵌入字幕
  - track元素
    - src属性
    - srclang属性
    - label属性
    - kind属性
    - default属性

- 嵌入网页
  - iframe元素
    - src属性
    - width属性
    - height属性
    - sandbox属性

- meter元素和progress元素
  - meter元素表示一个范围的值
    - min属性
    - max属性
    - value属性
    - low属性
    - high属性
    - optimum属性
  - progress元素表示进度条
    - max属性
    - value属性

学习笔记

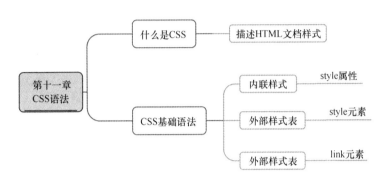

什么是CSS —— 描述HTML文档样式

第十一章
CSS语法

CSS基础语法

内联样式 —— style属性

外部样式表 —— style元素

外部样式表 —— link元素

学习笔记

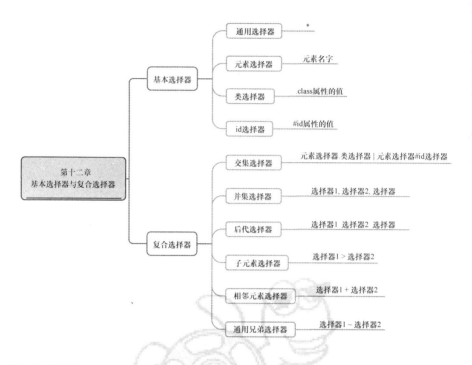

基本选择器
├── 通用选择器 —— *
├── 元素选择器 —— 元素名字
├── 类选择器 —— class属性的值
└── id选择器 —— #id属性的值

第十二章
基本选择器与复合选择器

复合选择器
├── 交集选择器 —— 元素选择器.类选择器 | 元素选择器#id选择器
├── 并集选择器 —— 选择器1, 选择器2, 选择器
├── 后代选择器 —— 选择器1 选择器2 选择器
├── 子元素选择器 —— 选择器1 > 选择器2
├── 相邻元素选择器 —— 选择器1 + 选择器2
└── 通用兄弟选择器 —— 选择器1 ~ 选择器2

学习笔记

学习笔记

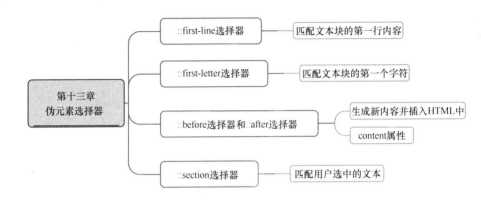

第十三章
伪元素选择器

::first-line选择器 —— 匹配文本块的第一行内容

::first-letter选择器 —— 匹配文本块的第一个字符

::before选择器和::after选择器 —— 生成新内容并插入HTML中

content属性

::section选择器 —— 匹配用户选中的文本

学习笔记

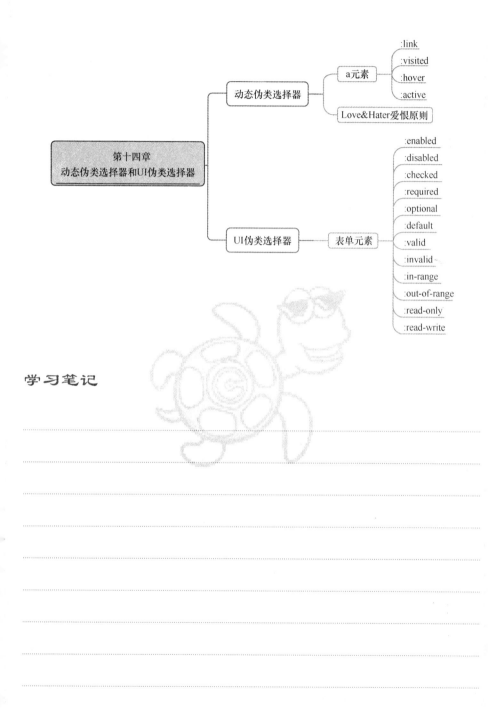

```
                                                        ┌ :link
                                          ┌ a元素 ─────┼ :visited
                         ┌ 动态伪类选择器 ─┤            ├ :hover
                         │                │            └ :active
                         │                └ Love&Hater爱恨原则
                         │
                         │                              ┌ :enabled
  ┌─────────────────┐    │                              ├ :disabled
  │  第十四章        │    │                              ├ :checked
  │ 动态伪类选择器和 ├────┤                              ├ :required
  │ UI伪类选择器     │    │                              ├ :optional
  └─────────────────┘    │                              ├ :default
                         │                 ┌ 表单元素 ──┼ :valid
                         └ UI伪类选择器 ────┤            ├ :invalid
                                                        ├ :in-range
                                                        ├ :out-of-range
                                                        ├ :read-only
                                                        └ :read-write
```

学习笔记

学习笔记

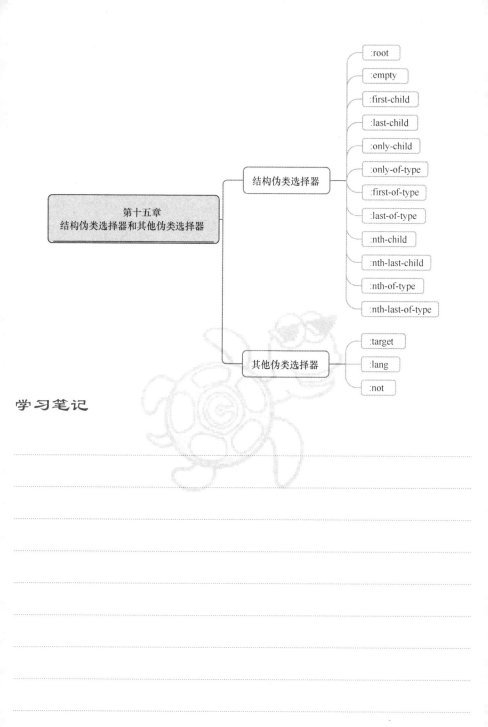

第十五章
结构伪类选择器和其他伪类选择器

结构伪类选择器

:root

:empty

:first-child

:last-child

:only-child

:only-of-type

:first-of-type

:last-of-type

:nth-child

:nth-last-child

:nth-of-type

:nth-last-of-type

其他伪类选择器

:target

:lang

:not

学习笔记

学习笔记

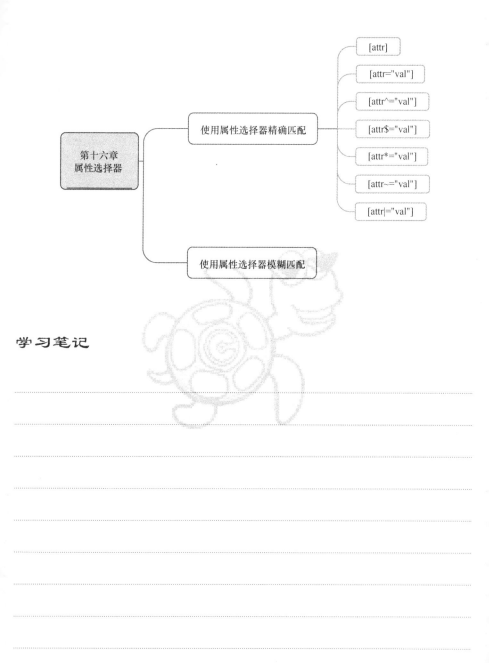

第十六章
属性选择器

使用属性选择器精确匹配

[attr]

[attr="val"]

[attr^="val"]

[attr$="val"]

[attr*="val"]

[attr~="val"]

[attr|="val"]

使用属性选择器模糊匹配

学习笔记

学习笔记

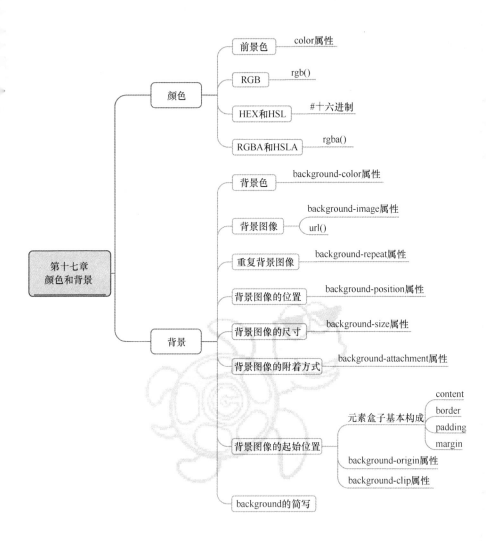

学习笔记

学习笔记

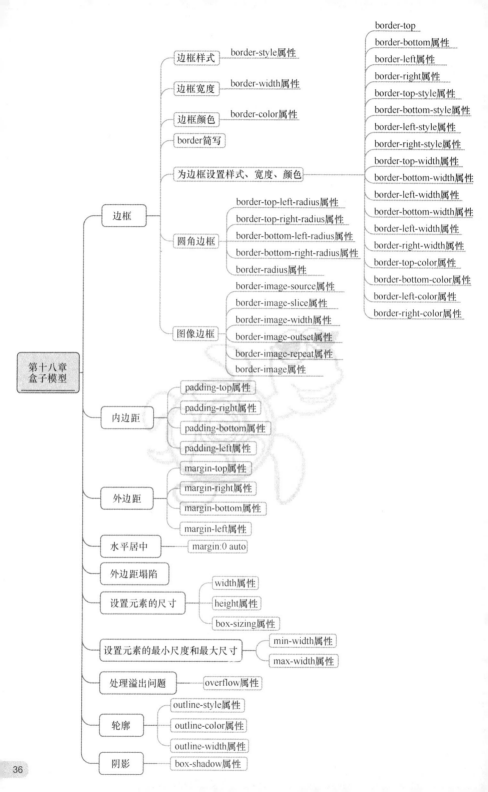

第十八章
盒子模型

边框
- 边框样式 —— border-style属性
- 边框宽度 —— border-width属性
- 边框颜色 —— border-color属性
- border简写
- 为边框设置样式、宽度、颜色
  - border-top
  - border-bottom属性
  - border-left属性
  - border-right属性
  - border-top-style属性
  - border-bottom-style属性
  - border-left-style属性
  - border-right-style属性
  - border-top-width属性
  - border-bottom-width属性
  - border-left-width属性
  - border-bottom-width属性
  - border-left-width属性
  - border-right-width属性
  - border-top-color属性
  - border-bottom-color属性
  - border-left-color属性
  - border-right-color属性
- 圆角边框
  - border-top-left-radius属性
  - border-top-right-radius属性
  - border-bottom-left-radius属性
  - border-bottom-right-radius属性
  - border-radius属性
- 图像边框
  - border-image-source属性
  - border-image-slice属性
  - border-image-width属性
  - border-image-outset属性
  - border-image-repeat属性
  - border-image属性

内边距
- padding-top属性
- padding-right属性
- padding-bottom属性
- padding-left属性

外边距
- margin-top属性
- margin-right属性
- margin-bottom属性
- margin-left属性

水平居中 —— margin:0 auto

外边距塌陷

设置元素的尺寸
- width属性
- height属性
- box-sizing属性

设置元素的最小尺度和最大尺寸
- min-width属性
- max-width属性

处理溢出问题 —— overflow属性

轮廓
- outline-style属性
- outline-color属性
- outline-width属性

阴影 —— box-shadow属性

学习笔记

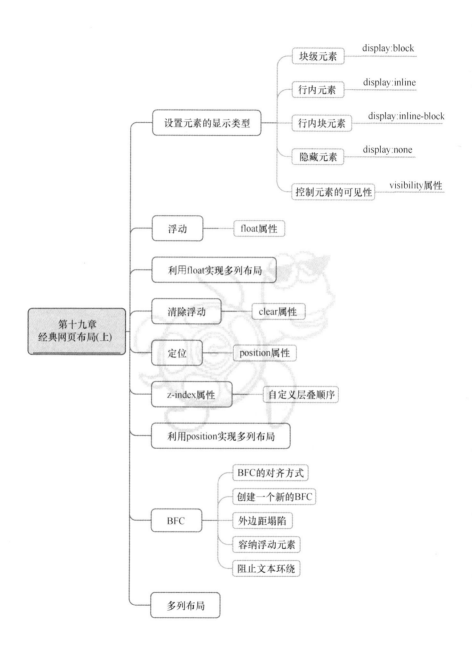

設置元素的显示类型
- 块级元素 —— display:block
- 行内元素 —— display:inline
- 行内块元素 —— display:inline-block
- 隐藏元素 —— display:none
- 控制元素的可见性 —— visibility属性

第十九章
经典网页布局(上)
- 设置元素的显示类型
- 浮动 —— float属性
- 利用float实现多列布局
- 清除浮动 —— clear属性
- 定位 —— position属性
- z-index属性 —— 自定义层叠顺序
- 利用position实现多列布局
- BFC
  - BFC的对齐方式
  - 创建一个新的BFC
  - 外边距塌陷
  - 容纳浮动元素
  - 阻止文本环绕
- 多列布局

学习笔记

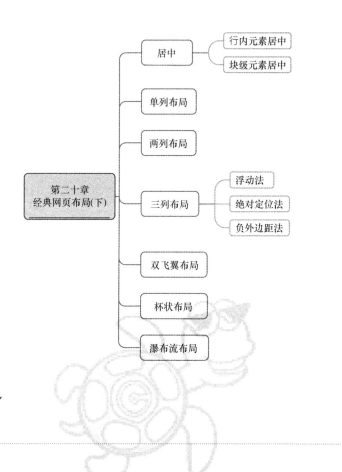

第二十章
经典网页布局(下)

居中
行内元素居中
块级元素居中

单列布局

两列布局

三列布局
浮动法
绝对定位法
负外边距法

双飞翼布局

杯状布局

瀑布流布局

学习笔记

学习笔记

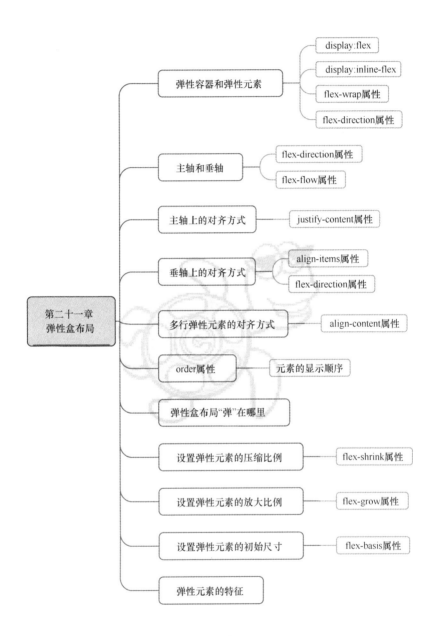

弹性容器和弹性元素 ── display:flex
　　　　　　　　　├ display:inline-flex
　　　　　　　　　├ flex-wrap属性
　　　　　　　　　└ flex-direction属性

主轴和垂轴 ── flex-direction属性
　　　　　　└ flex-flow属性

主轴上的对齐方式 ── justify-content属性

垂轴上的对齐方式 ── align-items属性
　　　　　　　　　└ flex-direction属性

多行弹性元素的对齐方式 ── align-content属性

order属性 ── 元素的显示顺序

弹性盒布局"弹"在哪里

设置弹性元素的压缩比例 ── flex-shrink属性

设置弹性元素的放大比例 ── flex-grow属性

设置弹性元素的初始尺寸 ── flex-basis属性

弹性元素的特征

第二十一章
弹性盒布局

学习笔记

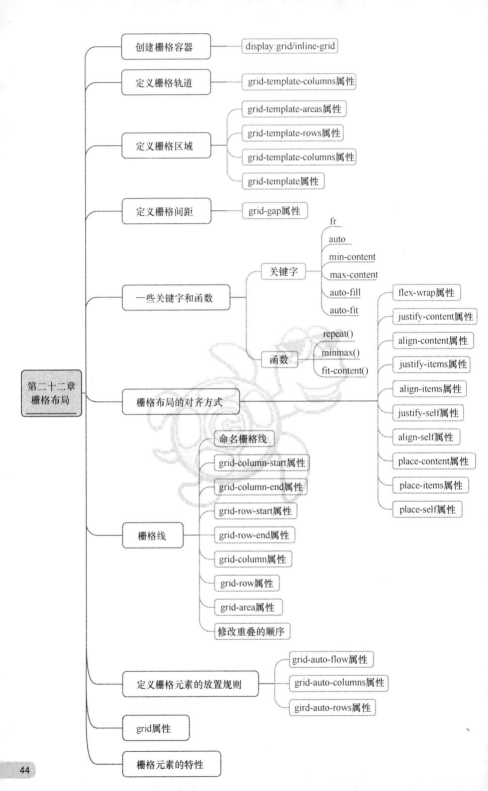

创建栅格容器 — display:grid/inline-grid

定义栅格轨道 — grid-template-columns属性

定义栅格区域
- grid-template-areas属性
- grid-template-rows属性
- grid-template-columns属性
- grid-template属性

定义栅格间距 — grid-gap属性

一些关键字和函数
- 关键字
  - fr
  - auto
  - min-content
  - max-content
  - auto-fill
  - auto-fit
- 函数
  - repeat()
  - minmax()
  - fit-content()

栅格布局的对齐方式
- flex-wrap属性
- justify-content属性
- align-content属性
- justify-items属性
- align-items属性
- justify-self属性
- align-self属性
- place-content属性
- place-items属性
- place-self属性

第二十二章 栅格布局

栅格线
- 命名栅格线
- grid-column-start属性
- grid-column-end属性
- grid-row-start属性
- grid-row-end属性
- grid-column属性
- grid-row属性
- grid-area属性
- 修改重叠的顺序

定义栅格元素的放置规则
- grid-auto-flow属性
- grid-auto-columns属性
- gird-auto-rows属性

grid属性

栅格元素的特性

学习笔记

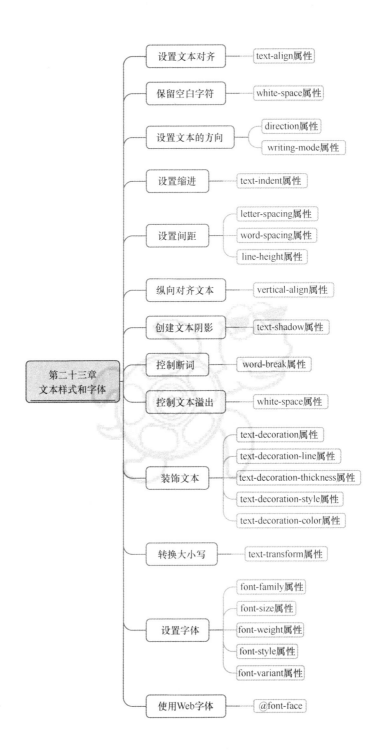

设置文本对齐 —— text-align属性

保留空白字符 —— white-space属性

设置文本的方向 —— direction属性
—— writing-mode属性

设置缩进 —— text-indent属性

设置间距 —— letter-spacing属性
—— word-spacing属性
—— line-height属性

纵向对齐文本 —— vertical-align属性

创建文本阴影 —— text-shadow属性

控制断词 —— word-break属性

控制文本溢出 —— white-space属性

第二十三章
文本样式和字体

装饰文本 —— text-decoration属性
—— text-decoration-line属性
—— text-decoration-thickness属性
—— text-decoration-style属性
—— text-decoration-color属性

转换大小写 —— text-transform属性

设置字体 —— font-family属性
—— font-size属性
—— font-weight属性
—— font-style属性
—— font-variant属性

使用Web字体 —— @font-face

学习笔记

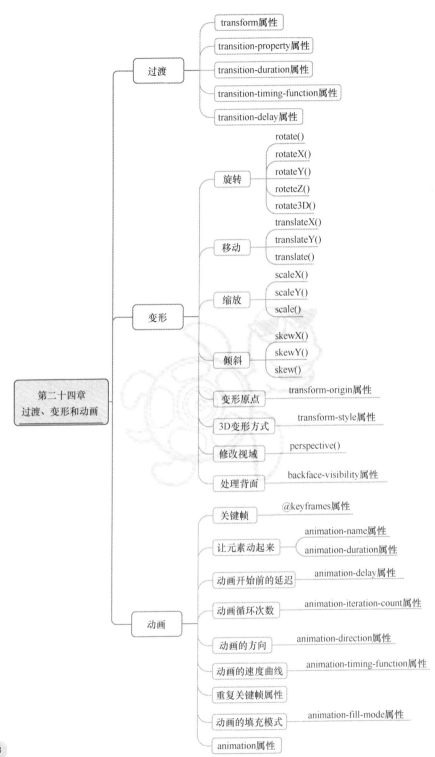

第二十四章
过渡、变形和动画

过渡
- transform属性
- transition-property属性
- transition-duration属性
- transition-timing-function属性
- transition-delay属性

变形
- 旋转
  - rotate()
  - rotateX()
  - rotateY()
  - roteteZ()
  - rotate3D()
- 移动
  - translateX()
  - translateY()
  - translate()
- 缩放
  - scaleX()
  - scaleY()
  - scale()
- 倾斜
  - skewX()
  - skewY()
  - skew()
- 变形原点 — transform-origin属性
- 3D变形方式 — transform-style属性
- 修改视域 — perspective()
- 处理背面 — backface-visibility属性

动画
- 关键帧 — @keyframes属性
- 让元素动起来
  - animation-name属性
  - animation-duration属性
- 动画开始前的延迟 — animation-delay属性
- 动画循环次数 — animation-iteration-count属性
- 动画的方向 — animation-direction属性
- 动画的速度曲线 — animation-timing-function属性
- 重复关键帧属性
- 动画的填充模式 — animation-fill-mode属性
- animation属性

学习笔记

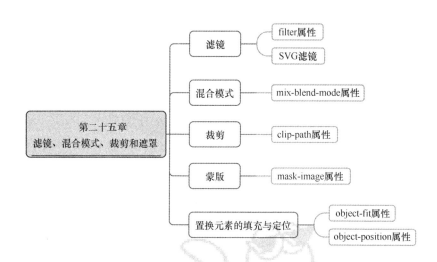

学习笔记

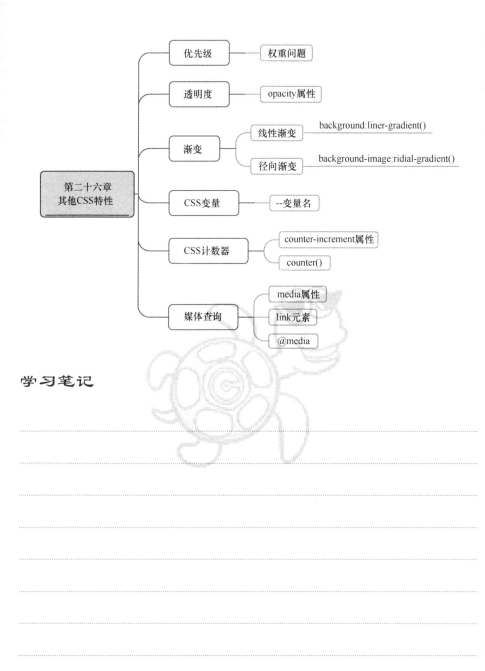

优先级 —— 权重问题

透明度 —— opacity属性

渐变 —— 线性渐变 —— background:liner-gradient()
　　　　 径向渐变 —— background-image:ridial-gradient()

第二十六章
其他CSS特性

CSS变量 —— --变量名

CSS计数器 —— counter-increment属性
　　　　　　 counter()

媒体查询 —— media属性
　　　　　　 link元素
　　　　　　 @media

学习笔记

学习笔记

学习笔记